普通高等教育"十一五"国家级规划教材

高等学校电子信息类精品教材

电磁兼容原理与技术

（第4版）

杨德强　潘　锦　杨显清　胡皓全　编著

电子工业出版社·

Publishing House of Electronics Industry

北京·BEIJING

内 容 简 介

本书为普通高等教育"十一五"国家级规划教材。

本书从电磁兼容基本概念入手,由"电磁干扰三要素"中的"电磁干扰源"和"耦合通道"展开,介绍电磁干扰源的特点及性质,分析传导干扰和辐射干扰,阐述抑制电磁干扰的"三大技术(接地、屏蔽和滤波)"的基本方法及应用,电磁兼容预测分析数学模型、预测方法,电磁兼容性测试设备与场地、测试内容与方法,还附有电磁兼容性教学实验,使读者对电磁兼容的知识有一个较为全面的了解,为日后进一步研究和解决电磁兼容问题打下坚实的基础。

本书适合作为电气与电子信息类专业本科生的教材,可作为研究生相关课程的参考教材,也可供从事电子技术的工程技术人员参考。

图书在版编目(CIP)数据

电磁兼容原理与技术/杨德强等编著 . —4 版 . —北京:电子工业出版社,2023.10
ISBN 978−7−121−46452−2

Ⅰ. ①电… Ⅱ. ①杨… Ⅲ. ①电磁兼容性–高等学校–教材 Ⅳ. ①TN03

中国国家版本馆 CIP 数据核字(2023)第 183335 号

责任编辑:韩同平
印　　刷:大厂回族自治县聚鑫印刷有限责任公司
装　　订:大厂回族自治县聚鑫印刷有限责任公司
出版发行:电子工业出版社
　　　　　北京市海淀区万寿路 173 信箱　邮编:100036
开　　本:787×1092　1/16　印张:13.25　字数:424 千字
版　　次:2012 年 1 月第 1 版
　　　　　2023 年 10 月第 4 版
印　　次:2024 年 9 月第 2 次印刷
定　　价:59.90 元

前　言

　　新中国成立特别是改革开放以来,在中国共产党的坚强领导下,我国国民经济持续快速增长,人民生活水平显著提高。从新中国成立伊始提出建设"社会主义现代化"、构建独立自主、门类齐全的工业体系,到改革开放后大力推进新型工业化、信息化、城镇化、农业现代化,再到新时代提出以新发展理念统领经济社会发展全局、实现高质量发展,我们党总能顺应时代潮流,为我国现代化进程和经济发展指明方向。如今,电子信息产业作为新一轮科技革命和产业变革的重要领域,作为推动信息化与工业化深度融合的重要动力,在国民经济和社会发展中的战略性、基础性、先导性作用更加突出,已经成为国际竞争的制高点。随着电子信息技术产品数量大幅度增加,新技术在深刻改变着人们生产和生活方式的同时,产生了日益突出的电磁干扰问题,也促进了电磁兼容学科的发展。

　　电磁兼容是一门综合性交叉学科,以电磁场理论和电路理论为基础,并涉及通信系统、信息与信号处理、计算机科学与技术、电子机械与控制系统、电磁测量、材料科学、生物医学工程等。随着现代科学技术的发展,电子电气设备或系统获得越来越广泛的应用,电磁环境日益复杂,处在其中的电子电气设备面临越来越多的干扰,造成性能降低、功能丧失的概率明显增加。因此,在电子电气设备和系统的设计、研制和生产过程中,如何解决电磁兼容问题已受到越来越广泛的重视。对于广大的工程技术人员来说,了解电磁兼容的基本原理,掌握电磁兼容的工程技术是十分必要的。

本书为普通高等教育"十一五"国家级规划教材。

　　本书从电磁兼容基本概念入手,由"电磁干扰三要素"中的"电磁干扰源"和"耦合通道"展开,介绍电磁干扰源的特点及性质,分析传导干扰和辐射干扰,进而讨论电磁干扰控制原理及控制电磁干扰的"三大技术(接地、屏蔽和滤波)",介绍电磁兼容预测分析及电磁兼容性测试技术,还附有电磁兼容性教学实验,使读者对电磁兼容的知识有一个较为全面的了解,为日后进一步研究和解决电磁兼容问题打下坚实的基础。

　　本书第4版第1、2章由潘锦完成,第3、4章由胡皓全完成,第5、6章由杨显清完成,第7、8、9章由杨德强完成,全书由杨德强统编定稿。在本书编写和出版过程中,本书责任编辑韩同平做了大量耐心细致的工作,在此一并致以衷心的感谢。同时也对本书所列参考文献的作者表示衷心的感谢。

　　电磁兼容涉及面广、内容丰富,处于迅速发展之中,而作者学识有限,书中难免有不妥和错误之处,敬请读者批评指正。

作　者

于电子科技大学

(dqyang@ uestc. edu. cn)

目　　录

第1章　电磁兼容概论

随着现代科学技术的发展,电子电气设备或系统获得越来越广泛的应用。自改革开放以来,我国经济社会快速发展,综合国力显著增强,人们在生活环境和工作环境中使用的电子电气设备越来越多。这些运行中的电子电气设备,为人民生活和工作带来方便的同时,其产生的电磁信号也构成了极其复杂的电磁环境。

电子系统越是现代化,其所造成的电磁环境就越复杂;反之,复杂的电磁环境又对电子系统提出了更为严格的要求。人们面临着一个新问题,就是如何提高现代电子电气设备或系统在复杂的电磁环境中的生存能力,以保证电子系统按照初始设计目标正常运行。正是在这种背景下产生了电磁兼容的概念,并形成了专门的学科——电磁兼容(Electromagnetic Compatibility,EMC)。

本章将介绍有关电磁兼容的基本概念、电磁兼容的研究方法、电磁兼容性标准等。

1.1　电磁干扰及其危害

电磁干扰现象普遍存在于人类生活的空间。对于电磁干扰问题的研究,最早可以追溯到19世纪末期,1881年科学家希维赛德发表的文章《论干扰》,开创了电磁干扰问题研究的先河。到20世纪30年代,国际无线电干扰特别委员会(CISPR)成立,开始了对电磁干扰问题进行国际性有组织的研究。可以这样说,当电子电气设备运行所发射出的电磁能量影响到其他设备的正常工作时,就产生了电磁干扰效应,或简称为电磁干扰。

电磁干扰的危害是多方面的,其危害程度也不尽相同,人们通常将电磁干扰的危害程度分为五个等级,即灾难性的、非常危险的、中等危险的、严重的、使人烦恼的。

下面介绍电磁干扰危害的几种主要表现。

1. 对电子设备或系统的危害

电磁干扰会对电子设备或系统产生影响,特别是对包含半导体器件的设备或系统产生严重的影响。强电磁发射能量将使电子设备中的元器件性能降低或失效,最终导致设备或系统损坏。例如,强电磁场照射可使半导体器件的结温升高,造成 PN 结击穿,使器件性能降低或失效;强电磁脉冲在高阻抗、非屏蔽线上感应的电压或电流可使高灵敏度部件受到损坏等。下面介绍一些典型电磁干扰事例。

(1) 1967 年 11 月 14 日上午,土星 V–阿波罗 12 火箭–载人飞船发射后飞行正常。起飞后 36.5 s,飞行高度为 1920 m 时,火箭遭到雷击;起飞后 52 s,飞行高度为 4300 m 时,火箭再次遭到雷击。这便是轰动一时的大型运载火箭–载人飞船在发射中诱发雷击的事件。究其原因,此次事故是由于火箭及其发动机火焰所形成的导体(火箭与飞船共长 100 m,火焰折合导电长度约 200 m)在飞行中使云层至地面之间以及云层至云层之间人为地诱发了雷电所造成的。

(2) 1971 年 11 月 5 日,欧罗巴Ⅱ火箭发射。火箭起飞后 105 s,高度约为 27 km 时,制导计算机发生故障,火箭姿态失控,约 1 分钟后火箭炸毁。故障分析和模拟试验结果表明,这次事故是由静电放电引起计算机故障所引发的。

(3) 1962 年进行的民兵 I 导弹战斗弹状态飞行试验,前两发弹均遭到失败。这两发弹的故障现象相似,在炸毁之前,两发弹的制导计算机都受到脉冲干扰而失灵。分析表明,故障是由于导弹飞行到一定高度时,在相互绝缘的弹头结构与弹体结构之间出现了静电放电,它产生的干扰脉冲破坏了计算机的正常工作而造成的。

(4) 1982 年,英(国)阿(根廷)马岛(马尔维纳斯群岛)之战,英国的一艘导弹驱逐舰,由于要进行远程通信而将雷达系统关闭,因此未能及时发现进攻之敌,被阿根廷发射的飞鱼导弹击沉。这是未解决好舰上的雷达系统与通信系统间的电磁兼容问题而造成灾难的事例。

(5) 1997 年 8 月 13 日 12～14 时,深圳黄田机场地空通信不断受到干扰而被迫关闭两小时。其原因是一些单位或个人擅自设置传呼台,且发射功率过大。这是国内第一起因传呼台无线电发射造成的"空中杀手"关闭机场的事件。

综上所述,电磁干扰可能使电子设备或系统的工作性能偏离预期的指标,即性能降级,甚至使设备或系统失灵,严重时还会摧毁设备或系统。

2. 对武器装备及燃油的危害

现代武器装备大量使用电引爆装置来完成各种功能,成为武器装备系统的重要组成部分。例如,导弹使用电引爆装置来完成点燃固体燃料、启动继电器、起爆战斗部等任务。大功率无线电发射机(如雷达发射机)产生的强辐射场可使灵敏的电引爆装置失控而过早启动,最终引起系统误发射、制导系统偏离正常飞行轨道、轰炸机误投弹等灾难性后果。对燃油的潜在危害是由电磁辐射感应电压引起的火花(或电弧)所引起的,研究结果表明,频率为 24～32 MHz 的电磁辐射当场强达到 37 V/m 时就可能引起电弧和电火花放电使燃油燃烧。

3. 对人体的危害

为研究电磁辐射对人体的影响,可将人体等效为介电体,并以等效介电系数和等效电阻率为其电参数。当电磁波照射到人体时,有一部分电磁波被反射,一部分被吸收。电磁波对人体将产生各种各样的影响,其影响程度与电磁波的频率、功率密度、照射时间、波形、生物体的构造,以及环境温度、湿度等因素有关,因而问题是相当复杂的。通常将电磁辐射对人体的影响归纳为热效应与非热效应。

当生物体受到高强度电磁辐射作用时,生物体物质产生极化和定向弛豫现象,物质分子产生热运动,使生物体的温度上升,这就是热效应。当热效应升温超过体温调节能力时,温度平衡失调,并因此出现生理功能紊乱和病理变化等各种生物效应。

生物体在长时间的低电平电磁能辐射作用下,也会引起电磁生物效应,这类效应与热效应不同,称之为非热效应。产生非热效应时,人体温度没有明显上升,但在低电平场长时间作用下,或在某一特定频段上,也会引起对生物体的损害。非热效应的机理尚不完全清楚,一般认为在一定频率的电磁场照射下,细胞分子会产生共振作用,使神经系统功能紊乱或失调,以及影响心血管系统。

热效应与非热效应的划分界限并非很明确,通常以比吸收率(SAR)的大小来划分。当 SAR>1 W/kg 时,认为是热效应;当 SAR<0.1 W/kg 时,认为是非热效应;处在两者之间则认为是模糊的。

1.2 电磁兼容的基本概念

1.2.1 电磁兼容的含义

电磁兼容是指电子电气设备或系统的一种工作状态。在这种工作状态下,它们不会因为内部或彼此间存在的电磁干扰而影响其正常工作。电磁兼容性则是指电子电气设备或系统在预期的电磁环境中,按设计要求正常工作的能力,它是电子电气设备或系统的一种重要的技术性能。按此定义,电磁兼容性包括以下两方面的含义:

其一,设备或系统应具有抵抗给定电磁干扰的能力,并且有一定的安全余量。即它应不会因受到处于同一电磁环境中的其他设备或系统发射的电磁干扰而产生不允许的工作性能降低。

其二,设备或系统不会产生超过规定限度的电磁干扰。即它不会产生使处于同一电磁环境中的其他设备或系统出现超过规定限度的工作性能降级的电磁干扰。

从电磁兼容性观点出发,电子设备或系统可分为兼容、不兼容和临界三种状态,用电磁干扰余量(Interference Margin, IM)来衡量,用分贝表示即为

$$IM = P_I - P_S \quad (dB) \tag{1-1}$$

式中,P_I 为干扰电平(dB);P_S 为敏感度门限电平(dB)。当 $P_I > P_S$,即干扰电平高于敏感度门限电平时,IM>0,表示有潜在干扰,设备或系统处于不兼容状态;当 $P_I < P_S$,即干扰电平低于敏感度门限电平时,IM<0,表示设备或系统处于兼容状态;当 $P_I = P_S$,即干扰电平等于敏感度门限电平时,IM=0,表示设备或系统处于临界状态。

在分析研究中,通常把系统内电磁兼容性和系统间电磁兼容性区分开来。前者指的是给定系统内部各分系统、设备及部件相互之间的电磁兼容性;后者指的是给定系统与其所在电磁环境中的其他系统之间的电磁兼容性。

电磁兼容是一个新概念,它是抗干扰概念的扩展和延伸。从最初的设法防止射频频段内的电磁干扰,发展到防止对抗各种电磁干扰,进一步在认识上产生了质的飞跃,把主动采取措施抑制电磁干扰贯穿于设备或系统的设计、生产和使用的整个过程,这样才能保证电子电气设备和系统实现电磁兼容。

应该指出,在技术发展的早期阶段,保证设备兼容工作主要靠改进个别电路和结构的方案,以及使用频率的计划分配来实现。现在采用个别的、局部的措施已经远远不够了。从整体上说,电磁兼容问题具有明显的系统性特点。在电子电气设备寿命期的所有阶段,都必须考虑电磁兼容问题。忽视电磁兼容,设备的电磁兼容性会遭到破坏,此时要保证设备的电磁兼容性,就必须付出更昂贵的代价。

1.2.2 基本电磁兼容技术术语

电磁兼容作为一个新的学科领域,为保证在该领域中研究问题的统一性和设计参数、测试结果的可比性,需要统一定义一系列的名词术语,并将其作为电磁兼容标准系列之一。在这里,根据国家军标《电磁干扰与电磁兼容性术语》(GJB72A-2002)列出一部分最基本的和常用的名词术语供读者参考使用。

1. 一般术语

系统(system)——执行或保障某项工作任务的若干设备、分系统、专职人员及技术的组合。一个完整的系统除包括有关的设施、设备、分系统、器材和辅助设备外,还包括保障该系统在规定的环境中正常运行的操作人员。

分系统(subsystem)——系统的一个部分,它包含两个或两个以上的集成单元,可以单独设计、测试和维护,但不能完全执行系统的特定功能。每一个分系统内的设备或装置在工作时可以彼此分开,安装在固定或移动的台站、运载工具或系统中。为了满足电磁兼容性(EMC)要求,以下均应看作分系统:① 作为独立整体行使功能的许多装置或设备的组合,但并不要求其中的任何一台设备或装置能独立工作;② 设计和集成为一个系统的主要分支,且完成一种功能的设备和装置。

设备(equipment)——任何可作为一个完整单元、完成单一功能的电气、电子、机电装置或元件的集合。

运行环境(operational environment)——所有可能影响系统运行的条件和作用的总和。

电磁环境(electromagnetic environment)——存在于某场所的所有电磁现象的总和。

电磁环境电平(electromagnetic ambient level)——在规定的测试地点和测试时间内,当试验样品尚未通电时,已存在的辐射和传导的信号及噪声电平。环境电平是由人为及自然的电磁能量共同形成的。

电磁环境效应(electromagnetic environment effect)——电磁环境对电气电子系统、设备、装置的运行能力的影响。它涵盖所有的电磁学科,包括电磁兼容性、电磁干扰、电磁易损性、电磁脉冲、电子对抗、电磁辐射对武器装备和易挥发物质的危害,以及雷电和沉积静电(P-static)等自然效应。

降级(degradation)——在电磁兼容性或其他测试过程中,对规定的任何状态或参数出现超出容许范围的偏离。

性能降级(degradation of performance)——任何装置、设备或系统的工作性能偏离预期的指标。

2. 有关噪声与电磁干扰的术语

电磁噪声(electromagnetic noise)——与任何信号都无关的一种电磁现象。通常是脉动的和随机的,但也可能是周期的。

无线电噪声(radio noise)——射频频段内的电磁噪声。

宽带无线电噪声(broadband radio noise)——频谱宽度与测量仪器的标称带宽可比拟、频谱分量非常靠近且均匀,以至测量仪器不能分辨的一种无线电噪声。

共模无线电噪声(common-mode radio noise)——在传输线的所有导线相对于公共地之间出现的射频传导干扰。它在所有导线上引起的干扰电位相对于公共地做同相位变化。

差模无线电噪声(differential-mode radio noise)——引起传输线路中一根导线的电位相对于另一根导线的电位发生变化的射频传导干扰。

随机噪声(random noise)——有以下两种定义方式:① 随机出现的、含有瞬态扰动的噪声;② 在给定的短时间内量值不可预见的噪声。

电磁干扰(electromagnetic interference)——任何可能中断、阻碍,甚至降低、限制无线电通信或其他电气电子设备性能的传导或辐射的电磁能量。

辐射干扰(radiated interference)——任何源自部件、天线、电缆、互连线的电磁辐射,以电场、磁场形式(或兼而有之)存在,并导致性能降级的不希望有的电磁能量。

传导干扰(conducted interference)——沿着导体传输的不希望有的电磁能量,通常用电压或电流来定义。

窄带干扰(narrowband interference)——一种主要能量频谱落在测量设备或接收机通带之内的不希望有的发射。

宽带干扰(broadband interference)——一种能量频谱分布相当宽的干扰。当测量接收机在正负两个冲激脉冲带宽内调谐时,它所引起的接收机输出响应变化不超出 3 dB。

脉冲(pulse)——在短时间内突然变化,然后迅速返回初始值的物理量。

电磁脉冲(electromagnetic pulse)——核爆炸或雷电放电时,在核设施或周围介质中存在光子散射,由此产生的康普顿反冲电子所导致的电磁辐射。由电磁脉冲所产生的电磁场可能会与电力或电子系统耦合产生破坏性的电压和电流浪涌。

雷电电磁脉冲(lightning electromagnetic pulse)——与雷电放电相关的电磁辐射,由它所产生的电场和磁场可能与电力、电子系统耦合产生破坏性的电流浪涌和电压浪涌。

核电磁脉冲(nuclear electromagnetic pulse)——核爆炸使得核设施或周围介质中存在光子散射,由此产生的康普顿反冲电子导致的电磁辐射。该电磁场可与电力、电子系统耦合产生破坏性电压和电流浪涌。

浪涌(surge)——沿线路或电路传播的电流、电压或功率的瞬态波,其特征是先快速上升后缓慢下降。浪涌由开关切换、雷电放电、核爆炸引起。

静电放电(electrostatic discharge)——不同静电电位的物体靠近或直接接触时发出的电荷转移。

3. 有关发射和响应的术语

发射(emission)——以辐射及传导的形式从源传播出去的电磁能量。

辐射发射(radiated emission)——以电磁场形式通过空间传播的有用或无用的电磁能量。

传导发射(conducted emission)——沿金属导体传播的电磁发射。此类金属导体可以是电源线、信号线及一个非专门设置的、偶然的导体,例如一个金属管等。

宽带发射(broadband emission)——带宽大于干扰测量仪或接收机标准带宽的发射。

窄带发射(narrowband emission)——带宽小于干扰测量仪或接收机标准带宽的发射。

电磁干扰发射(electromagnetic interference emission)——任何可导致系统或分系统性能降级的传导或辐射发射。

乱真发射(spurious emission)——任何在必须发射带宽以外的一个或几个频率上的电磁发射。这种发射电平降低时还会影响相应信息的传输。乱真发射包括寄生发射和互调制的产物,但不包括在调制过程中产生的、传输信息所必需的紧邻工作带宽的发射。谐波分量有时也被认为是乱真发射。

谐波发射(harmonic emission)——由发射机或本机振荡器发出的、频率是载波频率整数倍的电磁辐射,它不是信号的组成部分。

寄生发射(parasitic emission)——发射机发出的由电路中不希望有的寄生振荡引起的一种电磁辐射。它既不是信号的组成部分,也不是载波的谐波。

不希望有的发射(unwanted emission)——由乱真发射和带外发射组成的发射。

带外发射(out-of-band emission)——有以下两种定义:① 在规定频率范围之外的一个或

多个频率上的发射;② 由调制过程引起的、紧靠必须带宽之外的一个或多个频率上的发射,但不包括乱真发射。

串扰(crosstalk)——通过与其他传输线路的电场(容性)或磁场(感性)耦合,在自身传输线路中引入的一种不希望有的信号扰动。

串扰耦合(cross-coupling)——有以下两种定义:① 对于从一个信道传输到另一个信道的干扰功率的度量;② 存在于两个或多个不同信道之间、电路组件或元件之间不希望有的信号耦合。

互调制(inter-modulation)——两个或多个输入信号在非线性元件中混频,在这些输入信号或它们的谐波之间的和值或差值频率点上产生新的信号分量。这种非线性元件可以是设备、分系统或系统内部的,也可以是某些外部装置的。

交叉调制(cross-modulation)——有以下两种定义:① 由不希望有的信号对有用信号载波进行的调制,它是互调制的一种;② 由非线性设备、电网络或传输媒体中信号的相互作用而产生的一类不希望有的信号对有用信号载波进行的调制。

不希望有的响应(undesirable response)——与标准参考输出的偏差超过设备技术要求中容差规定的一种响应。

4. 有关干扰抑制和电磁兼容性的术语

抑制(suppression)——通过滤波、接地、搭接、屏蔽和接收,或这些技术的组合,以减少或消除不希望有的发射。

屏蔽(shield)——能隔离电磁环境、显著减小在其一边的电场或磁场对另一边的设备或电路影响的一种装置或措施,如屏蔽盒、屏蔽室、屏蔽笼或其他通常的导电物体。

屏蔽效能(shielding effectiveness)——对屏蔽体隔离或限制电磁波的能力的度量。通常表示为入射波与透射波的幅度之比,用分贝表示。

电磁兼容性(electromagnetic compatibility)——设备、分系统、系统在共同的电磁环境中能一起执行各自功能的共存状态。包括以下两个方面:① 设备、分系统、系统在预定的电磁环境中运行时,可按规定的安全裕度实现设计的工作性能,且不因电磁干扰而受损或产生不可接受的降级;② 设备、分系统、系统在预定的电磁环境中正常工作且不会给环境(或其他设备)带来不可接受的电磁干扰。

电磁兼容性故障(electromagnetic compatibility malfunction)——由于电磁干扰或敏感性原因,使系统或相关的分系统及设备失效。它可导致系统损坏、人员受伤、性能降级或系统有效性发生不允许的永久性降级。

自兼容性(self-compatibility)——当其中所有的部件或装置以各自的设计水平或性能协同工作时,设备或分系统的工作性能不会降级,也不会出现故障的状态。

系统间的电磁兼容性(intersystem electromagnetic compatibility)——任何系统不因其他系统中的电磁干扰源而产生明显降级的状态。

系统内的电磁兼容性(intra-system electromagnetic compatibility)——系统内部的各个部分不会因本系统内其他电磁干扰源而产生明显降级的状态。

电磁易损性(electromagnetic vulnerability)——系统、设备或装置在电磁干扰影响下性能降级或不能完成规定任务的特性。

安全裕度(safety margin)——敏感度门限与环境中的实际干扰信号电平之间的对数值之差,用分贝表示。

电磁敏感性(electromagnetic susceptibility)——设备、器件或系统因电磁干扰可能导致工作性能降级的特性。[注：① 在电磁兼容性领域中,还用到与该术语相关的另一术语——抗扰性(immunity),它是指器件、设备、分系统或系统在电磁骚扰存在的情况下性能不降级的能力。② 敏感度电平越低,敏感性越高,抗扰性越差;抗扰度电平越高,敏感性越低,抗扰性越强]。

辐射敏感度(radiated susceptibility)——对造成设备、分系统、系统性能降级的辐射干扰场强的度量。

敏感度门限(susceptibility threshold)——引起设备、分系统、系统呈现最小可识别的不希望有的响应或性能降级的干扰信号电平。测试时,将干扰信号电平置于检测门限之上,然后缓慢减小干扰信号电平,直到刚刚出现不希望有的响应或性能降级,即可确定该电平。

1.2.3 电磁干扰效应

不管是简单装置,还是复杂的设备或系统,电磁干扰的形成必须同时具备以下三个因素:

（1）电磁干扰源,指产生电磁干扰的元件、器件、设备、分系统、系统或自然现象;

（2）耦合通道,指将电磁能量从干扰源耦合(或传输)到敏感设备上,并使敏感设备产生响应的通路或媒介;

（3）敏感设备,指对电磁干扰产生响应的设备。

通常将以上三个因素称为电磁干扰三要素,如图1-1所示。

电磁干扰源 → 耦合通道 → 敏感设备

图 1-1　电磁干扰三要素

由电磁干扰源发出的电磁能量,通过某种耦合通道传输至敏感设备,导致敏感设备出现某种形式的响应并产生效果。这一作用过程及其效果,称为电磁干扰效应。

电磁干扰效应普遍存在于人们周围。若电磁干扰效应表现为设备或系统的性能产生有限度的降级,这就是前面提到的“电磁易损性”。假如电磁干扰效应十分严重,设备或系统出现失灵,甚至引起严重事故,这就是“电磁兼容性故障”。正如前面已提到的,把电磁干扰效应按其危害程度分为灾难性、非常危险、中等危险、严重、使人烦恼五个等级。

为了说明电磁干扰源是否对敏感设备造成干扰,从而引起电磁干扰效应,通常应用前面提到的“安全裕度”来判别。安全裕度 S_I 表示敏感度门限电平 S 与环境中的实际干扰信号电平 I 的差值,即

$$S_I = S - I \quad (\mathrm{dB}) \tag{1-2}$$

当 $S_I < 0$ 时,表示有潜在干扰效应;当 $S_I > 0$ 时,表示不存在干扰效应;$S_I = 0$ 时,表示临界状态。

顺便指出,式(1-2)和式(1-1)本质上是一样的,只不过是提法不同。

1.3　电磁兼容学科的研究领域

电磁兼容是涉及多个学科的新兴学科领域,是伴随着电子电气技术及其他科学技术的发展而出现并不断发展的边缘学科。今天,电磁兼容问题已经成为制约许多应用学科继续发展、充分发挥设备或系统性能以及影响人类生存环境的重要因素,因此引起世界各国尤其是工业

发达国家的重视。为了使同一电磁环境中的各种电子电气设备或系统正常工作,维护正常的生态环境,即实现电磁兼容,人们需要进行的研究可归纳为以下几个方面。

(1) 电磁干扰源、耦合通道、敏感设备特性的分析

为抑制电磁干扰,实现电磁兼容,必须研究干扰源的产生机理及性质;研究电磁干扰如何由电磁干扰源传播到敏感设备,包括对传导干扰和辐射干扰的分析;研究敏感设备的响应特性及抗干扰能力。

(2) 电磁兼容性分析预测

电磁兼容性分析预测技术是建立各种干扰源、耦合通道和敏感设备的数学模型,利用计算机技术,编制计算程序,得出关于潜在干扰的定量计算结果,以此来指导或修正电磁兼容性设计。电磁兼容性分析预测通常在三个级别上进行,即芯片级的电磁兼容性分析预测、设备级的电磁兼容性分析预测和系统级的电磁兼容性分析预测。

(3) 电磁兼容性设计

电磁兼容性设计是实现电子设备或系统规定功能的重要保证,设计的目的是使所设计的设备或系统在预期的电磁环境中实现电磁兼容。必须在进行设备或系统功能设计时,同步进行电磁兼容性设计。这种设计是在电磁兼容性分析预测基础上进行的,有时还需要将电磁兼容性分析预测和电磁兼容性设计交替进行。若分析预测结果表明有潜在干扰,则必须修改功能设计,再进行分析预测,直到实现电磁兼容。

(4) 电磁干扰抑制技术

屏蔽、接地、滤波称为抑制电磁干扰的三大技术,在工程实践中被广泛应用。屏蔽的机理和设计、接地的概念及方法、电磁干扰滤波器的设计等都是研究的内容。

(5) 电磁兼容性测试

电子设备或系统是否实现了电磁兼容,最终要通过测试结果来判定。电磁兼容性测试有其自身的特点,测试设备、测试场地、测试方法等都是需要研究的内容。

(6) 电磁兼容性标准和规范

电磁兼容性标准和规范是进行电磁兼容性设计的指导性文件,也是进行电磁兼容性测量的依据。电磁兼容性测量项目、测量方法以及极限值都是由标准和规范给定的。

随着科学技术的发展,电磁兼容性标准和规范也需要不断修订。因此,电磁兼容性标准和规范的研究、制定和实施是电磁兼容管理的重要内容。

(7) 信息泄露与防泄露技术

计算机等信息技术设备在运行时,它所处理的信息可能通过设备泄漏的电磁波以辐射的方式发射出去,也可能通过电源线、地线、信号线等以传导的方式发射出去,使得在一定距离内不采用特殊设备即可复现这些信息,从而造成机密信息的泄露。为防止信息泄露,确保机要信息的安全,20世纪70年代一些科技文献上出现了 TEMPEST 一词,它是一种防电磁泄漏的新技术,其任务是检测、评价和控制来自信息技术设备的非功能性传导发射和辐射发射,防止被窃听的危险。

TEMPEST 与电磁兼容技术之间有许多相同的概念和技术,因此将 TEMPEST 也列入电磁兼容学科的研究领域。当然,TEMPEST 有其特殊性,还有一些特殊的研究内容。

(8) 频谱管理

电磁频谱是永存于自然界的一种不灭资源,是人类除土地、水、矿产、森林和能源之外的第六种自然资源。

随着技术的进步,各种无线电系统大量增加,占用的频谱范围不断扩大,出现许多新

的矛盾,加之电磁频谱本身的特点,使得对电磁频谱的管理和合理应用必须通过国际组织进行协调。重要的国际组织有国际电信联盟(ITU)和国际电工技术委员会(IEC)。其中,国际电信联盟主要从事电磁频谱管理和协调确定通信系统参数的工作,国际电工技术委员会主要负责电气和通信设备的重要参数以及一些直接与频谱保护有关的参数的协调工作并提出各种建议。这些国际组织制定了无线电规则和国际电信公约。

国家级的频谱管理机构的主要职责是:

① 检查所申请的使用频率是否与国家和国际规则一致;

② 检查新申请的用户是否有可能产生有害干扰而影响到对国内外其他频谱的使用;

③ 授权给各个用户使用某个频率并领发使用证;

④ 检查技术设备;

⑤ 指导监测工作;

⑥ 进行使用频率的国家注册;

⑦ 控制人为噪声电平。

在我国,国家级的频谱管理机构是国家无线电管理委员会和全军无线电管理委员会,地方也有相应的机构,负责频率分配、协调等有关频谱管理工作。

无线电频谱一般可分为若干波段,每个波段又分为若干频道。频道的宽度应足以容纳给定工作模式的典型信号。使用者需要占用某个频道,必须向无线电管理委员会提出申请,得到批准后才能使用。

分配频率时需考虑的因素有对频道的需求量、可用频道的数量、接收机的特性、发射机的工作方式及覆盖范围、信号的带宽和调制方式等。此外,还需规定所允许的发射功率、天线辐射的覆盖范围和工作时间、地点等。凡使用相同频道或相邻频道的用户之间,必须有最低限度的地理间隔,以确保满足电磁兼容性指标。

随着频谱利用和频谱保护方面研究工作的新进展,在电磁兼容学科领域出现了一个重要分支,这就是所谓"频谱工程",它包括以下几方面研究内容:

● 从频谱管理角度考虑

① 频率的指配;

② 短期兼容规划;

③ 频谱利用的政策;

④ 为压缩所用的频谱而改进设备技术规程的准备;

⑤ 过载的解决和在实际工作中发生的干扰问题;

⑥ 附属设备调度的规定;

⑦ 频谱管理自动化系统;

⑧ 无线电监测管理系统和技术。

● 从频谱规划角度考虑

① 最佳频率指配和分布研究;

② 频谱过载的研究(现存的和预期的);

③ 现在受到的和预期的干扰问题研究;

④ 频谱使用的规定和测量研究;

⑤ 为提高频谱的使用率,设备和系统特性的最优化研究;

⑥ 频谱使用对信息传递影响的研究;

⑦ 设备、系统和操作规则的目标研究；

⑧ 大范围兼容规则研究；

⑨ 其他通信手段的评价研究；

⑩ 自然的和人为的无线电干扰和可能的控制技术的研究。

● 从设备设计者的角度考虑

① 降低非谐振辐射的研究；

② 降低接收机截止频率外响应的研究；

③ 在给定带宽下接收特性的最佳化研究；

④ 控制发射机和接收机相互调制的研究；

⑤ 为使覆盖范围最大、干扰最小，天线系统设计的最优化研究；

⑥ 抑制和减少辐射噪声的研究。

可见，频谱工程所涉及的研究内容是非常广泛的，它反映了频谱管理问题的复杂性。解决这些问题，就可沿着有效地和兼容性地利用频谱这一共同目标前进。

1.4　电磁兼容的研究方法

电磁兼容作为一门新兴边缘学科，它所跨学科之多反映了当今世界高科技发展过程中学科交叉的重要特征。电磁兼容的研究方法也有其特殊之处，这里先阐述电磁兼容学科的特点，再介绍电磁兼容设计方法的演变，最后简要介绍电磁兼容学科的几个重要发展趋势。

1.4.1　电磁兼容学科的特点

如前所述，电磁兼容学科是一门新兴的边缘学科，它的形成和发展还处于不断完善的阶段，其理论体系还不够严密和完整。读者先了解电磁兼容学科的特点，会有助于更好地理解和掌握电磁兼容原理与技术。

（1）理论体系以电磁场理论和电路理论为基础

电磁兼容学科是在研究电磁干扰及其抑制方法中形成和发展的，大部分电磁干扰是以电磁场和电路的形态出现的。因此，在电磁兼容原理与技术中必然引用大量的电磁场理论和电路理论的方法和结论。例如，电磁兼容性仿真、电磁兼容性测量、电磁干扰数值分析、串扰的分析计算等，都离不开电磁场理论和电路理论的支撑。

作为一门综合性学科，电磁兼容学科还涉及更为广泛的学科领域，如电磁测量、信号处理、计算机科学与技术、材料科学、生物医学工程等。

（2）大量引用无线电技术的概念和术语

电磁干扰现象最初只在无线电技术中较为突出，随着电报、电话、广播电视、微波通信等技术的发展，抗电磁干扰的理论与技术得以形成和发展并广泛应用于工程实践。半导体、集成电路等微电子技术的发展和应用，使电磁兼容从无线电抗干扰技术延伸到所有电子电气设备，确立了其公共技术基础的地位。然而，在其理论与技术中仍大量沿用了无线电技术的概念和术语。例如，把导线与导线之间的耦合称为"串扰"，把时变电磁场在导线上产生感应电压称为"电磁场激励"等。读者应根据它们的物理本质正确理解和掌握。

（3）计量单位的特殊性

电磁兼容领域广泛采用分贝（dB）为度量单位。在电工技术中，通常采用 W（瓦）、V（伏）、

A(安)作为功率、电压、电流的单位,而在电磁兼容领域中则采用 dBW、dBV、dBA 作为功率、电压、电流的度量单位。应当注意,dBW、dBV、dBA 与 W、V、A 之间的换算不是简单的关系。关于分贝(dB)的定义及换算关系将在 1.6 节介绍。

1.4.2 电磁兼容的实施

实施电磁兼容的目的是保证系统或分系统的电磁兼容性。从总体上看,电子电气设备或系统的电磁兼容实施,必须采取技术和组织两方面的措施。所谓技术措施,包括系统工程方法、电路技术方法、设计和工艺方法的总和,其目的是改善电子电气设备的性能。采用这些方法是为了降低干扰源产生的干扰电平,增加干扰在传播路径上的损耗,降低敏感设备对干扰的敏感性(或提高抗扰度)等。所谓组织措施,包括对各设备和系统进行合理的频谱分配、选择设备或系统的空间位置,还包括制定和采用某些限制性规章,目的在于整顿电子电气设备的工作,以消除非有意干扰。

就技术措施而言,在现代电子技术发展进程中,电磁兼容设计方法经历了三个发展阶段。

(1)问题解决法

这种方法是先进行设备或系统的研制,然后根据所研制成的设备或系统在联试中出现的电磁干扰问题,运用各种抑制干扰的技术去逐个解决。这是一种落后而冒险的方法,因为系统已经装配好,再去解决干扰问题是困难的。为了解决问题,可能要进行大量的拆卸和修改,也许还要重新设计。对于大规模集成电路,可能会严重损坏其版图,甚至要大量返工。这不仅造成人力物力的浪费,延误系统研制周期,而且会使系统性能下降。这种方法在国外一直沿用到20 世纪 50 年代,国内一些厂商则仍停留在这个阶段。

(2)规范法

规范法按所颁布的电磁兼容性标准和规范进行设备和系统设计制造。这种方法可以在一定程度上预防电磁干扰问题的出现,比用问题解决法更为合理。但由于标准和规范不可能是针对某个设备和系统制定的,因此,要解决的问题不一定是实际存在的问题,只是为了适应规范而已。另外,规范是建立在电磁兼容实践经验的基础上的,没有进行电磁干扰的分析预测,因而往往会导致过量的预防储备,可能使系统成本增加。这种方法在美国较普及,从20 世纪60 年代一直延续到 20 世纪 80 年代。

(3)系统法

系统法利用计算机预测程序对某个特定系统的设计方案进行电磁兼容性分析预测。这种方法从设计开始就分析和预测设备或系统的电磁兼容性,并在设备或系统设计、制造、组装和试验过程中不断对其电磁兼容性进行分析预测。若预测结果表明存在不兼容问题或存在太大的过量设计,则可修改设计后再进行预测,直到预测结果表明完全合理,才能进行硬件的生产和系统安装。用这种方法进行系统设计,基本上可以避免通常出现的电磁干扰问题或过量的电磁兼容设计。

系统法是一种新的设计思想和设计理念,它集中了近代电磁兼容性方法的成就,体现了现代电子系统设计的总趋势。实践证明,这种基于计算机技术的数模预测方法是投资少、见效快且功能广泛的途径。近年来,美英等发达国家已研制出了许多功能完善的电磁兼容性预测程序和数据库,在军用和民用电子系统设计中发挥作用。

实施电磁兼容是一项极其复杂的任务。在研究任何电子设备和电气工程设备时,应当在尽可能早的阶段注意保证它们的电磁兼容性。随着电子电气设备研制工作的完成,可以利用的抗干扰措施的数目将减少,而所需成本反而增高,如图 1-2 所示。可见,在早期阶段采取措施排除非有意干扰对敏感设备的影响可得到比较好的效果,且在经济上也更合算。据国外资料介绍,在设备的设计阶段及时采取措施可以避免(80~90)%的与干扰影响有关联的、潜在的困难。相反,在较晚的阶段才采取解决方法,措施将更加复杂,需要更多的工时且增加设备的消耗,延长研制周期,有时甚至根本不可能解决。

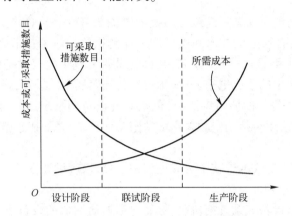

图 1-2　产品开发过程的各个阶段采取保证电磁兼容措施数目与所需成本

实施电磁兼容,最后都必须通过电磁兼容性测试予以验证。归纳起来,系统电磁兼容性的实施在技术层面上需要经过三大步骤:① 电磁干扰分析预测;② 电磁兼容性设计;③ 电磁兼容性测试。

1.4.3　电磁兼容研究的几个重要发展趋势

电磁兼容以及由此而进行的关于方法、技术、理论、测试设备及测试环境等的研究已全面展开,必将更加受到人们的重视并得到更迅速的发展,它在军用和民用方面的价值将更重要。以下几个方面的发展趋势值得重视。

（1）数据采集自动化

这里的数据主要是指在电磁兼容测试、鉴定、测量中获取的数据。以前基本上是表征单项电磁干扰参数的数据。随着数据融合技术、综合性多参数测试技术的发展,今后将向集成化参数迈进,也就是要采用多传感器、多参数测量和处理数据,使测试系统更加自动化。

（2）评价体系综合化

由于电磁兼容技术是多维考虑、多样分析、多方位设置、多参数处理,以及多机或多系统联合设计的,所以不可能单以某一参数的好坏、某一性能指标的优劣来评价一台设备或一个系统的电磁兼容性。为科学地评价设备或系统的电磁兼容性,必须使评价体系综合化,并利用评价技术与测试技术密切相关这一特点,促进综合评价体系的建立。

（3）设计程序化和自动化

进行系统的电磁兼容设计是一个复杂的过程,且其设计又必须与设备或系统本身的功能设计紧密结合。一旦人们对电磁环境、电磁干扰及干扰控制技术的研究达到相当水平,加之数学建模技术、计算机技术的提高,就可逐步实现电磁兼容设计的程序化和自动化。

（4）标准的国际化

世界许多国家和组织都制定了电磁兼容标准,具有权威性和广泛影响的是 IEC、CISPR、

MIL、FCC、VDE 等标准。这些标准之间又存在不少差别。随着世界各国经济朝着全球一体化发展的趋势,打破技术壁垒,电磁兼容标准将逐渐趋向统一,实现电磁兼容标准的国际化。

1.5 电磁兼容性标准概况

为了确保系统及其各单元必须满足的电磁兼容工作特性,国际有关机构、各国政府和军事部门,以及其他相关组织制定了一系列的电磁兼容性标准和规范,这些标准和规范对设备或系统非预期发射和非预期响应做出了规定和限制,执行标准和规范是实现电磁兼容、提高系统性能的重要保证。

电磁兼容性标准和规范是进行电磁兼容设计的指导性文件,也是电磁兼容性测试的依据,测试项目、测试方法和极限值都是标准和规范给定的。

1.5.1 电磁兼容性标准的基本内容

标准和规范的区别在于:标准是一个一般性准则,由它可以导出各种规范;规范则是一个包含详细数据、必须按合同遵守的文件。标准和规范的类别和数量是相当多的,分类的方法也很多。有一种方法是将电磁兼容性标准分为管理标准、设计标准、设计规范、设计手册、设计指南、要求与极限值、测试标准等。标准和规范的主要内容可以归纳为以下几个方面。

(1)规定名词术语

这是基础类标准,它规定了电磁干扰和电磁兼容性的术语及其定义。我国的国家标准(简称国标)GB/T4365—2016《电工术语 电磁兼容》、国家军用标准(简称国军标)GJB72A—2002《电磁干扰和电磁兼容性术语》、美国军标 MIL-STD-463A《电磁干扰和电磁兼容性技术的术语定义和单位制》等均属此类标准。

(2)规定电磁发射和电磁敏感度的限值

某一电子设备或系统要通过某个电磁兼容标准认证,必须用具体的数据来说明,这就要在标准中规定电磁干扰信号数值的限值。限值可以用峰值、准峰值或平均值来表示,军标都用峰值,而民标一般用准峰值或平均值。不同的标准有不同的限值,使用的场合不同也有不同的限值。标准限值的制定要有科学依据,不能定得过高或过低。国标 GB4824—2019《工业、科学和医疗设备射频骚扰特性 限值和测量方法》、国军标 GJB151B—2013《军用设备和分系统电磁发射和敏感度要求与测量》、美国军标 MIL-STD-461G《电磁干扰发射和敏感度控制要求》等都属于这类标准。

(3)规定测试方法

检验某一产品是否满足电磁兼容性标准规定的限值要求,必须有统一的测试方法,才能保证测试数据的准确和有可比性,否则将会由于测试环境不同、测试设备和测试方法不同,而得到不同的测试结果,也就不能判定其是否满足限值要求。例如,国军标 GJB151B—2013《军用设备和分系统电磁发射和敏感度要求与测量》就分别对传导发射(CE)、辐射发射(RE)、传导敏感度(CS)和辐射敏感度(RS)规定了一系列测试方法。美国军标 MIL-STD-462D《电磁干扰特性的测量》也属于这类标准。

我们注意到,近几年修订和新制定的国标和国军标,往往将限值和测试方法置于同一标准中颁布。例如国标 GB4824—2019 及国军标 GJB5240—2004 等。

另外,电磁兼容性标准和所有标准一样,都不是一成不变的,随着科学技术的发展,经过一段时间的实践,将会制定出新的、更科学的电磁兼容性标准,对标准限值、测量方法做出更为科学的规定。例如,20 世纪 60 年代美国制定了 MIL-STD-461A/462A,后来修改为 B、C、D、E 等版本。

（4）规定电磁兼容控制方法或设计方法

电磁兼容性是设计出来的,研究如何设计电子设备或系统使其工作不受外界干扰,同时也不要产生干扰影响其他设备。电磁兼容性设计标准中包括系统电磁发射和敏感度要求、系统电磁环境要求、雷电及静电防护技术准则,以及屏蔽、接地、滤波、布线、搭接等设计规范和要求。这类标准的数量相当多,例如,GB/T13617—1992《短波无线电收信台（站）电磁环境要求》、GJB1389A—2005《系统电磁兼容性要求》、GJB/Z25—1991《电子设备和设施的接地、搭接和屏蔽设计指南》、GJB/Z214—2003《军用电磁干扰滤波器设计指南》等。

在电磁兼容性设计中,应根据标准规定的限值进行设计,而后根据标准规定的测试方法进行检验。由于标准和规范是通用文件,其限值是按最不利原则确定的,这就可能对某一具体设备的电磁兼容性设计过于保守。因此,针对某一设备或系统,往往需要通过电磁兼容性分析预测来修正设计。

电磁兼容性标准和规范表示的概念是:如果每个部件都符合规范要求,则设备的电磁兼容性就得到保证。由于电磁兼容领域讨论和处理的是设备或系统的非设计性能和非工作性能,例如发射机的非预期发射和接收机的非预期响应,因此,电磁兼容性标准和规范也着重描述设备或系统的非预期方面。

在使用电磁兼容性标准和规范时,一个非常重要的参数是电磁干扰安全余量。这个参数既可用于传导干扰,又可用于辐射干扰。由于辐射途径的不确定性,通常辐射耦合的安全余量应大于传导耦合的安全余量。

1.5.2　国内外电磁兼容性标准简介

1. 国内标准与规范

我国的电磁兼容性标准与规范的制定工作开展得较晚,与国际发展水平有一定差距。自1983 年我国发布第一个电磁兼容性标准以来,本着等同、等效、参照采用国际先进标准的原则,在制定或修订国内民用、军用标准方面做了大量的工作,至今已发布了 100 多个电磁兼容性国标和国军标,逐步形成了符合我国国情并与国际接轨的电磁兼容性标准体系。国内电磁兼容性标准分为四类:基础标准、通用标准、产品类标准和系统间电磁兼容性标准。这些标准的实施,为促进军用、民用电子电气产品的研制,为检验进出口电子电气产品的电磁兼容性,发挥了重要作用。表 1-1、表 1-2 分别列出部分电磁兼容性国标和国军标,供参考。

表 1-1　电磁兼容性国标（部分）

标　准　号	标　准　名　称
GB/T 3907—1983	工业无线电干扰基本测量方法
GB/T 4365—2016	电工术语　电磁兼容
GB 4824—2019	工业、科学和医疗（ISM）射频设备电磁骚扰特性限值和测量方法
GB/T 4859—1984	电气设备的抗干扰特性基本测量方法
GB15707—2017	高压交流架空送电线无线电干扰限值
GB/T 7349—2002	高压架空送电线、变电站无线电干扰测量方法

表 1-2　电磁兼容性国军标(部分)

标 准 号	标 准 名 称
GJB/Z 17—1991	军用装备电磁兼容性管理指南
GJB/Z 25—1991	电子设备和设施的接地、搭接和屏蔽设计指南
GJB/Z 36—1993	舰船总体天线电磁兼容性设计导则
GJB 72A—2002	电磁干扰和兼容性术语
GJB/Z 124—1999	电磁干扰诊断指南
GJB/Z 132—2002	军用电磁干扰滤波器选用和安装指南
GJB 151B—2013	军用设备和分系统电磁发射和敏感度要求与测量
GJB 870—1990	军用电子设备方舱通用规范
GJB 911—1990	电磁脉冲防护器件测量方法
GJB 1210—1991	接地、搭接和屏蔽设计的实施
GJB 1389A—2005	系统电磁兼容性要求
GJB 2926—1997	电磁兼容性测试实验室认可要求

2. 国外标准与规范

国外(尤其是西方发达国家)在研究、制定和实施电磁兼容性标准方面已有较长的历史。例如,美国从20世纪40年代起已先后制定了与电磁兼容有关的军用标准和规范100多个。1964年美国国防部组织专门小组改进标准和规范的管理工作,制定了三军共同的标准和规范,这就是著名的 MIL-STD-460 系列电磁兼容性标准。该标准主要用于设备和分系统的干扰控制及其设计,它提供了评价设备和分系统电磁兼容性的基本依据。后来,这个标准系列经过多次修订,不仅成为美国的军用标准,而且被亚欧各国的军事部门所采用。

除美国军标外,国际上还有许多具有权威性和广泛影响的电磁兼容性标准,如 CISPR、TC77、FCC、VDE 等标准,有少数发达国家的保密机构还制定了 TEMPEST 标准,这是研究信息泄露的标准。

国际无线电干扰特别委员会(CISPR)作为国际电工技术委员会(IEC)的下属机构,是国际间从事无线电干扰研究的权威组织,它以出版物的形式向世界各国推荐各种电磁兼容性标准和规范,并已被许多国家直接采纳,成为电磁兼容性民用标准的通用标准。

第77技术委员会(TC77)也是 IEC 的下属机构,它与 CISPR 并列为涉及电磁兼容的组织,它制定的 IEC 61000 系列标准在国际上很有影响力。

美国联邦通信委员会(FCC)负责管理控制可能产生电磁辐射的工、商和民用设备,它制定的有关条例对所有生产、出售和使用的工、商和民用设备都适用。

德国电气工程师协会(VDE)制定了一些电磁兼容性标准,它分为 A 类(保护距离为30 m 的设备)和 B 类(保护距离为10 m 的设备)。A 类符合 CISPR 标准,B 类比 A 类更严,但低于MIL-STD-460 系列标准。VDE 标准在欧洲影响很大。

表1-3列出了部分美国军标,供参考。

表 1-3　美国军用电磁兼容性标准和规范(部分)

标 准 号	标 准 名 称
MIL-STD-188-124B	关于公用远距离战术通信系统接地、搭接与屏蔽的一般要求
MIL-STD-1857	接地、搭接和屏蔽的设计实例

标 准 号	标 准 名 称
MIL-STD-461 G	电磁干扰发射和敏感度控制要求
MIL-STD-462 D	电磁干扰特性的测量
MIL-STD-463 A	电磁干扰和电磁兼容性技术的术语定义和单位制
MIL-STD-469 B	雷达工程设计的电磁兼容性要求
MIL-E-6051 D	系统电磁兼容性要求
MIL-E-6181 D	机载设备干扰控制要求

1.6　电磁兼容计量单位和换算关系

如前所述,电磁兼容学科领域中通常以分贝(dB)作为测试计量单位。这是因为在电磁兼容性测量中往往会遇到量值相差非常大的信号,为了便于叙述、表示和运算,就采用表示两个参数间倍率关系的单位——分贝(dB)作为度量单位。

1. 功率的分贝单位

功率的分贝单位表示为

$$[\mathrm{dB}]_P = 10\lg\left(\frac{P_1}{P_2}\right) \tag{1-3}$$

式中,P_1 为某一功率;P_2 是作为比较的基准功率。这里的 P_1 和 P_2 采用相同的单位,例如用瓦(W),因而分贝(dB)仅为两个量的比值,是无量纲的。随着分贝表示式中基准量的单位不同,分贝(dB)在形式上也带有某种量纲。常见的情况有:

① 如果以 $P_2 = 1\mathrm{W}$ 作为基准功率,则 P_1/P_2 相当于 $1\mathrm{W}$ 的比值,$[\mathrm{dB}]_P$ 就表示 P_1 相对于 $1\mathrm{W}$ 的倍率,即以 $1\mathrm{W}$ 为 $0\mathrm{dB}$。此时是以带有功率量纲的 dBW(称为瓦分贝)表示 P_1 的,故

$$P_{\mathrm{dBW}} = 10\lg\left(\frac{P_{\mathrm{W}}}{1\mathrm{W}}\right) = 10\lg P_{\mathrm{W}}$$

式中,P_{dBW} 是以 dBW 为单位的功率;P_{W} 是以 W 为单位的功率。

② 如果以 $P_2 = 1\mathrm{mW}$ 作为基准功率,即以 $1\mathrm{mW}$ 为 $0\mathrm{dB}$。此时是以 dBmW(称为毫瓦分贝)表示 P_1 的,故

$$P_{\mathrm{dBmW}} = 10\lg\left(\frac{P_{\mathrm{mW}}}{1\mathrm{mW}}\right) = 10\lg P_{\mathrm{mW}}$$

dBmW 与 W 的关系为

$$P_{\mathrm{dBmW}} = 10\lg\left(\frac{P_{\mathrm{mW}}}{10^{-3}\mathrm{W}}\right) = 10\lg P_{\mathrm{W}} + 30 = P_{\mathrm{dBW}} + 30$$

显然,$0\,\mathrm{dBmW} = -30\,\mathrm{dBW}$。

③ 如果以 $P_2 = 1\mu\mathrm{W}$ 作为基准功率,即以 $1\mu\mathrm{W}$ 为 $0\mathrm{dB}$。此时是以 dBμW(称为微瓦分贝)表示 P_1 的,故

$$P_{\mathrm{dB\mu W}} = 10\lg\left(\frac{P_{\mathrm{W}}}{10^{-6}\mathrm{W}}\right) = 10\lg P_{\mathrm{W}} + 60 = P_{\mathrm{dBW}} + 60$$

此外，P_2 还可以用 1 nW 和 1 pW 作为基准功率，分别用 dBnW（称为纳瓦分贝）和 dBpW（称为皮瓦分贝）表示 P_1。

2. 电压的分贝单位

电压的分贝单位表示为

$$[\,\mathrm{dB}\,]_U = 20\lg\left(\frac{U_1}{U_2}\right) \tag{1-4}$$

式中，U_2 为基准电压；$[\,\mathrm{dB}\,]_U$ 为电压 U_1 相对于基准电压 U_2 的比值的对数函数，反映 U_1 和 U_2 两个电压的倍率关系。

如果以 $U_2 = 1\,\mathrm{V}$ 作为基准电压，则得到 U_1 相对于 1 V 的比值的对数，用 dBV（称为伏分贝）表示 U_1，故

$$U_{\mathrm{dBV}} = 20\lg\left(\frac{U}{1\,\mathrm{V}}\right) = 20\lg U$$

同样，U_2 可分别以 1 mV、1 μV 作为基准电压，则得到用 dBmV（称为毫伏分贝）、dBμV（称为微伏分贝）表示的 U_1 的表示式

$$U_{\mathrm{dBmV}} = 20\lg\left(\frac{U}{10^{-3}\,\mathrm{V}}\right) = 20\lg U + 60 = U_{\mathrm{dBV}} + 60$$

$$U_{\mathrm{dB\mu V}} = 20\lg\left(\frac{U}{10^{-6}\,\mathrm{V}}\right) = 20\lg U + 120 = U_{\mathrm{dBV}} + 120$$

3. 电流的分贝单位

电流的分贝单位表示为

$$[\,\mathrm{dB}\,]_I = 20\lg\left(\frac{I_1}{I_2}\right) \tag{1-5}$$

式中，I_2 为基准电流；$[\,\mathrm{dB}\,]_I$ 为电流 I_1 相对于基准电流 I_2 的比值的对数。

当 $I_2 = 1\,\mathrm{A}$ 时，I_1 可用 dBA（称为安分贝）表示；

当 $I_2 = 1\,\mathrm{mA}$ 时，I_1 可用 dBmA（称为毫安分贝）表示；

当 $I_2 = 1\,\mathrm{\mu A}$ 时，I_1 可用 dBμA（称为微安分贝）表示。

电流用 A 作为单位和用 dBA、dBmA、dBμA 作为单位的换算关系分别为

$$I_{\mathrm{dBA}} = 20\lg I$$

$$I_{\mathrm{dBmA}} = 20\lg I + 60 = I_{\mathrm{dBA}} + 60$$

$$I_{\mathrm{dB\mu A}} = 20\lg I + 120 = I_{\mathrm{dBA}} + 120$$

4. 电场强度、磁场强度和功率密度的分贝单位

电场强度 E 的分贝单位表示为

$$[\,\mathrm{dB}\,]_E = 20\lg\left(\frac{E_1}{E_2}\right) \tag{1-6}$$

式中，E_2 为基准电场强度；$[\,\mathrm{dB}\,]_E$ 为电场强度 E_1 相对于 E_2 的比值的对数。

当 $E_2 = 1\,\mathrm{V/m}$ 时，E_1 可用 dBV/m（伏每米分贝）表示；

当 $E_2 = 1\,\mathrm{mV/m}$ 时，E_1 可用 dBmV/m（毫伏每米分贝）表示；

当 $E_2 = 1\,\mathrm{\mu V/m}$ 时，E_1 可用 dBμV/m（微伏每米分贝）表示。

显然　　　　　　　　$1\,\mathrm{V/m} = 0\,\mathrm{dBV/m} = 60\,\mathrm{dBmV/m} = 120\,\mathrm{dB\mu V/m}$

同样，磁场强度 H 的分贝单位可用 dBA/m（安每米分贝）、dBmA/m（毫安每米分贝）、dBμA/

m（微安每米分贝）表示，它们之间的关系为

$$1\,A/m = 0\,dBA/m = 60\,dBmA/m = 120\,dB\mu A/m$$

功率密度定义为垂直通过单位面积的功率，它是坡印廷矢量 $S=E\times H$ 的模。这里的 E 的单位为 V/m，H 的单位为 A/m，S 的单位为 W/m^2。

功率密度的分贝单位可用 dBW/m^2（瓦每平方米分贝）、$dBmW/m^2$（毫瓦每平方米分贝）、$dB\mu W/m^2$（微瓦每平方米分贝）表示，它们之间的关系为

$$1\,W/m^2 = 0\,dBW/m^2 = 30\,dBmW/m^2 = 60\,dB\mu W/m^2$$

在电磁兼容性测试中，常用磁感应强度 B 表示磁场，而不是用磁场强度 H。考虑到 B 的单位 T（特斯拉）是一个很大的单位，实际应用中常以 pT 为单位。而 $\mu_0 = 4\pi\times10^{-7}\,H/m$，$1\,T = 1\,Wb/m^2$，$1\,Wb = 1\,A\cdot H$，故得

$$B_T = \mu_0 H_{A/m} = 4\pi\times10^{-7}(H/m)\times H_{A/m} = 4\pi\times10^{-7}\times H_{A/m}$$

$$= 4\pi\times10^{-7}\times H_{pA/m}\times10^{-12}$$

用分贝表示则为

$$B_{dBT} = 20\lg(4\pi\times10^{-7}) + 20\lg(H_{A/m}) = H_{dBA/m} - 118$$

或

$$B_{dBpT} = B_{dBT} + 240 = H_{dBA/m} + 122$$

5. 远场区内，电场强度 E、磁场强度 H、功率密度 S 的换算关系

在远场区，$E/H = Z_0 = 377\,\Omega$（Z_0 为自由空间波阻抗）。因 $H_{\mu A/m} = E_{\mu V/m}/Z_{0\Omega}$，用分贝表示为

$$H_{dB\mu A/m} = 20\lg(H_{\mu A/m}) = 20\lg(E_{\mu V/m}/Z_{0\Omega}) = 20\lg(E_{\mu V/m}) - 20\lg377 = E_{dB\mu V/m} - 51.5$$

又因

$$S_{W/m^2} = E_{V/m}\times H_{A/m} = E^2/Z_{0\Omega} = E^2_{V/m}/377 = 2.65\times10^{-3}E^2_{V/m}$$

用分贝表示则为

$$S_{dBW/m^2} = 10\lg(S_{W/m^2}) = 10\lg(2.65\times10^{-3}E^2_{V/m})$$

$$= 10\lg2.65 - 30 + 20\lg(E_{V/m}) = E_{dBV/m} - 25.77$$

若以 mW/cm^2 为功率密度的单位，可得

$$S_{dBmW/cm^2} = E_{dBV/m} - 35.77$$

习题

1.1　什么是电磁兼容？它与抗干扰有何区别？

1.2　电磁干扰的危害程度分为几个等级？试举例说明电磁干扰对电子设备的危害。

1.3　电磁兼容学科的研究领域大致可归纳为哪几个方面？

1.4　什么是"问题解决法"？

1.5　什么是"规范法"？

1.6　什么是"系统法"？

1.7　实施电子系统的电磁兼容性通常要经过哪几个主要步骤？

1.8　电磁兼容性标准的基本内容和特点是什么？试举例说明。

1.9　我国制定电磁兼容性标准的原则是什么？我国的电磁兼容标准分为哪四大类？

1.10　举出几种你了解的电磁兼容性国标和国军标。

1.11　将电压 8 mV 转换为用 $dB\mu V$ 表示。

1.12　功率密度 S 的基本单位是 W/m^2，常用单位是 mW/cm^2 或 $\mu W/cm^2$，试写出它们之间的转换关系式；若采用分贝表示，即用 dBW/m^2、$dBmW/cm^2$、$dB\mu W/cm^2$ 表示，再写出它们之间的转换关系。

第2章 电磁干扰源

如前所述,形成电磁干扰效应的三个基本要素是电磁干扰源、耦合通道、敏感设备。为了消除或抑制电磁干扰效应,通常在电磁干扰源方面采取措施是较为方便和有效的。熟悉和了解常见的电磁干扰源是发现和解决电磁干扰问题的关键之一,本章将讨论电磁干扰源及其基本性质。

2.1 电磁干扰源的分类

电磁干扰源是指任何产生电磁干扰的元件、器件、设备、分系统、系统或自然现象。电磁干扰源的分类方法很多,通常是按干扰源的性质将其划分为自然干扰源和人为干扰源两大类,如图2-1所示。

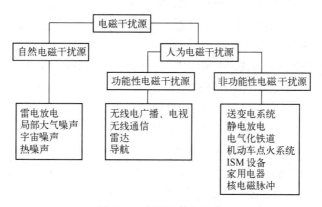

图2-1 电磁干扰源分类

自然干扰源主要来源于大气层的天电噪声、地球外层空间的宇宙噪声,它们既是地球电磁环境的基本要素,也是对无线通信和空间技术造成干扰的干扰源。

人为电磁干扰源包括功能性电磁干扰源和非功能性电磁干扰源。所谓功能性电磁干扰源,是指设备或系统在实现自身功能的过程中产生有用电磁能量而对其他设备或系统造成干扰的电气装置。非功能性电磁干扰源则是指设备或系统在实现自身功能的过程中产生无用电磁能量而对其他设备或系统造成干扰的电气装置。无用的电磁能量可能是某种自然现象产生的,也可能是某些设备或系统工作时所产生的副产品,如开关闭合、断开产生的电弧放电干扰,以及各类点火系统产生的干扰等。

除上述分类方法外,还可根据电磁干扰的传播耦合途径分为传导干扰和辐射干扰;根据干扰场的性质分为电场干扰、磁场干扰、电磁干扰;按干扰波形可分为连续波干扰、脉冲波干扰;按干扰的频带宽度可分为宽带干扰、窄带干扰;按干扰的幅度特性可分为静态干扰、瞬态干扰。根据电磁干扰源的频率范围,将一些典型的干扰源按频段分类列于表2-1中。

表 2-1　电磁干扰源的频段分类

干扰频段分类	频率范围	典型干扰源
工频及音频干扰源	50 Hz 及其谐波	输电线、电力牵引系统、有线广播
甚低频干扰源	30 kHz 以下	雷电放电
载频(中、短波频段)干扰源	30 kHz~30 MHz	超高压输电线路上的电晕放电、火花放电
射频、视频干扰源	30~300 MHz	工业、科学、医疗高频设备
微波干扰源	300 MHz~100 GHz	微波加热、微波通信、卫星通信发射机

2.2　自然电磁干扰源

自然干扰源很多,本节简要介绍几种主要的自然电磁干扰源。

1. 雷电

雷电放电是一种自然现象,它是大气层中频繁产生且极为强烈的电磁干扰源,是大气电磁干扰的主要形式。雷电现象虽为人们所熟知,但其放电机理、效应及防护方法,则是人们长期研究的课题。雷电的危害是有目共睹的,在航空、航天发展史上,由于雷击而造成的事故也屡见不鲜。雷电的分布规律可归纳为:热而潮湿的地域比冷而干燥的地域发生雷暴的概率大;从纬度看,雷暴的频数由北向南增加,赤道附近雷暴的频数最高(在我国,雷暴频数递减顺序大致是华南、西南、长江流域、华北、东北);从地域看,雷暴的频数是山区大于平原,平原大于沙漠,陆地大于湖海;从时间看,雷暴高峰出现在 7~8 月,活动时间大都在每天的 14~22 时,各地区雷暴的极大值和极小值都出现在相同的月份。

雷电电流的幅值最大可达 200 kA 以上,一般低于 100 kA(例如,在广东观测到雷电电流超过 200 kA 的占 2%,超过 40 kA 的占 50%)。这样大的电流在沿建筑物的钢结构、避雷针流入大地的过程中,或在大地中形成的电流,都可能在附近导线上感应出能量很强的浪涌,形成电磁干扰。对于直击雷,当雷击供电网络时,注入的大电流也会产生浪涌电压,形成电磁干扰。同时,直击雷对设备、人、畜的危害都是致命的。

这里着重讨论雷电电磁脉冲的产生机理和雷电电磁脉冲效应。利用高速摄影观察方法,人们知道雷电放电大致经历 3 个阶段:

① 先导放电阶段。当雷云中电荷密集处的电场达到 2500~3000 kV/m 时,就会发生先导放电。在这一过程中,电流不大,发光微弱,肉眼难以观察到。先导放电一般是自雷云向下断续地分级发展的,每级长度为 10~200 m,平均为 25 m;停歇时间为 10~100 μs,平均为 50 μs;每级的发展速度为 10^7 m/s,延续时间为 1 μs。当先导放电接近地面时,会从地面上较突出部分发出向上的迎面先导放电。这就像用导线一段一段地把雷云和大地连接起来,为即将到来的强大电流形成通路。

② 主放电阶段。当下行先导放电与迎面先导放电相遇时,雷云中的电荷沿着光导放电阶段形成的放电通道,迅速地泄入大地。在这一过程中,电流很大(可达数十千安到数百千安),时间短促,瞬时功率极大,闪光耀眼,空气受热膨胀,发出强烈的雷鸣声,人们平时所说的雷电就是指这一阶段的放电。

③ 余晖放电阶段。经过主放电后,雷云中剩余电荷继续沿上述通道向大地泄放。这一过程中,电流虽小,但持续时间较长,能量也较大。

下面介绍雷电放电的主要参数,这些参数对于解释雷电的电磁脉冲特性、研究防雷措施和制定防雷标准是必不可少的。

（1）雷电电流峰值

它指主放电闪接于接地良好的物体时，流经其上的入地电流峰值。图 2-2 为用逼近法加以修正并取正值的雷电电流波形曲线，表明雷电电流以近似指数函数上升至峰值，然后又按近似指数函数规律下降，因此又称为双指数函数曲线，可以用下式表示

$$I(t) = I_m(e^{-\alpha t} - e^{-\beta t}) \qquad (2\text{-}1)$$

式中，I_m 为雷电电流峰值，α 为波头衰减系数，β 为波尾衰减系数。

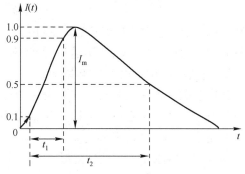

图 2-2　雷电电流波形曲线

（2）波头、波尾时间

图 2-2 中，曲线峰值左边部分称为波头，波头时间 t_1 是雷电电流从 $0.1I_m$ 上升到 $0.9I_m$ 的时间，约为 1~4 μs，平均为 2.6 μs。曲线峰值右边部分称为波尾，波尾时间 t_2 是雷电电流从 $0.1I_m$ 上升到 I_m，又从 I_m 下降到半峰值的时间，为 20~90 μs，平均为 43 μs。波头时间和波尾时间是理想化的上升沿和下降沿时间，实用中常用"波头时间/波尾时间"的形式来描述一个近似双指数曲线的雷电电流波形。例如 1.5/40 μs，指的就是波头时间为 1.5 μs、波尾时间为 40 μs 的雷电冲击波形。波尾时间越长，雷电波形所含能量越大。

（3）陡度

陡度指雷电电流随时间增大的速度，该值平均为 8 kA/μs，最大可达 50 kA/μs。由于设备上感应的电感压降与 di/dt 成正比，因此雷电电流的陡度越大，雷电对电子设备的危害也越大。

（4）雷电频谱

雷电频谱是了解雷电能量的频率分布的重要参数，也是研究避雷措施的重要依据。一个雷电脉冲，理论上可以看成由直流（零频）到频率为无限高的无数个波组成，称为连续频谱。在该频谱中的每一个频段都包含着一定能量，这种能量依频率而变化的曲线即为能量分布密度。对采用频率分割的多路通信系统，可根据能量分布密度来估计在其频率范围内可能遭受雷电冲击的幅度和能量大小，进而确定是否采取防雷措施。关于雷电的频谱分析，分以下三个方面来讨论。

① 雷电电流峰值比率的频率分布

雷电电流峰值比率的频率分布是指在雷电电流的频谱范围内，每一个频率的电流值与雷电电流峰值之比的频率分布。

将式（2-1）进行傅氏变换得

$$I(j\omega) = \int_0^\infty I_m(e^{-\alpha t} - e^{-\beta t})e^{-j\omega t}dt$$

$$= I_m\left[\left(\frac{\alpha}{\alpha^2+\omega^2} - \frac{\beta}{\beta^2+\omega^2}\right) + j\left(\frac{\omega}{\beta^2+\omega^2} - \frac{\omega}{\alpha^2+\omega^2}\right)\right] \qquad (2\text{-}2)$$

即

$$\frac{I(j\omega)}{I_m} = \left[\left(\frac{\alpha}{\alpha^2+\omega^2} - \frac{\beta}{\beta^2+\omega^2}\right) + j\left(\frac{\omega}{\beta^2+\omega^2} - \frac{\omega}{\alpha^2+\omega^2}\right)\right] \qquad (2\text{-}3)$$

令

$$M = \frac{\alpha}{\alpha^2+\omega^2} - \frac{\beta}{\beta^2+\omega^2}, \qquad N = \frac{\omega}{\beta^2+\omega^2} - \frac{\omega}{\alpha^2+\omega^2}$$

则雷电电流峰值比率的频率分布可表示为

$$I(\omega) = \sqrt{M^2 + N^2} \tag{2-4}$$

计算表明,雷电电流主要分布在低频(1 kHz 以下)部分,且随频率升高而迅速递减。电流的波头越陡,高频部分越丰富;波尾越长,低频部分越丰富。

② 电流峰值比率积累的频率分布

雷电的破坏作用主要表现在对设备的过压击穿和冲击能量过大引起的热击穿上。当研究雷电过电压比率集中在哪一频段上时,若已测得设备对大地的阻抗,则可通过研究雷电电流峰值比率集中在哪一频段来得到。

对式(2-3)在 0~ω 内积分,得

$$
\begin{aligned}
\frac{I(j\omega)}{I_m} &= \int_0^\omega \left(\frac{\alpha}{\alpha^2 + \omega^2} - \frac{\beta}{\beta^2 + \omega^2} \right) + j \left(\frac{\omega}{\beta^2 + \omega^2} - \frac{\omega}{\alpha^2 + \omega^2} \right) d\omega \\
&= \left[\arctan\left(\frac{\omega}{\alpha}\right) \right]_0^\omega - \left[\arctan\left(\frac{\omega}{\beta}\right) \right]_0^\omega + j \left[\frac{1}{2}\ln(\beta^2 + \omega^2) \right]_0^\omega - j \left[\frac{1}{2}\ln(\alpha^2 + \omega^2) \right]_0^\omega \\
&= \arctan\left(\frac{\omega}{\alpha}\right) - \arctan\left(\frac{\omega}{\beta}\right) + j \frac{1}{2}\ln\left(1 + \frac{\omega^2}{\beta^2}\right) - j \frac{1}{2}\ln\left(1 + \frac{\omega^2}{\alpha^2}\right)
\end{aligned} \tag{2-5}
$$

利用式(2-5)计算出如下结果:

对 1.5/40 μs 雷电波,$I(j\omega)/I_m = 90\%$ 大约集中在 87 kHz;

对 8/20 μs 雷电波,$I(j\omega)/I_m = 90\%$ 大约集中在 24 kHz;

对 10/700 μs 雷电波,$I(j\omega)/I_m = 90\%$ 大约集中在 11 kHz。

可见,波头越陡,受雷电影响的频率范围越宽。

③ 能量比率积累的频率分布

对于纯电阻负载,能量与通过它的电流平方成正比。因此可由式(2-1)表示的雷电电流导出雷电电磁脉冲能量比率积累的频率分布为

$$\frac{W(\omega)}{W_m} = \frac{2}{\pi(\alpha - \beta)} \left[\alpha \arctan\left(\frac{\omega}{\beta}\right) - \beta \arctan\left(\frac{\omega}{\alpha}\right) \right] \tag{2-6}$$

若雷电电流的波头时间较波尾时间短得多,即 $\alpha \ll \beta$,则式(2-6)可简化为

$$\frac{W(\omega)}{W_0} = \frac{2}{\pi} \arctan\left(\frac{\omega}{\alpha}\right) \tag{2-7}$$

利用式(2-7)所得数据表明:1.5/40 μs 雷电波约 90% 的能量集中在 17 kHz 以下;10/700 μs 雷电波约 90% 的能量集中在 1 kHz 以下。

鉴于 90% 以上的雷电电磁脉冲能量都集中在十几 kHz 频率范围内,因此只需防止十几千赫兹以内的雷电电磁脉冲侵入,就可抑制其 90% 的能量。在通信网络中采用高通滤波器来实现防雷就是这个道理。

2. 局部大气噪声

在大气中,除雷电放电外还有其他能满足电荷分离和存储条件的现象也会产生放电,形成放电噪声,称其为局部大气噪声。这种现象的产生,大致可归结为以下几种情况。

(1) 大气中的水蒸气、沙尘、雪粒等物质撞击电子设备的天线或电路,造成电荷转移或静电放电,从而引起电磁噪声。例如,大气中的尘埃、雪花、冰雹等撞击飞机、飞船表面时,由于相对摩擦运动而产生电荷转移从而沉积静电。当电势上升到 1000 kV 时就产生火花放电或电晕

放电。这种放电产生的宽带噪声频谱分布在从几赫兹到几千赫兹的范围内,将会严重影响高频、甚高频和超高频段的无线电通信和导航。

（2）电离层中的非线性现象及无线电波在大气电离层表面反射条件的变化而形成的噪声。

（3）因接收地点和季节的不同,所受到的干扰强度和频率也不相同。通常,热带地区的短波通信会受到严重的干扰。

大气噪声功率常与热噪声功率有关,有两种较为普遍的表示方法,一种是用噪声系数 f_a 表示,另一种是用等效噪声温度 T_a 表示。噪声功率可表示为

$$P_n = 10\lg(T_a kB) = 10\lg T_a(\text{K}) + 10\lg B(\text{Hz}) - 228.6 \quad (\text{dBW}) \qquad (2-8)$$

或

$$P_n = 10\lg(f_a T_0 kB) = F_a(\text{dB}) + 10\lg B(\text{Hz}) - 204 \quad (\text{dBW})$$

式中, $F_a = 10\lg f_a(\text{dB})$; k 为玻耳兹曼常数; T_0 为热力学温度,一般取290K; B 为接收机的有效带宽(Hz)。

3. 宇宙噪声

宇宙噪声是指宇宙间的射电源所辐射的电磁波传到地面而形成的噪声。这里的射电源是指发射无线电波的天体和星际物质,如太阳、月亮、行星、银河系及星云等。就地球上所收到的电磁功率流密度而言,太阳是最强的射电源。

太阳主要是以可见光的波长发射出它的大部分能量的,其辐射的总功率变化不大(变化率约为2%)。但太阳无线电辐射却变化极大,有时要超过几个数量级。太阳无线电辐射可分为三种情况:

（1）宁静期,此时辐射强度较低,且不随时间变化。

（2）活动期,此时辐射强度稍强,且随时间有缓慢变化。

（3）强活动期,或称太阳射电爆发,此时太阳产生的辐射强度将大于宁静期的辐射强度60 dB。

当然地面收到的太阳噪声强度与天线的方向性及指向有关。例如, $f = 200\,\text{MHz}$ 时,宁静期的太阳噪声温度 $T \approx 10^6\,\text{K}$,由地球看太阳的立体角约为 $0.7 \times 10^{-4}\,\text{rad}$ 。若设天线增益 $G = 16\,\text{dB}$,则可计算出等效噪声温度 $T_a \approx 220\,\text{K}$;若天线指向不对准太阳,就可忽略其影响。

银河系噪声主要来自银河系中心区域,其中较强的射电源位于天鹅座、金牛座等处。银河系的辐射峰值出现的频段一般为150～200 MHz,它将对工作在30～300 MHz频段的通信构成严重的干扰。

其他星体射电源的噪声,如行星噪声、月球噪声等,它们可能成为夜间的主要噪声源。例如木星噪声源主要在10～40 MHz频段内(在18 MHz附近最强),它是由强度很强、宽度约为1s的脉冲辐射引起的。金星、火星也会辐射噪声,但由于从地球上看这些星体的立体角都很小,所以收到的噪声也很小。从地球上看月球的立体角与看太阳的立体角差不多,所以月球的噪声对通信的影响比太阳小得多。

对于30 MHz以下频段,由于电离层的反射作用,到达地面的宇宙噪声电平通常远小于大气噪声。因此,在地面上实际观测到的宇宙噪声基本上是30 MHz以上的噪声。

4. 热噪声

热噪声是电阻类导体(例如天线)或元器件中由于自由电子的布朗运动而引起的噪声,是一种随机噪声。在一定温度下,电子与分子撞击会产生一个短暂的电流小脉冲。由于随机性,电流小脉冲的平均值为零。但电子的随机运动会产生一个交流成分,这个交流成分即为热噪

声。通常,从直流到微波范围,电阻热噪声具有均匀的功率谱密度。

2.3　人为电磁干扰源

人为的电磁干扰源涵盖了一个很大范围的电子电气设备和系统,从大功率无线电发射设备到高压输变电系统,以及工业、科学和医疗设备等,将其分为功能性电磁干扰源和非功能性电磁干扰源来讨论。通常情况下,人为电磁干扰源比自然电磁干扰源产生强度更大的干扰,对环境的影响更严重。

1. 功能性电磁干扰源

广播、电视、通信、雷达、导航等系统,是通过向空间辐射载有信号的电磁能量来实现其功能的,这种电磁能量对于不需要这些信号的电子设备或系统将构成功能性干扰。虽然这类设备品种繁多,但就研究干扰源而言,可将其分为两类:无线电发射设备和本地振荡器。

发射机的射频载波的产生和调制都是由非线性装置完成的,在它们的输出端除有用信号外,还有一些不希望有的谐波分量和互调产物。这些谐波分量和互调产物在发射机电路中的传输,在一定条件下会以电磁波的形式辐射出去,形成干扰。无线电发射设备为了保证其有更大的服务范围,往往有很强的发射功率,因而其潜在干扰应予重视。

本地振荡器工作时,或者由于没有很好的屏蔽,或者由于电抗元件之间的互耦,或者经由地线电流的传导耦合,可能有电磁能量向外辐射,形成干扰。这种现象在印制电路板中尤为明显。虽然本地振荡电路产生的辐射干扰功率并不太大,但由于距离较近,且被干扰对象与干扰源往往处于同一电磁环境中,故其干扰效应不可忽视。

通常可通过对本地振荡电路进行屏蔽来抑制由本地振荡器产生的电磁干扰;在与本地振荡电路相连接的导线上加装滤波器,以抑制乱真发射和谐波发射。

2. 非功能性电磁干扰源

非功能性干扰是指由外界引入电子设备或系统中的干扰。这些干扰有的是自然现象产生的,有的则是某些电子电气设备或系统运行时产生的负面效应。

以下介绍主要的非功能性电磁干扰源。

（1）静电放电

静电主要是由于物体与物体接触而产生的,当两个不同的物体相互接触时,会使一个物体失去一些电子而带正电,另一个物体得到一些电子而带负电。若两物体分离时电荷难以中和,电荷就将积累在物体上使其带静电。也就是说,物体与物体相互接触后再分离,就会带上静电。通常说的摩擦带电,是指由于摩擦发生接触位置的移动和电荷分离因而产生静电的现象,实质上它也是两个物体在不断接触和分离的过程。除了摩擦带电,产生静电的现象还有:

① 剥离带电,是指相互密切结合的物体,使其剥离时引起电荷分离而产生静电的现象。剥离带电所产生的静电量与接触面积、接触面的黏着力及剥离速度有关,一般情况下剥离带电比摩擦带电的静电产生量要大。

② 流动带电,是指用管道输送液体时产生的静电现象。液体与管道固体接触时,在液体与固体之间的界面上形成双电层,而双电层中电荷的一部分随着液体流动而被带走,从而产生了静电。液体的流速对静电的产生有很大的影响。

③ 喷出带电,是指粉体、液体和气体从截面小的开口部位喷出时,发生摩擦而产生静电的现象。产生喷出带电的原因不止与开口部位之间的摩擦有关,还与液体、粉体本身相互之间的

撞击以及变成飞溅的飞沫状态有关。

④ 冲撞带电，是指由于粉体的粒子与粒子之间或粒子与固体之间的冲撞形成极快的接触和分离而产生静电的现象。例如，飞机在大气中飞行时，雪、雨、沙尘等质点撞击飞机表面会使其带电。

静电的危害主要是通过静电放电现象引起的。所谓静电放电，是指物体上积累的静电电荷所产生的电压达到一定值时（可高达 $35 \sim 100\,kV$）就会产生电晕放电或火花放电，将导致电子元器件、设备受到静电的危害。

静电的潜在危害是广泛存在的，因静电放电干扰而引发的事故也时有报道。例如，1971 年 11 月，由于静电干扰，欧罗巴 II 火箭发射后，制导计算机发生故障，使火箭姿态失控而炸毁。因此，对静电的研究一直受到重视。

（2）高压送变电系统

高压（100 kV 以上）送电线路、变电站的高压设备会因下述现象而产生无线电干扰：

① 在导线及其他金属配件表面处空气中的电晕放电；

② 绝缘子承受高压在应力区域内放电并产生火花；

③ 触点松动或接触不良处的火花。

也就是说，电晕放电和火花放电是高压送变电系统产生无线电干扰的原因。输电线路电压越高，电晕放电越强；导线直径越大，电晕放电越强；导线表面光洁度越高，电晕放电越弱。输电线路的排列方式、相互间的距离、对地高度等也会影响电晕放电的无线电干扰电平。另外，输电线路外部环境也强烈地影响着电晕放电。在雨、雾、霜充足或由于温度下降而在导线表面形成冰或水滴的区域，更容易产生电晕放电现象，所产生的无线电干扰电平比干燥情况下同一线路所产生的无线电干扰电平增加 20 dB 以上。

高压送电线路产生的无线电干扰主要是针对接收电视信号和军用无线电设备的影响做出评价，还应注意对邻近的无线通信、导航等台站的干扰。根据国家标准《高压交流架空送电线无线电干扰限值》（GB15707—1995）规定，500 kV 高压送电线路的无线电干扰限值在距边相导线投影 20 m 距离处、测试频率为 0.5 MHz 的晴天条件下不大于 55 dBμV/m。若电压等级为 220 kV、110 kV，则相应的无线电干扰限值分别为 53 dBμV/m、46 dBμV/m。

高压送变电系统除产生无线电干扰外，因高电压和强电流而产生的工频电场和工频磁场也将对周围环境产生影响。为控制其影响，也有国家标准对其给出了相应的限值。

近年来，超高压直流输电发展很快，这是因为输送距离在 1000 km 以上时，采用超高压直流输电更为有利。例如，2007 年建成并运行的四川至上海 ±800 kV 特高压直流输电线，是输电距离最长、容量最大的输电线路。直流输电系统中的换流装置总是包含各种谐波干扰源，输电线中的谐波频率范围为 0.3~150 kHz，谐波电压可达数千伏，谐波电流可达数十安。

（3）点火系统干扰源

发动机点火系统是很强的电磁干扰源，它对无线电接收机的干扰现象已被人们所熟悉。点火系统产生的电脉冲宽度为几个毫微秒到几百个毫微秒，在 30~300 MHz 频带内的干扰强度最大。多数点火系统利用点火线圈产生的高压，通过点火栓进行火花放电，从而形成发动机点火。点火系统的放电可分为电容放电和感应放电，电容放电的峰值电流约为 200 A，放电时间为微秒量级，峰值电压可高达 10 kV；感应放电的电流可控制在 50 A 左右，放电时间为毫秒量级。

汽车点火系统产生的干扰场强可达 500 μV/m，若以电视机作为测量装置，这种干扰的影响范围为 50~150 m。

（4）旋转机械干扰源

含有整流子和电刷的各种旋转机械（例如电动机、发电机等）会产生很强的瞬态干扰，这是因为当电刷将相邻的整流片短接时，有短路电流流过，电刷紧接着进入断开状态，在此瞬间即产生火花放电干扰。这个过程是一个重复转换的过程，产生的干扰具有很宽的频带。

（5）家用电器、照明器具

这类电器种类繁多，干扰源性质复杂。其功率虽然不太大，但由于频繁启动、转换、停止，也将产生火花放电，形成瞬态干扰。例如，荧光灯是基于弧光放电原理而发光的，它工作时，电击穿瞬间而产生射频干扰，此干扰可由荧光灯本身辐射出去，也可由连接荧光灯的电源线辐射出去。

（6）工业、科学和医疗设备

工业、科学和医疗设备（即 ISM 设备）是指用于工业、科学和医疗目的而产生射频能量的设备。这类设备主要包括射频弧焊机（例如常见的射频氩弧焊机）、射频感应加热设备（例如射频熔炼炉）、射频介质加热设备（例如射频塑料热合机）、微波加热设备、超声波发生器等。这类设备覆盖频率范围广（从中波到微波），有些设备的功率还比较大，往往是一个较强的干扰源。

以射频加热设备为例，射频感应加热器主要用于淬火、熔炼、锻造等，其工作频率为 $200 \sim 500\,kHz$。实验表明，功率为 $30 \sim 100\,kW$ 的射频感应加热器在空间产生的电场可超过卫生标准限值十几倍至几十倍。射频介质加热设备的工作频率较高，在 $13\,MHz \sim 5.8\,GHz$ 范围内。这类设备大都在指定的单一频率下工作，但其谐波很丰富，以致形成一个宽带干扰源。例如，频率为 $30\,MHz$ 的 $1\,kW$ 射频热合机在远区产生的基波辐射电平为 $112\,dB\mu V/m$，二次谐波的电平为 $94.5\,dB\mu V/m$，七次谐波的电平为 $45\,dB\mu V/m$。

微波加热设备在工作过程中，往往会产生微波能泄漏，形成干扰。例如，频率为 $2.45\,GHz$、功率为 $10\,kW$ 的微波干燥机，其最大泄漏能可达 $190\,mW/cm^2$。

（7）核电磁脉冲

核爆炸时产生的杀伤和破坏效应，有冲击波、热辐射、核辐射和放射性污染等。此外，还有由这些主要效应作用于周围环境而产生的一些次要效应。例如，核爆炸引起的地震现象，便是一种次要效应。还有另一种次要效应，就是核电磁脉冲，即核辐射与周围环境相作用，发生带电粒子运动，从而产生可以传递很远的电磁场。在爆点附近，这种电磁场具有很高的场强，而且可以传播至很远的地方，其距离为核爆的其他效应所望尘莫及的，甚至比核辐射本身传播的距离还要远。核电磁脉冲对未加固和未采取防护措施的电子设备和武器系统将产生干扰和破坏作用。

由于核爆炸产生的电磁脉冲的机理、辐射规律、干扰与破坏效应，以及防护措施等所涉及的理论和实践问题很复杂，在此只能做简要介绍。

核电磁脉冲和雷电电磁脉冲都是高强度的瞬变电磁现象，但两者在产生机理、频谱分布及影响范围等方面差别很大。雷电放电产生的电流密度高并且是耗散的，核电磁脉冲产生的电流密度低且呈球形分布；核电磁脉冲的上升时间极快，比雷电电磁脉冲高 $2 \sim 3$ 个数量级；雷电电磁脉冲仅影响局部区域，而核电磁脉冲的影响范围更广。

核爆炸产生电磁脉冲的机理主要有 3 个：

① 康普顿电流——核爆炸时产生的高能粒子以非弹性散射方式和空气分子撞击，产生康普顿反冲电子，后者形成康普顿电流。在散射电子与离子之间产生一个电场，如果这时存在不对称条件（指地球与空气的界面不对称、核武器弹体的不对称性、大气层空气密度按指数规律

变化而出现的不对称,以及宇宙空间与大气层界面的不对称等),不平衡电流将产生电场和磁场,共同辐射出电磁信号。

② 磁场-电子作用——这里的磁场包括地球磁场和康普顿电流自身产生的磁场。运动电子在磁场洛伦兹力作用下产生曲线运动,磁场-电子作用的空域有两个,一个是离地面20~30km处,另一个是离地面100~110km处。在这两个空域内,地球磁场使电子按圆形轨道运动,被加速的电子产生电磁辐射。

③ 地磁排斥作用——核爆炸时产生的电离球体在膨胀时对磁场进行排斥,此时磁力线发生张弛现象,辐射出电磁信号。此机理的作用次于前两个机理,因而不是重要的电磁脉冲源。

核电磁脉冲对电子系统的损害,简单说来,就是核电磁脉冲引起感应电流进入易损的电子系统,使其正常工作受到干扰甚至使整个系统损坏。

2.4　电磁干扰源的基本性质

前面已介绍了一些常见的电磁干扰源,为了确定这些电磁干扰源所产生的干扰效应,通常可从电磁干扰源的电磁能量的频率分布特性、空间分布特性、时间分布特性,以及强度等方面来综合描述。

1. 频率分布特性

干扰能量的频率分布特性,对于有意辐射干扰源,可根据发射机的工作频率及带外发射特性进行计算得到。对于无意干扰源,一般通过实验测量,找到统计规律,进而归纳出描述频率分布特性的数学模型。

根据干扰的频谱宽度,可将干扰分为窄带干扰和宽带干扰两大类。正如在第1章中已介绍过的,在电磁兼容领域里,窄带干扰是指一种主要能量频谱落在测量设备或接收机通带内的不希望有的发射。宽带干扰则是指一种能量频谱相当宽的干扰,当测量接收机在正负两个冲激脉冲带宽内调谐时,它所引起的接收机输出响应变化不超过3dB。

窄带干扰的带宽一般为几十赫兹,最宽也只有几百千赫兹;而宽带干扰的带宽可达几十至几百吉赫兹。宽带干扰通常是由上升、下降时间都很短的窄脉冲形成的,脉冲周期越短,上升时间、下降时间越短,则脉冲频谱宽度越宽。干扰脉冲下的面积决定了频谱的低频含量,脉冲的上升沿和下降沿的斜率决定了频谱的高频分量。

干扰的频带宽度与干扰波形有关。电气干扰波形有矩形波、三角波、余弦波、高斯波等。为了保证某种控制动作的准确性,往往采用上升沿很陡的波形,这就造成干扰带宽很宽。使干扰减到最小的方法之一是在保证可靠工作的情况下,使设计的脉冲波形具有最慢的上升时间。

表2-2列出一些常见电磁干扰源的频谱范围。

图2-3给出了典型的雷达脉冲及其频谱,这是一个周期性矩形脉冲,脉冲宽度为τ、脉冲周期为T、幅度为A。利用傅里叶级数分析即可得到各个谐波分量幅值随频率变化的表达式,据此画出频谱。由此可归纳出周期性干扰信号频谱有如下特性:

表2-2　常见电磁干扰源的频谱范围

干　扰　源	频　谱　范　围
荧光灯	0.1~3MHz
计算机逻辑组件	50kHz~20MHz
多路通信设备	1~10MHz
转换开关	0.1~25MHz
电源开关电路	0.5~25MHz
功率转换控制器	50kHz~25MHz
真空吸尘器	0.1~1MHz
电晕放电	0.1~10MHz
开关形成的电弧	30~200MHz
日光灯电弧	0.1~3MHz
直流开关设备	0.1~30MHz
电源开关设备	0.1~300MHz
多谐振荡器	30~1000MHz
双稳态电路	15kHz~400MHz

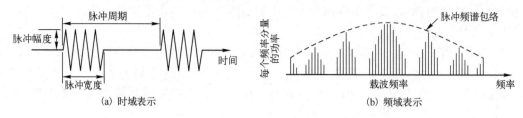

（a）时域表示   （b）频域表示

图 2-3   雷达脉冲及其频谱

离散性——周期性信号的频谱由许多不连续谱线组成,每条谱线对应一个谐波分量;

收敛性——各个谐波的幅度随频率增加而减小,因此频谱是收敛的。

2. 空间分布特性

有意辐射干扰能量的空间分布由发射天线的方向性特性、极化特性以及空间扩散因子等参数确定,干扰发射功率密度 p_d 可表示为

$$p_d = p_0 G(\theta, \varphi) L_p \quad (\text{W/m}^2) \tag{2-9}$$

式中,p_0 为干扰发射机输出功率(W);$G(\theta, \varphi)$ 为发射天线的方向性增益;L_p 为传输能量损耗。对于自由空间,传输损耗是由于电磁波随着传播距离的增加,球面波自然扩散而引起的。

对于无意辐射干扰源,则只能通过统计测量来获取干扰能量的分布。

传导干扰不存在空间分布特性这一指标。

3. 时间分布特性

电磁干扰能量的时间分布特性与干扰源的工作时间和干扰的出现率有关。按电磁干扰随时间的出现率,将电磁干扰分为周期性干扰、非周期性干扰和随机干扰三种类型。

周期性干扰是指在确定的时间间隔(称其为周期)内能重复出现的干扰。

非周期性干扰虽然不是在确定的时间内重复出现的,但其出现的时间是确定的,且是可以预测的。

随机干扰则以不可预测的方式出现,其变化也没有规律,通常采用概率统计的方法来描述随机干扰。

通常,干扰问题中遇到的周期性干扰和非周期性干扰,大多是功能性的,例如 50 Hz 的电源及其谐波干扰、指令脉冲干扰等,它们的产生是为了某种特定的目的。然而,随机干扰则是设备或系统工作时的副产品或者是自然干扰。

4. 幅度

电磁干扰的幅度或电平,一般用各频段内的干扰场强(或功率)随时间的分布来表示。干扰幅度可表现为多种形式,除了用不同形式的幅度分布(即概率,它是确定的幅度值出现次数的百分率)表示,还可用正弦的(具有确定的幅度分布)或随机的概念来说明干扰性质。例如,随机噪声可能是一种冲激噪声,它们是一些在时间上明显分开的、稀疏的、且前后沿很陡的脉冲;也可能是热噪声,它们是彼此重叠的、多次发生的、且在时间上不易分开的密集脉冲。这些密集脉冲在幅度上是不易确定的。

习题

2.1 简要论述电磁干扰的分类法。

2.2 简述雷电放电的三个阶段及其效应。

2.3 简述静电放电的产生机理及其危害。

2.4 简述高压送变电系统产生无线电干扰的机理。

2.5 高压送变电系统产生的工频电场和工频磁场有何危害？

2.6 下列表达式中哪几个是周期信号？求出其相应的周期。

(a) $f(t) = \sin(10\pi t)$ (b) $f(t) = f_1(t) + f_2(t)$ (c) $f(t) = \sin(3t) + \cos(4t)$

2.7 周期性矩形脉冲在一个周期内的函数表达式为 $f(t) = \begin{cases} 0, & -T/2 \leqslant t < -\tau/2 \\ A, & -\tau/2 \leqslant t \leqslant \tau/2 \\ 0, & \tau < t \leqslant T/2 \end{cases}$，式中 A 为脉冲幅度，T 为

周期，τ 为脉冲宽度。试求其频谱表达式。

2.8 若某辐射干扰源可等效为电偶极子天线，试讨论其辐射的空间分布特性。

第 3 章 电磁干扰的耦合与传播

前一章介绍了电磁干扰源的基本性质。那么,电磁干扰源发出的电磁能量是如何耦合到被干扰对象的呢? 这里的"耦合"是指一个电路与其他电路之间的电磁能量联系,这种联系把电磁能量从一个电路传播到另一个电路。本章将讨论两种基本的耦合方式:传导耦合与辐射耦合。

3.1 电磁干扰的耦合方式

电磁干扰的基本耦合方式是传导耦合和辐射耦合。传导耦合产生传导干扰,辐射耦合产生辐射干扰。

传导耦合是指电磁干扰能量从干扰源沿金属导体传播至被干扰对象(敏感设备)。这类金属导体可以是电源线、信号线、接地线或一个非专门设置、偶然的导体。也就是说,在干扰源和敏感设备之间必须存在完整的电路连接才会形成传导耦合,并以电压和电流建立分析模型。

通常将传导耦合分为电阻性耦合、电容性耦合和电感性耦合。

辐射耦合是指电磁干扰能量以电磁波的形式通过周围媒质传播到被干扰对象(敏感设备)。具体来说,辐射耦合又可分为空间电磁波对接收天线的耦合、空间电磁波对传输线的耦合以传输线对传输线的耦合等几种情况。实际上大多数电子设备都包含有这样一些部件,它们具有类似于天线的特性,例如电缆、PCB 布线以及机械结构。这些部件能够通过与电路耦合的电场、磁场或电磁场而转移能量。例如,机箱对机箱的辐射耦合、机箱对电源线的辐射耦合等。

工程实际表明,敏感设备受到的电磁干扰往往不是来自单一的传导耦合或辐射耦合,而是它们的组合。图 3-1 所示为电磁干扰的耦合方式,图 3-2 所示为敏感设备受到辐射耦合干扰、传导耦合干扰及复合干扰的示意图。

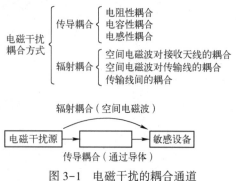

图 3-1 电磁干扰的耦合通道

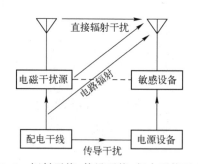

图 3-2 辐射干扰、传导干扰、复合干扰示意图

传导耦合和辐射耦合从机理上说是两种不同的传播耦合方式,但它们之间在一定条件下可以相互转化。例如,空间电磁波作用于电源线或信号线可感应形成传导干扰;金属导线中流过大电流时,电磁辐射也较为明显等。工程实际中出现的电磁干扰耦合方式是复合的,形成的电磁干扰效应也是复杂的。因此,研究干扰源产生的电磁发射是如何耦合到敏感设备上的,是解决电磁干扰问题的一个关键点,以便可以从耦合通道上采取措施以降低电磁干扰效应。

3.2　传导干扰传输线路的性质

传导干扰主要是通过传输线路上的电流和电压起作用的,而传输线路在不同频率下呈现的性质不同,故处理方法上也有差异。

1. 低频域传输线路

低频域是指传输线路的几何长度 l 远小于工作波长 λ,即

$$l \ll \lambda \tag{3-1}$$

在此条件下,对模拟电路来说,可将其作为集中参数电路处理。

对于数字电路,一般将传输的脉冲信号分为窄脉冲和宽脉冲来处理。对于窄脉冲,必须考虑由线路阻抗而产生的电压下降,以及由于线路间的寄生电容而使波形变钝等现象;对于宽脉冲,还必须考虑传输时间的滞后以及线路反射等问题。只有当脉冲宽度 $\Delta\tau$ 远大于线路内的传输时间时,才能作为低频域处理。即

$$l \ll v\Delta\tau \tag{3-2}$$

式中,l 为传输线路的几何长度,v 为传输速度,$\Delta\tau$ 为脉冲宽度。

式(3-1)和式(3-2)为满足低频处理的条件。

2. 低频时的集中参数电路

低频时的等效电路如图 3-3 所示,图中分布在整个线路上的寄生电容用集中参数 C_1 表示,往返线路上的分布电阻用串接于线路中的 R_1 表示。因而在正弦信号 U_S 作用下,接收端电压 U_r 可表示为（考虑到低频时 $\dfrac{1}{\omega C_1} \gg \dfrac{(R_S+R_1)(R_r+R_1)}{R_S+R_r+2R_1}$）

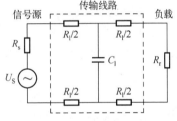

图 3-3　集中参数等效电路

$$U_r = \frac{R_r}{R_S+R_r+2R_1}U_S\sin(\omega t-\varphi)$$

式中,相角 $\varphi = \arctan\left[\omega C_1 \dfrac{(R_S+R_1)(R_r+R_1)}{R_S+R_r+2R_1}\right]$

当线路电阻 R_1 很小时,接收端电压 U_r 则由信号源电阻 R_S 和负载电阻 R_r 决定。

3. 高频时的分布参数电路

当线路的几何长度可与工作波长比拟时,就必须将传输线路看作分布参数电路。线路上电压波、电流波的传播特性由线路的分布电容 C、分布电感 L、分布电阻 R 和分布电导 G 决定。对于无损耗的理想传输线,R 和 G 均为零,则传输线路主要的参数特性阻抗 Z_C、传输速度 v 和输入阻抗 Z_{in} 由传输线的单位长度电感 L_1 和单位长度电容 C_1 确定,有

$$Z_C = \sqrt{L_1/C_1} \tag{3-3}$$

$$v = 1/\sqrt{L_1 C_1} \tag{3-4}$$

$$Z_{in} = Z_C \frac{Z_r\cos\beta l+\mathrm{j}Z_C\sin\beta l}{Z_C\cos\beta l+\mathrm{j}Z_r\sin\beta l} \tag{3-5}$$

式中,$\beta=2\pi/\lambda$,Z_r 为负载阻抗,l 为线路长度。

图 3-4 所示为几种常用传输线及特性阻抗公式。

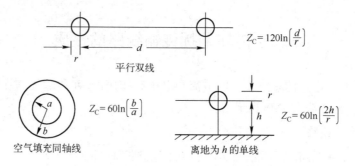

$$Z_C = 120\ln\left(\frac{d}{r}\right)$$

平行双线

$$Z_C = 60\ln\left(\frac{b}{a}\right)$$

空气填充同轴线

$$Z_C = 60\ln\left(\frac{2h}{r}\right)$$

离地为 h 的单线

图 3-4　几种常用传输线及特性阻抗公式

4. 线间电压和对地电压

传输线多数为平行往复双线的成对形式,为分析这种情况的导线干扰,把线路分为两个部分:一个是两根导线所构成的回路,称为线间回路;另一个是导线与地线所构成的回路,称为对地回路。之所以要这样分开讨论,是因为两个传输回路的阻抗特性不同,因此将这种情况下的电压分别称为线间电压和对地电压。在图 3-5 中,U_1 即为导线的对地电压,U_S 则为两根导线的线间电压。

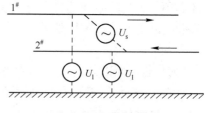

图 3-5　线间电压和对地电压

引入共模干扰和差模干扰的概念:

一对导线上流过的电流幅度相等,而相位相同则称为共模电流。共模电流产生共模干扰。

一对导线上流过的电流幅度相等、相位相反,则称为差模电流。差模电流产生差模干扰。

这样,导线上的电磁干扰,除被感应产生的电势外,对于地回路来说,还需增加一项由两接地点间的大地电位差引起的共模干扰电压;而对于线间回路来说,则需在信号源之上叠加一项差模干扰电压。即

$$\text{对地电压:}U_L = U_1 + U_C \qquad \text{线间电压:}U_M = U_S + U_d$$

式中,U_1 为原有的导线对地电压,U_C 为由地电位差引起的共模干扰电压,U_S 为信号源电压,U_d 为由线间回路受干扰引起的差模电压。

通常线路上两种干扰分量同时存在。干扰在线路上经过长距离传输后,差模分量衰减要比共模分量大,且共模分量传输时会向周围空间辐射,差模分量不会辐射。因此,大部分电源干扰均由共模分量引起。

3.3　传导耦合分析

传导耦合按其机理可分为 3 种基本的耦合方式:电阻性耦合、电容性耦合和电感性耦合。在实际工程中,这 3 种耦合方式往往同时存在且又相互联系。

3.3.1　电阻性耦合

电阻性耦合干扰的产生至少存在两个相互耦合的电流回路,其电流全部或部分地在公共阻抗中流过。图 3-6 所示为电阻性耦合的物理模型,图中每个电流回路中流过的电流是该回路本身的电流与另一个与之耦合的电路在其中产生的电流之和。

先分析 U_{01} 产生的有效电流,令 $U_{02}=0$,由图 3-6 得回路 1 中的电流为

$$I_1 = \cfrac{U_{01}}{Z_{11} + \cfrac{Z_{12}\left(Z_3 + Z_4 + \cfrac{Z_{21}Z_{22}}{Z_{21}+Z_{22}}\right)}{Z_{12}+Z_3+Z_4+\cfrac{Z_{21}Z_{22}}{Z_{21}+Z_{22}}}} \qquad (3-6)$$

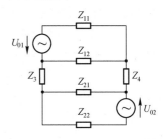

图 3-6 电阻性耦合的物理模型

再看 U_{02} 经过阻抗 Z_3、Z_4 在回路 1 中产生的干扰电流,此时令 $U_{01}=0$,由图 3-6 得

$$I_2 = U_{02}\cfrac{Z_{22}}{Z_{21}Z_{22}+(Z_{21}+Z_{22})\left(Z_3+Z_4+\cfrac{Z_{11}Z_{12}}{Z_{11}+Z_{12}}\right)} \qquad (3-7)$$

这样,通过 Z_{12} 中的电流为

$$I_{12} = I_1\cfrac{Z_3+Z_4+\cfrac{Z_{21}Z_{22}}{Z_{21}+Z_{22}}}{Z_{12}+Z_3+Z_4+\cfrac{Z_{21}Z_{22}}{Z_{21}+Z_{22}}} - I_2\cfrac{Z_{11}}{Z_{11}+Z_{12}} \qquad (3-8)$$

式中的第一项为有效电流的一部分,第二项为干扰电流的一部分。而干扰电流在被干扰回路的阻抗 Z_{11} 和 Z_{12} 上产生的干扰电压分别为

$$U_{11} = Z_{11}I_2\frac{Z_{12}}{Z_{11}+Z_{12}} \qquad (3-9)$$

$$U_{12} = Z_{12}I_2\frac{Z_{11}}{Z_{11}+Z_{12}} \qquad (3-10)$$

在给定的工作频率范围内,若干扰电流或干扰电压超过了被干扰对象的敏感度门限值,就会引起干扰效应。

当 $Z_3=0$、$Z_4=0$ 时,图 3-6 所示的物理模型就简化为图 3-7 所示的回路,这是一种常见的情况,公共阻抗耦合就是实例。此时,通过 Z_{11} 的电流是有效电流和部分干扰电流的总和,即

$$I_{11} = \cfrac{U_{01}}{Z_{11}+\cfrac{Z_kZ_{22}}{Z_k+Z_{22}}} + \frac{U_{02}Z_k}{Z_kZ_{22}+Z_{11}Z_{22}+Z_{11}Z_k} \qquad (3-11)$$

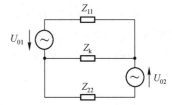

若此电流超过敏感度门限值就会引起干扰效应。

在耦合阻抗 Z_k 上的干扰压降为

$$U_k = I_2\frac{Z_kZ_{11}}{Z_k+Z_{11}} \qquad (3-12)$$

图 3-7 简化的物理模型

若此电压超过敏感度门限值也要引起干扰效应。

显然,当耦合阻抗 Z_k 趋于无穷大时,干扰源 U_{02} 与信号源 U_{01} 之间直接耦合,干扰直接进入信号回路中。反之,当耦合阻抗 Z_k 趋于零时,干扰电压 U_k 将消失。这样,在有效电流回路与干扰电流回路之间即使存在电气连接,它们彼此也不再产生干扰耦合。这种情况称为电路去耦,是抑制电阻性干扰的措施之一。

前面提到的公共阻抗耦合是指来自两个不同电路的电流流经一个公共阻抗时,就会产生公共阻抗干扰耦合。每一个电路的电流通过该公共阻抗产生的电压降都将会对另一个电路施

加影响。这种耦合的典型例子是公共接地阻抗耦合和公共电源阻抗耦合，如图 3-8 和图 3-9 所示。图 3-8 中的公共阻抗 Z_k 只不过是一段导线或 PCB 迹线的阻抗，当电流 i_1 和 i_2 流经它时就产生干扰电压降 U_N，此时电路 2 的输入为 $(U_{in}+U_N)$。图 3-9 中，由于电源线上的公共阻抗与电源内部的电源阻抗相串联，所以电路 2 中的电流发生任何变化都会影响到电路 1 端口上的电压。

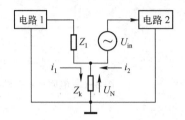

图 3-8　公共接地阻抗耦合

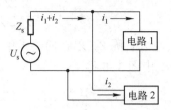

图 3-9　公共电源阻抗耦合

3.3.2　电容性耦合

电容性耦合又称电场耦合，它是由两电路之间的电场相互作用而产生的。图 3-10 所示为构成两电路的平行双导线间的电容性耦合物理模型及其等效电路。

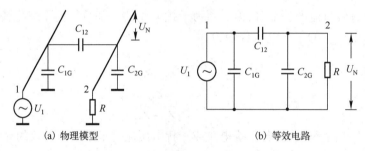

(a) 物理模型　　　　　　　　(b) 等效电路

图 3-10　平行双导线间的电容性耦合

设电路 1 为干扰源电路，电路 2 为被干扰电路。图中的导线 1 上的电压 U_1 视为干扰源电压，C_{1G} 是导线 1 与地之间的电容，C_{12} 是导线 1 和导线 2 之间的分布电容，C_{2G} 是导线 2 与地之间的总电容（指导线 2 到地的分布电容以及与导线 2 相连的任何电路的分布电容之总和）；R 是电路 2 与地之间的电阻，它是由与导体 2 相连接的电路引起的。由等效电路可得到干扰源电压 U_1 经电容耦合在导线 2 与地之间产生的干扰电压为

$$U_N = \frac{j\omega C_{12}RU_1}{1+j\omega R(C_{12}+C_{2G})} \tag{3-13}$$

在大多数情况下，电阻 R 满足下面的关系式

$$R \ll \frac{1}{\omega(C_{12}+C_{2G})} \tag{3-14}$$

此时，式 (3-13) 可简化为

$$U_N \approx j\omega RC_{12}U_1 \tag{3-15}$$

式 (3-15) 表明，电容性耦合可以视为在导体 2 与地之间连接了一个幅度等于 $j\omega C_{12}U_1$ 的电流源。

式 (3-15) 是一个重要公式，它清楚地描述了两导体之间的电容性耦合产生的干扰电压，直接正比于干扰源的角频率 ω、导线 1 和 2 之间的分布电容 C_{12}、导线 2 与地之间的电阻 R 以及干

扰源电压 U_1。若假定干扰源电压和频率都固定不变,这时影响电容性耦合的参数就只有接收电路的电阻 R 和两导线间的分布电容 C_{12},减小 R 或减小 C_{12} 都可降低电容耦合干扰电压。增大两导线的距离、合理选择导线的布置方式,避免平行走线,以及采用屏蔽等,都可以使电容 C_{12} 减小。

如果导线 2 与地之间的电阻 R 很大,且满足下式

$$R \gg \frac{1}{\omega(C_{12}+C_{2G})} \tag{3-16}$$

此时式(3-13)简化为

$$U_N = \frac{C_{12}}{C_{12}+C_{2G}}U_1 \tag{3-17}$$

可见,在这种情况下,导线 2 与地之间的干扰电压取决于电容 C_{12} 和 C_{2G} 的分压比,与频率无关,且比由式(3-15)确定的干扰电压值要大得多。

由式(3-13)可得出电容性耦合干扰电压的频率响应曲线,如图 3-11 所示。图中还给出了由式(3-15)表示的干扰电压近似值和由式(3-17)表示的干扰电压最大值。当频率满足下式时

$$\omega_0 = \frac{1}{R(C_{12}+C_{2G})} \tag{3-18}$$

由式(3-13)给出的实际干扰电压是由式(3-15)给出的近似值的 $1/\sqrt{2}$。因为绝大多数实际情况

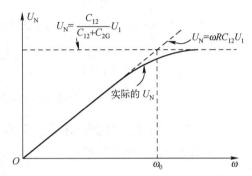

图 3-11 电容性耦合干扰电压的频率响应

下的频率都远低于式(3-18)表示的频率,故简化式(3-15)具有普适性。

前面提到采用屏蔽可以减小电容性耦合干扰,现在讨论在导线 2 外加上同轴的屏蔽层的情况,如图 3-12 所示。图中 C_{12} 为导线 2 未被屏蔽的部分与导线 1 之间的电容,C_{2G} 为导线 2 未被屏蔽的部分与地之间的电容,C_{1S} 为导线 1 与导线 2 的屏蔽层之间的电容,C_{SG} 为导线 2 的屏蔽层与地之间的电容,C_{2S} 为导线 2 与其屏蔽层之间的电容,R 为导线 2 与地之间的电阻。下面分别讨论三种可能出现的情况:

(1)导线 2 与地之间的电阻为无限大,且导线 2 被全部屏蔽。此时,$R=\infty$,$C_{12}=0$,$C_{2G}=0$,由图 3-12(b)可看出屏蔽层上拾取的干扰电压为

$$U_S = \frac{C_{1S}}{C_{1S}+C_{SG}}U_1 \tag{3-19}$$

由于没有电流通过 C_{2S},所以导线 2 拾取的干扰电压为

$$U_N = U_S \tag{3-20}$$

通常,屏蔽层是接地的,有 $U_S=0$,因此 $U_N=0$。这是一种理想情况,即干扰接受器(导线 2)被屏蔽层完全屏蔽,且屏蔽接地。

(2)导线 2 与地之间的电阻为无限大,但导线 2 的末端延伸到屏蔽层之外。此时,$R=\infty$,C_{12} 和 C_{2G} 均为有限值。在屏蔽层接地情况下,导线 2 上耦合的干扰电压为

$$U_N = \frac{C_{12}}{C_{12}+C_{2G}+C_{2S}}U_1 \tag{3-21}$$

式中,C_{12} 的值取决于导线 2 延伸到屏蔽层外的那部分的长度。因此,在这种情况下为减小耦合干扰电压 U_N,应尽可能减小导线 2 延伸至屏蔽层外的长度,且保证屏蔽层有良好接地。

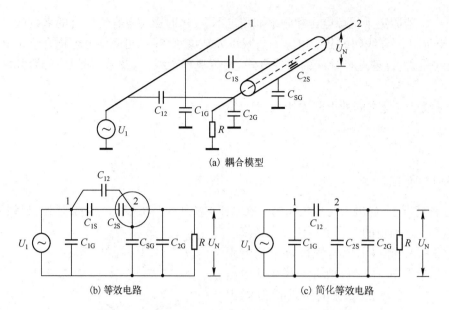

(a) 耦合模型

(b) 等效电路　　　　　　　　　(c) 简化等效电路

图 3-12　导线 2 具有屏蔽层时双导线间的电容性耦合

（3）导线 2 的末端延伸到屏蔽层之外,但导线 2 与地之间的电阻 R 为有限值。当屏蔽层接地时,由图 3-12(c)所示的简化等效电路可得导线 2 上的电容耦合干扰电压为

$$U_N = \frac{j\omega C_{12} R}{1 + j\omega R(C_{12} + C_{2G} + C_{2S})} U_1 \qquad (3-22)$$

而通常情况下,关系式

$$R \ll \frac{1}{\omega(C_{12} + C_{2G} + C_{2S})}$$

是满足的,因此式(3-22)可简化为

$$U_N \approx j\omega R C_{12} U_1 \qquad (3-23)$$

上式与式(3-15)在形式上完全一样,但应注意到这里的 C_{12} 是导线 2 末端延伸到屏蔽层之外的那部分与导线 1 间的电容,其值远小于式(3-15)中 C_{12} 的值,因此 U_N 将因屏蔽而降低。

【例 3-1】　导线的直径 $d = 2\,\text{mm}$,两导线之间的距离 $D = 20\,\text{mm}$,导线离地高度 $h = 10\,\text{mm}$。若在导线 1 上加干扰源电压 $U_1 = 10\,\text{V}$,频率 $f = 10\,\text{MHz}$,求导线 2 上接负载 $R = 50\,\Omega$ 时所拾取的干扰电压。

解:平行双导线的结构示意图如图 3-13 所示,其间的电容性耦合物理模型及等效电路如图 3-10 所示。由等效电路可得到产生于导线 2 与地之间的干扰电压为

$$U_N = \frac{\dfrac{C_{12}}{C_{12} + C_{2G}} R U_1}{R + \dfrac{1}{j\omega(C_{12} + C_{2G})}}$$

即　　　　　$$U_N = \frac{j\omega C_{12} R U_1}{1 + j\omega R(C_{12} + C_{2G})}$$

式中　　$\omega = 2\pi f = 2\pi \times 10 \times 10^6 = 2\pi \times 10^7\,\text{rad/s}$

C_{12} 和 C_{2G} 可利用表 3-1 中的公式计算:

单位长度导线 1、2 之间的分布电容为

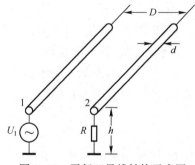

图 3-13　平行双导线结构示意图

$$C_{12}' \approx \frac{\pi\varepsilon_0}{\ln(D/r)} = \frac{3.142 \times 8.85 \times 10^{-12}}{\ln(20/1)} = 9.28\,\text{pF/m}$$

单位长度导线 2 的对地电容为

$$C_{2G}' \approx \frac{2\pi\varepsilon_0}{\ln(2h/r)} = \frac{2 \times 3.142 \times 8.85 \times 10^{-12}}{\ln 20} = 18.56\,\text{pF/m}$$

设导线 1、2 的长度均为 $l = 1\,\text{m}$,则 $C_{12} = C_{12}'$,$G_{2G} = C_{2G}'$。即

$$\frac{1}{\text{j}\omega(C_{12}+C_{2G})} = \frac{1}{\text{j}2\pi \times 10^7 (9.28+18.56) \times 10^{-12}} = -\text{j}5.72 \times 10^2$$

可见满足 $R \ll \dfrac{1}{\omega(C_{12}+C_{2G})}$,则干扰电压为

$$U_N \approx \text{j}\omega RC_{12}U_1 = \text{j}2\pi \times 10^7 \times 50 \times 9.28 \times 10^{-12} \times 10 = \text{j}0.292\,\text{V}$$

表 3-1　几种常用传输线的单位长度电容计算公式

传输线类型	结构横截面图	单位长度电容（F/m）
平行双导线		$C_0 = \dfrac{\pi\varepsilon_0}{\ln\left(\dfrac{D-r}{r}\right)}$ $D \gg r$ 时,$C_0 = \pi\varepsilon_0/\ln\left(\dfrac{D}{r}\right)$
半径不相等的平行导线		$D \gg r_1, r_2$ 时 $C_0 = 2\pi\varepsilon_0/\ln\left(\dfrac{D^2}{r_1 r_2}\right)$
平行地面的直导线		$C_0 = \dfrac{2\pi\varepsilon_0}{\ln\left[\dfrac{h}{r}+\sqrt{\left(\dfrac{h}{r}\right)^2-1}\right]}$ $h \gg r$ 时,$C_0 \approx 2\pi\varepsilon_0/\ln\left(\dfrac{2h}{r}\right)$
同轴线		$C_0 = \dfrac{2\pi\varepsilon}{\ln\left(\dfrac{b}{a}\right)}$

【例 3-2】　题意与例 3-1 相同,但导体 2 外面有一层同轴的屏蔽体将其全部包围,如图 3-12(a)所示。试求 $R = \infty$ 时,单位长度导体 2 以及屏蔽层所拾取的干扰电压。

解:因导体 2 被完全屏蔽,故此时的 $C_{12} = 0$,$C_{2G} = 0$。利用图 3-12(b)所示等效电路,按题意知此时屏蔽层上拾取的干扰电压可由式(3-19)求得

$$U_S = \frac{C_{1S}}{C_{1S}+C_{SG}}U_1$$

由于没有电流通过 C_{2S},所以导体 2 上拾取的干扰电压为

$$U_N = U_S$$

通常,屏蔽层是接地的,故 $U_S = 0$,因此 $U_N = 0$,即由于屏蔽层的作用,导体 2 上不会拾取干扰电压。

若屏蔽层不接地,根据例 3-1 计算的数据,取 $C_{1S} \approx C_{12} = 9.28\,\text{pF}$,$C_{SG} \approx C_{2G} = 18.56\,\text{pF}$,则得

$$U_N = U_S = \frac{C_{1S}}{C_{1S}+C_{SG}}U_1 = \frac{9.28}{9.28+18.56}\times10 = 3.33\,\mathrm{V}$$

可见,要得到良好的抑制干扰效果,屏蔽层必须接地。

3.3.3 电感性耦合

电感性耦合又称为磁耦合,它是由两电路之间的磁场相互作用而引起的。当一个电路中的电流发生变化时,其周围磁场也要发生变化,将在位于该磁场中的另一个电路中感应出电动势。这样,一个电路中的信号就耦合到另一个电路中了。

当电路中有电流 I 流动时,此电流产生的磁通量 Φ 与电流 I 成正比,可表示为

$$\Phi = LI \tag{3-24}$$

式中的比例常数 L 称为电感,它与电路的几何形状及周围媒质特性有关。

当一个电路中的电流产生的磁通穿过另一个电路时,此磁通表示为

$$\Phi_{12} = M_{12}I_1 \tag{3-25}$$

式中的比例常数 M_{12} 称为两个电路间的互感,Φ_{12} 就表示电路 1 中的电流 I_1 在电路 2 中产生的磁通量。

根据法拉第电磁感应定律,磁感应强度为 $\boldsymbol{B}$ 的磁场在面积为 S 的闭合回路中产生的感应电压为

$$U_N = -\frac{\mathrm{d}}{\mathrm{d}t}\int_S \boldsymbol{B}\cdot\mathrm{d}\boldsymbol{S} \tag{3-26}$$

若电流 i 随时间按正弦规律变化,则 $\boldsymbol{B}$ 也按正弦规律变化,式(3-26)可表示为复数形式

$$U_N = \mathrm{j}\omega BS\cos\theta \tag{3-27}$$

式中,θ 是矢量 $\boldsymbol{B}$ 与 $\boldsymbol{S}$ 之间的夹角,$BS\cos\theta$ 就是穿过敏感电路的总磁通量。比较式(3-25)和式(3-26),可将感应电压表示为

$$U_N = M\frac{\mathrm{d}i}{\mathrm{d}t} \tag{3-28}$$

对于正弦电流,则可表示为

$$U_N = \mathrm{j}\omega MI_1 \tag{3-29}$$

图 3-14 所示为典型的两电路之间的电感性耦合模型,I_1 是干扰源电路中的电流,M 为干扰源电路与敏感电路之间的互感。

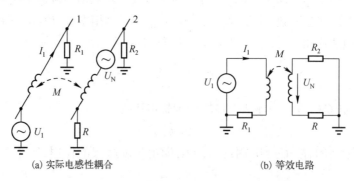

(a) 实际电感性耦合　　　　　　　　(b) 等效电路

图 3-14　典型的两电路间的电感性耦合模型

从式(3-27)可看出,要减小电感性耦合干扰电压,必须减小干扰场的磁感应强度 B、敏感电路所包围的面积 S 以及 $\cos\theta$ 值。

3.4 辐射耦合分析

通过空间传播的电磁能量而造成的干扰耦合称为辐射耦合。电磁能量以电磁波的形式从场源向周围空间传播且不再返回场源的现象称为电磁辐射。在分析辐射干扰源时常用到两种基本的干扰源模型——电基本振子和磁基本振子。

3.4.1 电基本振子(电流元)的辐射

许多实际的辐射干扰源往往是以电偶极子亦称电基本振子(电流元)的形式出现的。对于一个长导线当其有干扰电流流动,而流动的电流分布为已知时,则可以计算离导线任意距离的场。为此必须先求出电流元的场。

1. 电磁场分布

设一小段导线 $\mathrm{d}z \ll \lambda$,导线上的电流为均匀分布。$I\mathrm{d}z$ 称为微分电流元,电流元的坐标系如图 3-15 所示。电流元产生的场的表达式为

$$E_r = 60k^2 I\mathrm{d}z\left[\frac{1}{(kr)^2} - \frac{\mathrm{j}}{(kr)^3}\right]\cos\theta \mathrm{e}^{-\mathrm{j}kr} \qquad (3-30)$$

$$E_\theta = \mathrm{j}30k^2 I\mathrm{d}z\left[\frac{1}{kr} - \frac{\mathrm{j}}{(kr)^2} - \frac{1}{(kr)^3}\right]\sin\theta \mathrm{e}^{-\mathrm{j}kr} \qquad (3-31)$$

$$H_\varphi = \mathrm{j}\frac{k^2}{4\pi}I\mathrm{d}z\left[\frac{1}{kr} - \frac{\mathrm{j}}{(kr)^2}\right]\sin\theta \mathrm{e}^{-\mathrm{j}kr} \qquad (3-32)$$

$$B_\varphi = H_r = H_\theta = 0$$

式中,I 为电流有效值(A),$\mathrm{d}z$ 为短导线元(m),r 为由原点到观察点距离(m),$k = 2\pi/\lambda$,λ 为波长(m),E 为电场强度(V/m),H 为磁场强度(A/m)。式中的时间因子 $\mathrm{e}^{\mathrm{j}\omega t}$ 已略去,因为在所有对我们有用的情况下,我们均假定电流以固定频率随时间做正弦变化。

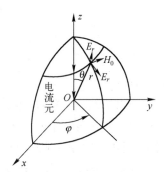

图 3-15 电流元的坐标系

2. 场区划分

电流元在空间的场可分为 3 个区域:近区场、中区场、远区场。

(1) 近区场

$r \ll \lambda/2\pi$ 的区域,称为近场区。场的性质主要是感应场的性质,所以又称为感应场。在式(3-30)~式(3-32)中,由于 $r \ll \lambda$,因而,对 E_θ 和 E_r 项可只取 $1/r^3$ 项,对 H_φ 只取 $1/r^2$ 项,而忽略其他低次项,此时场变为

$$E_r = -\mathrm{j}60I\mathrm{d}z\cos\theta\frac{1}{kr^3}\mathrm{e}^{-\mathrm{j}kr} \qquad (3-33)$$

$$E_\theta = -\mathrm{j}30I\mathrm{d}z\sin\theta\frac{1}{kr^3}\mathrm{e}^{-\mathrm{j}kr} \qquad (3-34)$$

$$H_\varphi = \frac{1}{4\pi}I\mathrm{d}z\sin\theta\frac{1}{r^2}\mathrm{e}^{-\mathrm{j}kr} \qquad (3-35)$$

$$E_\varphi = H_r = H_\theta = 0$$

由以上式子可看出:电场与磁场相位差90°,呈电抗性场,它是一个振荡的波。与静电偶极子场相似,因而称为感应场,场在振子周围以感应场的形式出现。所以在电子设备之间或内部之间,如果两个系统距离足够小,则电磁辐射的干扰场是感应场,其电场按 $1/r^3$ 关系衰减,磁场按 $1/r^2$ 关系衰减。

由式(3-34)、式(3-35)得到电基本振子的近区场波阻抗为

$$Z_E = \frac{E_\theta}{H_\varphi} = -j\frac{120\pi}{kr} = -j\frac{\lambda}{2\pi r}\eta \tag{3-36}$$

式中, $\eta = 120\pi \approx 377\,\Omega$ 为自由空间的波阻抗。

由式(3-36)可知,电基本振子的近区场波阻抗与频率和距离有关,频率越低或距离电基本振子越近,其近区场波阻抗越大。

近区场中, $2\pi r \ll \lambda$,因此有 $|Z_E| > \eta = 120\pi$,故又将电基本振子的近区场称为高阻抗场。

(2) 远区场

$r \gg \lambda/2\pi$ 的区域,称为远区场,场随 e^{-jkr}/r 往外辐射,故又称为辐射场。

在 r 远大于波长时,场的分量可忽略 $1/r^2$ 项和 $1/r^3$ 项,故场分量可简化为

$$E_\theta = j\frac{30kI\mathrm{d}z}{r}\sin\theta e^{-jkr} = j\frac{60\pi I\mathrm{d}z}{r\lambda}\sin\theta e^{-jkr} \tag{3-37}$$

$$H_\varphi = j\frac{kI\mathrm{d}z}{4\pi r}\sin\theta e^{-jkr} = E_\theta/120\pi = E_\theta/\eta \tag{3-38}$$

其波阻抗

$$E_\theta/H_\varphi = \eta = 120\pi \approx 377\,\Omega \tag{3-39}$$

波阻抗是一个实数,表示电场与磁场同相,电场变化达到最大时,磁场变化也达到最大,反之亦然。故代表一个向 r 方向前进的行波,能流矢量 $\boldsymbol{S} = \boldsymbol{E}_\theta \times \boldsymbol{H}_\varphi$ 由 $\boldsymbol{E}_\theta$ 转到 $\boldsymbol{H}_\varphi$ 方向,根据右手定则,拇指方向即为能流方向,与 r 方向一致。

场量 $\boldsymbol{E}$ 和 $\boldsymbol{H}$ 正比于因子 e^{-jkr}/r ,表示从电流元发出的波,在远区场时,是一个球面波。因为在等距离 r 各点具有相同的相位,等相位面是一个球面。当 $r \gg \lambda$ 时,球面的一部分可视为平面,因此辐射场具有平面波的各种性质。

式(3-37)、式(3-38)只适用于沿线电流值为常数的很短的电流元,但是很容易用它们来求出任何电流分布为已知的导线所辐射的场。计算方法是沿天线全长把每一微分电流元的场进行积分。如果把电流的变化和由于从观察点到每一电流元的距离不同而引起的相位差考虑在内,则任何电流分布的场的一般表达式为

$$E_\theta = j\frac{60\pi\sin\theta}{r\lambda}\int_{-l/2}^{l/2} I(z)\,e^{-jkr(z)}\,\mathrm{d}z \tag{3-40}$$

式中, $I(z)$ 和 $r(z)$ 都是 z 的函数,积分沿天线长度从 $-l/2$ 积到 $+l/2$ 。

对很短的天线来说,式(3-40)可简化为

$$E_\theta = j\frac{60\pi\sin\theta}{r\lambda}I_0 L_S e^{-jkr} \tag{3-41}$$

式中, I_0 为在天线中心的电流; L_S 为天线的有效长度,其定义为

$$L_S = \frac{1}{I_0}\int_{-l/2}^{l/2} I(z)\,\mathrm{d}z \tag{3-42}$$

有效长度在确定一个接收天线两端的开路电压时是很有用的,它有时也用来表示发射天线的有效性。

当一个天线有效长度为已知时,天线的辐射电阻可由下式求出

$$R_r = 20(kL_S)^2 \ \Omega \tag{3-43}$$

辐射电阻的大小,反映了天线辐射电磁波能量的本领。辐射电阻越大,辐射功率也越大。

对于正弦电流分布的半波天线,天线的有效长度 $L_S = \lambda/\pi$。对于一个天线长度远小于半波长的短天线,电流分布实际是三角形分布,天线的有效长度即为实际几何长度之半(参见图3-16)。

从式(3-37)、式(3-38)还可看出:电流元辐射场量在空间的分布只与 θ 有关,而与 φ 无关,表示电流元天线的方向图对 φ 而言是圆对称的。对 θ 则为具有 $\sin\theta$ 变化的方向性。

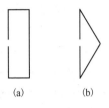

图3-16　短天线电流分布

（3）中区场

在近区场与远区场分界处附近,即 $r = \dfrac{\lambda}{2\pi}$ 附近,场的各项均不能忽略。因而保持式(3-30)~式(3-32)的形式,此区域既有感应场也有辐射场。

3.4.2　磁基本振子(磁流元)的辐射

另一种重要的辐射干扰源就是磁流元辐射器。虽然磁流元(磁基本振子、磁偶极子)在自然界中并不存在,但是有一些形状的辐射器所产生的场与假想的磁流元所产生的场完全一致。例如,一个直径远小于波长的载流圆环所产生的场和一个短的磁偶极子的场等效。此载流圆环在任意距离处的场如下式所示

$$E_{\varphi} = 30k^2 \mathrm{d}m \left[\frac{1}{kr} - \frac{\mathrm{j}}{(kr)^2} \right] \sin\theta \mathrm{e}^{-\mathrm{j}kr} \tag{3-44}$$

$$H_r = \frac{k^2}{2\pi} \mathrm{d}m \left[\frac{\mathrm{j}}{(kr)^2} + \frac{1}{(kr)^3} \right] \cos\theta \mathrm{e}^{-\mathrm{j}kr} \tag{3-45}$$

$$H_{\theta} = -\frac{k^2}{4\pi} \mathrm{d}m \left[\frac{1}{kr} - \frac{1}{(kr)^2} - \frac{1}{(kr)^3} \right] \sin\theta \mathrm{e}^{-\mathrm{j}kr} \tag{3-46}$$

$$E_r = E_{\theta} = H_{\varphi} = 0$$

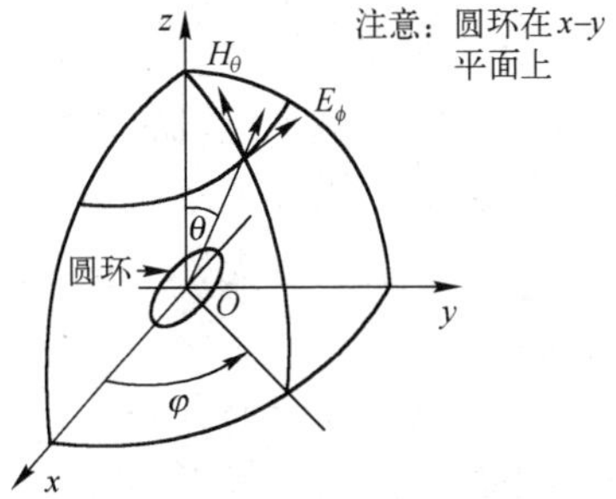

图3-17　磁流元的坐标系

式中所用的坐标系如图3-17所示,$\mathrm{d}m$ 定义为磁偶极子的微分磁矩。一个直径很小的圆环的磁矩就等于通过此圆环的电流 I 与圆环的面积 A 的乘积。

对于以磁流元作为干扰源的近区场,当 $r \ll \lambda/2\pi$ 时,由式(3-44)和式(3-46)可得到其波阻抗为

$$Z_H = -\frac{E_{\varphi}}{H_{\theta}} = \mathrm{j}120\pi kr = \mathrm{j}\frac{2\pi r}{\lambda}\eta \tag{3-47}$$

对于近区场,$2\pi r \ll \lambda$,因此有 $|Z_H| < \eta = 120\pi$,故又将磁流元的近区场称为低阻抗场。

由式(3-47)可知,频率越低或距离磁流元越近,则磁流元的近区场波阻抗越小。

对于 r 远大于波长的远区场来说,各场可简化为

$$E_{\varphi} = \frac{30k^2 \mathrm{d}m}{r} \sin\theta \mathrm{e}^{-\mathrm{j}kr} \tag{3-48}$$

$$H_{\theta} = -\frac{k^2 \mathrm{d}m}{4\pi r} \sin\theta \mathrm{e}^{-\mathrm{j}kr} = -E_{\varphi}/120\pi \tag{3-49}$$

注意磁流元的场强表达式几乎与电流元的场强表达式完全相似,其不同点仅仅是把电与磁的量互换而已。短的磁偶极子或小直径圆环的方向图和电偶极子方向图一样,像个苹果。小圆环的方向图在圆环的平面是一个圆,而通过圆环的轴的平面上则是一个 8 字形,各个方向的幅值则与 $\sin\theta$ 成正比。当圆环的直径小于 1/10 波长时,所给出的表达式是相当精确的。

另一种天线其辐射特性与磁偶极子十分相似。那就是一个无穷大金属平面上的缝隙,如图 3-18 所示。这种天线的电场是横跨缝隙的窄边的。可以证明,此缝隙的辐射场和一个磁流分布为 M 的假想磁偶极子的辐射场完全相同。因此一个窄矩形缝隙的方向图就和正好填满此缝隙的补偿电偶极子的方向图完全一致,这两种辐射器的唯一区别仅仅在于两者的电和磁的量互换而已。

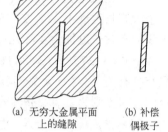

(a) 无穷大金属平面
上的缝隙

(b) 补偿
偶极子

图 3-18　平面上的缝隙与
补偿偶极子

3.4.3　辐射耦合方式

辐射干扰通常可分为以下 4 种耦合方式:

(1) 天线与天线间的辐射耦合

这是指某天线产生的电磁场在另一天线上产生的电磁感应。对于有意辐射的电磁场,接收天线上产生的感应电流经馈线流入接收机,从而完成信号接收。在实际工程中,电子设备的输入、输出线(例如信号线、控制线等)存在天线效应,会接收到电磁干扰,这是无意辐射耦合。

(2) 电磁场对导线的感应耦合

电子设备的连接线(包括信号线、电源线、控制线等)暴露在机箱外面的部分,在干扰电磁场的作用下产生感应电压或感应电流,引入设备而形成辐射干扰。

(3) 电磁场对闭合电路的耦合

当回路的最大长度大于干扰电磁场的四分之一波长时,辐射干扰电磁场将与闭合回路产生电磁耦合。

(4) 电磁场对孔缝的耦合

干扰电磁场通过机箱上的孔洞、缝隙进入机箱内部,形成对内部设备的干扰。

习题

3.1　传导干扰、辐射干扰及复合干扰各有何特点?其区别是什么?

3.2　传导干扰在低频和高频时有何特点?在分析方法上有何不同?

3.3　什么是线间干扰电压?什么是对地干扰电压?

3.4　设导线 1 与导线 2 间的杂散电容为 50 pF,各导线对地的杂散电容为 150 pF;导线 1 上有 100 kHz、10 V 的交流信号电压,如果 $R=\infty$,$1000\,\Omega$,$50\,\Omega$,试分别计算此时导线 2 上的差模干扰电压。(参考图 3-10)。

3.5　试根据电磁场理论知识推导式(3-30)、式(3-31)和式(3-32)。

3.6　电基本振子(电偶极子)的近区场和远区场各有哪些特点?

3.7　磁基本振子(磁偶极子)的近区场和远区场各有哪些特点?

3.8　试根据电磁场理论知识推导式(3-44)、式(3-45)和式(3-46)。

第4章 接地与搭接技术

实现设备和系统电磁兼容性是一项复杂的技术任务,对于解决这个问题不存在万能的方法。实际上,为保证设备电磁兼容性所采取的技术措施可分为两类:一是在设备和系统设计时就注意选用相互干扰最小的元件、部件和电路,并在结构上注意合理布局,以保证在元件、部件等级上的电磁兼容性;二是采用接地、屏蔽、滤波等技术,降低所产生的干扰电平,增加干扰在耦合通道上的衰减。

接地、屏蔽和滤波是抑制电磁干扰的三大技术,这是电子设备和系统在进行电磁兼容性设计过程中通用的三种主要的电磁干扰抑制方法。虽然每一种方法在电路和系统设计中都有其独特的作用,但它们有时也是相互关联的。例如,设备接地良好,可以降低设备对屏蔽的要求;而良好的屏蔽,可对滤波的要求低一些。下面我们按接地、屏蔽和滤波这个顺序来讨论这三大技术的原理、分析计算和设计方法。

接地是抑制电磁干扰、提高电子设备电磁兼容性的重要手段之一。正确的接地既能抑制干扰的影响,又能抑制设备向外发射干扰。反之,错误的接地反而会引入严重的干扰,甚至使电子设备无法正常工作。

电子设备中许多地方需要接地,不同的接地有不同的目的和特点,不同类型的电子设备对接地有不同的要求。本章首先介绍接地的目的和特点,进而讨论电路和系统的接地,以及地线回路中出现的干扰及抑制技术。

4.1 接地的概念

电子设备中的"地"通常有两种含义:一种是"大地",另一种是"系统基准地"。接地是指在系统的某个选定点与某个电位基准面之间建立一条低阻抗的导电通路。"接大地"就是以地球的电位作为基准,并以大地作为零电位,把电子设备的金属外壳、线路选定点等通过由接地线、接地电极等组成的接地装置与大地相连接。"系统基准地"是指信号回路的基准导体(电子设备通常以金属底座、机壳、屏蔽罩或粗铜线、铜带等作为基准导体),并设该基准导体电位为相对零电位,但不是大地零电位,简称为系统地。这种接地是指线路选定点与基准导体间的连接。

理想的基准导体(或称接地平面)必须是一个零电位、零阻抗的物理实体,其上各点之间不应存在电位差,它可以为系统中所有信号电平的参考点。一个理想的接地平面,可以为系统中的任何位置的信号提供公共的电位参考点。或者说,在一个系统中,各个理想接地点之间不存在任何电位差。当然,理想的接地平面是不存在的,因为即使是电阻率接近于零的超导体,其表面两点之间也会出现某种电抗效应。因此,所谓理想接地平面仅是近似而已。但是,即使如此,这个概念仍然是很有用的。因为接地平面以及接到接地平面上的接地线的实际电阻和电抗的数值,对设计要求兼容的电路和系统有重要影响,良好的接地平面应采用低阻抗材料制成,并且有足够的长度、宽度和厚度,以保证在所有频率上它的两边之间均呈现低阻抗。

需要指出的是,良好的接地平面不一定要和大地具有相同的电位。在某些情况下,也不必

与大地相连通。把接地平面与大地连接,往往出于以下考虑:

①提高电子设备电路系统工作的稳定性。电子设备与大地相连,使它有一个公共的零电位基准面,因而能有效地抑制外界电磁场的影响,保证电路稳定工作。

②使系统的屏蔽接地,取得良好的电磁屏蔽效果,达到抑制电磁干扰的目的。

③泄放因静电感应在机壳上积累的电荷,避免电荷积累过多形成的高压导致设备内部放电而造成干扰。

④防止雷电放电或事故导致金属外壳上出现过高对地电压而危及操作人员和设备的安全。

通常,电子设备的接地按其作用可分为安全接地和信号接地两大类。

4.2 安 全 接 地

安全接地就是为了安全(电路、设备及人身的安全)。安全接地又可称为保险接地,它是采用低阻抗的导体将用电设备的外壳连接到大地上,使操作人员不致因设备外壳漏电或静电放电而发生触电危险。安全接地也包括建筑物、输电线导线、高压电力设备的接地,其目的是防止雷电放电造成设施破坏和人身伤亡。众所周知,大地具有非常大的电容量,是理想的零电位,不论往大地注入多大的电流或电荷,在稳态时其电位都保持为零,因此,良好的安全接地能够保证用电设备和人身安全。

与一般用电设备一样,电子设备的金属外壳必须接大地,这样可以避免因事故导致金属外壳上出现过高对地电压而危及操作人员和设备的安全。例如图4-1所示的情况,电子设备外壳不接地,其内部的高频、高压、大功率电路与机箱存在杂散阻抗。该设备工作时,机箱上产生的电压为

$$U_2 = \frac{Z_2}{Z_1 + Z_2} U_1 \tag{4-1}$$

式中,U_2 为机箱上电压,U_1 为电路中高压部件的电压,Z_1 为高压部件与机箱间的杂散阻抗,Z_2 为机箱与大地间的杂散阻抗。

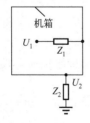

图 4-1 机箱通过杂散阻抗而带电

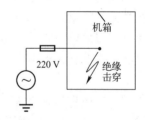

图 4-2 机箱因绝缘击穿而带电

U_2 取决于 Z_1 和 Z_2 的大小,当机壳与地绝缘,即 $Z_2 \gg Z_1$ 时,则 $U_2 \approx U_1$。如果 U_1 足够大,人触及机壳时就会发生电击的危险,危及操作人员的安全。若机壳做了接地的设计,即 $Z_2 \to 0$,由式(4-1)可知,$U_2 \to 0$。此时人若触及已接地的机壳,因人体的阻抗远大于0,则大部分电流将经接地线流入地端,因此不会有电击的危险。

图4-2所示也是一种较危险的情况,带有保险丝的电源线对电子设备供电。如果机箱不接地,一旦电源线与机箱间的绝缘被击穿,机箱上就会带有电网电压。人员触及机箱,电源线

的电流将直接通过人体入地,发生触电现象。若机箱接大地,就会有大电流流动而使保险丝烧断,从而保持机箱不带电。

一般地讲,如果人体触及机壳,相当于机壳与大地之间连接了一个人体阻抗 Z_B。人体阻抗变化范围很大,人体的皮肤处于干燥洁净和无破损情况时,人体阻抗可高达 40~100 kΩ;人体处于出汗、潮湿状态时,人体阻抗降至 10 000 Ω 左右。流经人体的安全电流值,对于交流电流为 15~20 mA,对于直流电流为 50 mA。当流经人体的电流高达 100 mA 时,就可能导致死亡发生。因此,我们国家规定的人体安全电压为 36 V 和 12 V。一般家用电器的安全电压为 36 V,以保证触电时流经人体的电流小于 40 mA。为了保证人体安全,应该将机壳与接地体连接,即应该将机壳接地。这样,当人体触及带电机壳时,人体阻抗与接地导线的阻抗并联,人体阻抗远大于接地导线的阻抗,大部分漏电电流经接地导线旁路流入大地。通常规定接地阻抗为 5~10 Ω,所以流经人体的电流将减小为原来的 1/200~1/100。

4.3 信号接地

信号接地的方式有单点接地、多点接地、混合接地和悬浮接地(简称浮地)等形式。

4.3.1 单点接地

单点接地是指整个电路系统中,只有一个物理点被定义为接地参考点,其他需要接地的点都直接接到这一点上。在实现低频电路的单点接地时,可采用串联式单点接地(或称干线式单点接地),或采用并联式单点接地(或称放射式单点接地),如图 4-3 所示。

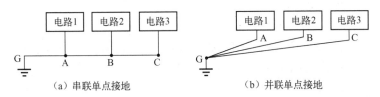

(a)串联单点接地　　　　(b)并联单点接地

图 4-3　单点接地

1. 串联单点接地

串联单点接地是用一条公共接地线接到电位基准点,需要接地的部分就近接到该公共接地线上,如图 4-4 所示。通常地线的直流电阻不为零,特别是在高频情况下,地线的交流阻抗比其直流电阻大,因此公共地线上 A、B、C 点的电位不为零,并且各点电位受到所有电路注入地线电流的影响。

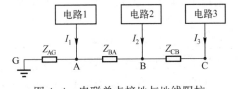

图 4-4　串联单点接地与地线阻抗

在图 4-4 中,Z_{AG}、Z_{BA} 和 Z_{CB} 分别为公共接地线上接地点 G 至 A 点、A 点至 B 点、B 点至 C 点之间的一段地线,即 GA 段、AB 段、BC 段的地线阻抗,I_1、I_2 和 I_3 分别为电路 1、电路 2、电路 3 注入地线的电流,则各接地点的电位分别为

$$U_A = (I_1 + I_2 + I_3) Z_{AG} \tag{4-2}$$

$$U_B = (I_1 + I_2 + I_3) Z_{AG} + (I_2 + I_3) Z_{BA} \tag{4-3}$$

$$U_C = (I_1 + I_2 + I_3) Z_{AG} + (I_2 + I_3) Z_{BA} + I_3 Z_{CB} \tag{4-4}$$

从抑制干扰的角度考虑,串联单点接地是性能最差的接地方式,但是其结构比较简单,各个电路的接地引线比较短,其阻抗相对小,所以这种接地方式常用于设备机柜中的接地。如果各个电路的接地电平差别不大,也可以采用这种接地方式。

多级电路采用串联单点接地时,接地点位置的选择是十分重要的。接地点应选在低电平电路的输入端,使该端最接近于基准电位。这样输入级的接地线也可缩短,使受干扰的可能性尽量减小。反之,若把接地点选在高电平端,则会使输入级的地相对于基准电位有大的电位差,接地线也最长,就容易受到干扰。

设电路1、2、3三级的电平依次由低到高,比较图4-5所示的两种接地点位置。当接地点选在靠近高电平电路3的C点附近时,如图4-5(a)所示,低电平电路1的A点对地电位为

$$U_{AH} = I_1 Z_{AB} + (I_1 + I_2) Z_{BC} + (I_1 + I_2 + I_3) Z_{CG} \tag{4-5}$$

式中,Z_{CG}为地线CG段的阻抗。

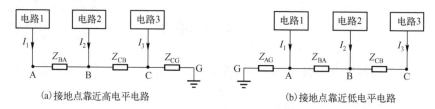

(a)接地点靠近高电平电路　　　　　　　　(b)接地点靠近低电平电路

图4-5　多级电路接地点的选择

而当接地点选在靠近低电平电路1的A点附近时,如图4-5(b)所示,A点对地电位为

$$U_{AL} = (I_1 + I_2 + I_3) Z_{AG} \tag{4-6}$$

式中,Z_{AG}为地线AG段的阻抗。

比较式(4-5)和式(4-6)可见,当地线AG和CG段的阻抗相同,即$Z_{CG} = Z_{AG}$时,则有$U_{AL} < U_{AH}$。这表明多级电路接地点选在靠近低电平电路的输入端时,低电平电路的输入端A点的电位只受AG段的影响,因而地电位对低电平电路的干扰最小。

2. 并联单点接地

并联单点接地线路是将需要接地的各部分分别以接地导线直接连到电位基准点(一般是直流电源的负极或零伏点),如图4-6所示。

在图4-6中,Z_{AG}、Z_{BC}和Z_{CG}分别为电路1、电路2、电路3的接地导线的阻抗,I_1、I_2、I_3分别为电路1、电路2、电路3注入地线的电流,则各电路的地电位分别为

$$U_A = I_1 Z_{AG}, \quad U_B = I_2 Z_{BG}, \quad U_C = I_3 Z_{CG} \tag{4-7}$$

可见,因各电路间的地电流互不干扰,故各接地点的电位也不受其他接地点电位的影响。故并联式单点接地是低频电路最佳的接地方式。

并联单点接地方式在低频时能有效地避免各电路单元间的地阻抗干扰,其缺点是接地线又多又长,会导致设备体积增大,质量增加,成本提高。而且在高频时,相邻地线间的耦合(电感性耦合和电容性耦合)增强,易造成各单元间的相互干扰。

3. 串联单点与并联单点混合接地

图4-7所示为串联单点、并联单点混合接地,从图中可以看出,模拟信号地和数字信号地分别设置,干扰源器件、设备(如电动机、继电器、开关等)的接地系统与其他电子、电路系统的接地系统分别设置,以抑制电磁干扰。

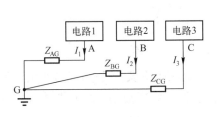

图 4-6　并联单点接地与地线阻抗

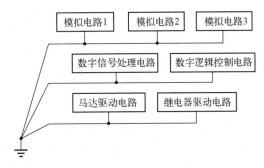

图 4-7　串联单点、并联单点混合接地

4.3.2　多点接地

随着电磁干扰增大或信号的频率提高,即使较短的一段地线也有较大的阻抗,而且由于分布电容的作用,实际中很难实现"单点接地"。图 4-8 所示为前面提到的并联式单点接地在高频时的实际形态,接地线具有寄生分布电感、分布电容和与频率有关的引线电阻(由于趋肤效应),因而图中的 A、B 及 C 点在高频下相对于 G 点的电位通常是不大明确的。

若系统的工作频率很高,以致工作波长缩短到与系统接地平面的尺寸或接地引线的长度可比拟时,就不能再采用单点接地方式了。因为当地线的长度接近四分之一波长时,它就像一根终端短路的传输线,地线上的电流、电压呈驻波分布,地线变成了辐射天线,而不能起到"地"的作用。因此,在高频下应该采用多点接地。

多点接地是指电子设备(或系统)中各个接地点都直接接到距它最近的接地平面上,以使接地引线的长度最短。高频电路的多点接地如图 4-9 所示。这里所说的接地平面可以是设备的底板,也可以是贯通整个系统的接地母线。在比较大型的系统中,还可以是设备的结构框架。在高频时应尽可能限制接地线的长度,使其高频阻抗减至最小。另外,高频电子设备往往以镀银底板作为接地母线,以减小表面阻抗,便于设备内各级电路就近直接与它相接,达到低阻抗要求。

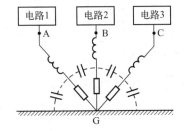

图 4-8　高频时单点接地的实际形态

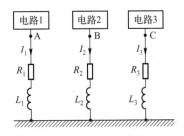

图 4-9　高频电路的多点接地

各电路的地电位为 $\qquad U_A = I_1(R_1 + j\omega L_1)$,$U_B = I_2(R_2 + j\omega L_2)$,$U_C = I_3(R_3 + j\omega L_3)$　　　　(4-8)

多点接地的优点是电路结构比单点接地简单,而且采用了多点接地,接地线上可能出现的高频驻波现象将显著减少。但是,采用多点接地以后,设备内部就形成了许多地线回路,它们对设备内较低的频率会产生不良影响。

对任何给定的设备或分系统,上述的低频和高频如何区分呢? 若在所关心的最高频率上,即在由 $\lambda(m) = 300/f(MHz)$ 决定的最短波长上,所需的最长连接线长 $l > \lambda/20(m)$ 时,则属于高频,应采用多点接地。反之则采用单点接地。或者采用经验法则:频率低于 1MHz 时,采用单点接地较好;频率高于 10MHz 时,应采用多点接地。对于 1~10MHz 的频率而言,只要最长接地线的长度小于 $\lambda/20$,则可采用单点接地以避免公共阻抗耦合。

4.3.3 浮地

对电子设备而言,浮地是指设备系统地线在电气上与大地相绝缘,这样可以减小由于地电流引起的电磁干扰。图 4-10(a)所示为浮地系统,各个电路与系统地线连通,但与大地绝缘。

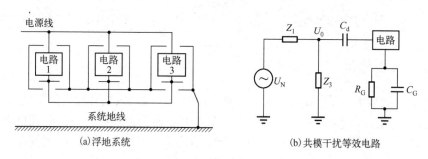

(a)浮地系统　　　　　　　　(b)共模干扰等效电路

图 4-10　浮地系统及共模干扰等效电路

若浮地系统对地电阻很大、对地分布电容很小,则由外部共模干扰引起的流过电子线路的干扰电流就很小。图 4-10(b)为共模干扰作用下的等效电路,来自电源等的外部干扰电压 U_N 通过表示电磁感应和静电感应的等效阻抗 Z_1 加到电源变压器、电缆屏蔽层或外壳上,在受干扰部分的阻抗 Z_3 上产生干扰电压 U_0,此电压经线路间的分布电容 C_d 耦合到电子线路,经对地电阻 R_G 和对地电容 C_G 流回大地,并使电子线路对地电位发生波动。若 R_G 很大、C_G 很小(即良好浮地),则流过电子线路的干扰电流就很小,其影响可以忽略。利用悬浮机壳内的屏蔽层降低地回路干扰如图 4-11 所示。

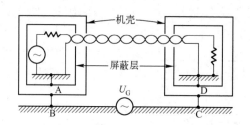

图 4-11　利用悬浮机壳内的屏蔽层降低地回路干扰

浮地方式存在以下缺点:

① 浮地的有效性取决于实际的对地悬浮程度,浮地方式不能适应复杂的电磁环境。研究结果表明,一个较大型的电子系统因有较大的对地分布电容,因而很难保证真正的悬浮;当系统基准电位因受干扰而不稳定时,通过对地分布电容出现位移电流,使设备不能正常工作。

② 当发生雷击或静电感应时,在电路与金属箱体之间会产生很高的电位差,会使绝缘较差的部位击穿,甚至引起电弧放电。

低频、小型电子设备容易做到真正的绝缘,随着绝缘材料的发展和绝缘技术的提高,普遍采用浮地方式。大型及高频电子设备则不宜采用浮地方式。

4.3.4 混合接地

实际装置中,各种电路交叉,故应该按照电路各自的性质对不同电路采用不同的接地方式。例如低频回路和功率回路分别有各自的接地线,高频回路则采用多点接地,然后再以并联方式把上述 3 种回路连接到公共的基准点,这就构成了混合接地。图 4-12 为混合接地的一个例子,它把设备内的地线分成两大类,电源地和信号地。设备中各部分的电源地线都接到电源总地线上,所有信号地线都接到信号总地线上。两根总地线最后汇总到一个公共的入地点。在信号地中,根据各部分的不同工作频率而分别采用单点接地和多点接地。

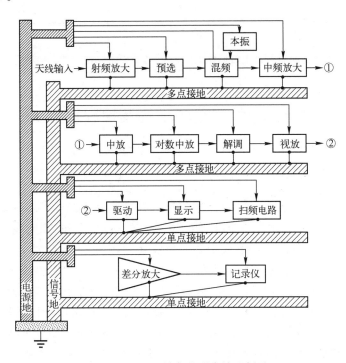

图 4-12 电子设备的混合接地例子

4.3.5 转换接地

为适应电子线路高低频两方面的工作特性,有时需采取一点与两点转换接地方式。

图 4-13 所示为一个低电平视频电路,当从低频到高频的情况下,低频回路希望实现单点接地,高频回路希望实现多点接地。

如图 4-13 所示,主回路的机壳被直接接地,而负载一侧的机壳通过电容(或寄生电容)对高频回路进行接地,同轴电缆的屏蔽层通过两端的配对连接器与机壳连接。此电容对低频回路呈现高阻抗,避免了低频时地电流回路的形成,实现低频下单点接地;高频时该电容呈极低阻抗,实现了高频下两点接地。

图 4-14 为另一种不同类型的例子,其中的计算机及其外部设备的机架,为了安全目的,一般都采用接地导线接地。但这种接地导线的缺点是容易引入电气干扰,可采用约 1 mH 的隔

离线圈(射频扼流圈)进行接地,此线圈在 50 Hz 电流频率下呈现极低阻抗(小于 0.4Ω),保证了安全接地。而对 50 kHz ~ 1 MHz 频率范围内具有较大能量的计算机脉冲,可实现射频隔离(约 1000 Ω)。这种电感有助于阻止地线中的感应瞬变现象和电磁干扰噪声进入计算机供电逻辑总线。图 4-14 的方法实际上可看成图 4-13 所示方法的"对偶"。

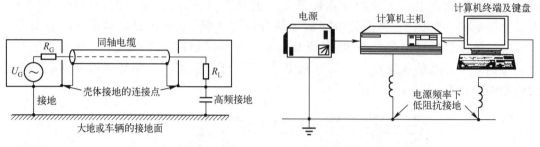

图 4-13 用电容接地来避免低频地电流回路   图 4-14 带高频隔离的安全接地

4.4 地线回路的干扰及抑制技术

4.4.1 地线回路中的电磁干扰

如前所述,理想地线应是一个零电位、零阻抗的物理实体。但在实际的电子设备中,这种理想地线是不存在的,实际的地线本身既有电阻分量又有电抗分量,当有电流通过地线时,会产生电压降,通过一定的耦合方式形成干扰。地线还会与其他连接线(例如信号线、电源线等)形成回路,当时变电磁场耦合到回路中时,就在地线回路中产生感应电动势,形成干扰。总之,由地线电流通过地线阻抗产生的电压降以及由环境电磁场在地线回路中产生的感应电压,都会由地回路耦合到作为负载的放大器输入端,构成潜在的电磁干扰威胁。

以图 4-15 为例对上述情况做简要说明。图中的开关闭合时,信号电路参考点 C 连接到电路单元 1 机箱的机壳 B 点,而负载参考点 F 连接到电路单元 2 机箱的机壳 G 点。由于地电流 I_G 流过地阻抗 Z_G 产生的电压降为 U_G,则该电路的 C 和 F 点之间出现电压 U_G。由于 U_G 对两根信号连接线是公共的,从而引起电流 I_1 和 I_2 在两根线中流动。I_1 和 I_2 流过路径的阻抗不相同,由阻抗不平衡在负载两端产生差模电压 U_N,此即为地回路电磁干扰来源之一。

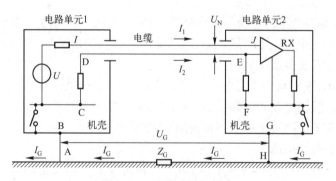

图 4-15 公共地阻抗耦合

流经地阻抗 Z_C 的电流 I_G 可能来源于一个独立的信号源 U_G,如图 4-16 所示。此时 I_G 可表示为

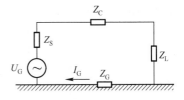

$$I_G = \frac{U_G}{Z_G + Z_L + Z_C + Z_S} \tag{4-9}$$

式中,Z_L 为负载阻抗,Z_S 为电源阻抗,Z_C 为连接导线阻抗。

图 4-16　计算地电流的等效电路

当有外部电磁场照射到两个电路之间的连接导线时,将在导线回路中产生感应电动势,从而形成地回路电磁干扰。讨论外界电磁场耦合到地回路中的问题时,可应用如图 4-17 所示的等效电路。此时,外界电磁场与地线回路交链,在回路中产生感应电压 U_i,有

$$U_i = \oint_C \boldsymbol{E} \cdot \mathrm{d}\boldsymbol{l} = -\frac{\partial}{\partial t} \int_S \boldsymbol{B} \cdot \mathrm{d}\boldsymbol{S} \tag{4-10}$$

式中,$\boldsymbol{E}$ 为电场强度矢量,$\mathrm{d}\boldsymbol{l}$ 为绕回路周边线积分时的微分线元矢量,$\boldsymbol{B}$ 为磁感应强度矢量。

U_i 对于围绕包括两条连接导线的两个回路面积的共模电流 I_1 和 I_2 起到潜在电磁干扰源的作用,I_1 和 I_2 沿着各自的通路 ABCDEFA(第 1 回路)和 ABC'D'EFA(第 2 回路)通行。假设两个回路基本上是重合的,它们的面积相等且相对于外界电磁场的空间取向一致。因此可认为各回路的感应电压是相等的,如图 4-17 中的 U_i,是由外界电磁场感应的共模电压。由电路阻抗确定的地回路耦合将共模电压 U_i 转变成放大器或逻辑电路输入端上的差模电压 U_N,构成了潜在的电磁干扰。

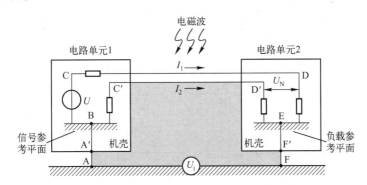

图 4-17　电磁场耦合到地回路中的等效电路

为了说明地回路干扰的大小,定义地回路耦合系数为

$$\mathrm{GLC} = |U_N/U_G| \tag{4-11}$$

用 dB 表示有

$$\mathrm{GLC(dB)} = 20\lg|U_N/U_G| \tag{4-12}$$

式中,U_G 为地回路中的共模干扰电压,U_N 为 U_G 在受害电路输入端产生的差模干扰电压。

4.4.2　两点接地时的噪声电压

因为两个接地点的电位很少有相同的,故当接地位置有好几处时,接地点间的电位差将反映到电路中。如图 4-18(a)所示,A 点为信号源的接地点,B 点为放大器的接地点,U_G 为 A 点与 B 点间的地电位差,R_{C1} 和 R_{C2} 为信号源接至放大器的导线的电阻。图中使用了两个接地符号,表明这两个接地点可能有不同的地电位。

放大器的输入电压除与信号源电压 U_S 有关外,A 点与 B 点间的地电位差 U_G 也会在放大

器的输入端形成噪声电压 U_N。

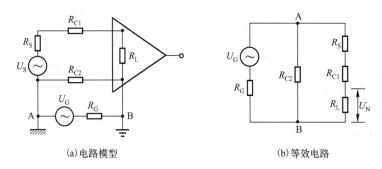

| (a)电路模型 | (b)等效电路 |

图 4-18 信号源与放大器都接地

若 $R_{C2} \ll R_S + R_{C1} + R_L$，由图 4-18(b)所示的等效电路，可得到

$$U_N = \frac{R_L}{R_L + R_S + R_{C1}} \cdot \frac{R_{C2}}{R_G + R_{C2}} U_G \qquad (4-13)$$

若想去除噪声，则需去掉其中一个接地点。如果在信号源的接地端接入阻抗 Z_{SG}，如图 4-19 所示，理论上 Z_{SG} 可为无限大，但因电路的漏电阻及漏电容，其值并不是无限大。

因 $R_{C2} \ll R_S + R_{C1} + R_L$，且 $Z_{SG} \gg R_G + R_{C2}$，则

$$U_N \approx \frac{R_L}{R_L + R_S + R_{C1}} \cdot \frac{R_{C2}}{Z_{SG}} U_G \qquad (4-14)$$

式(4-14)中第二项是噪声减小的主要因素，当 $Z_{SG} \to \infty$ 时，$U_N = 0$，无噪声进入放大器。

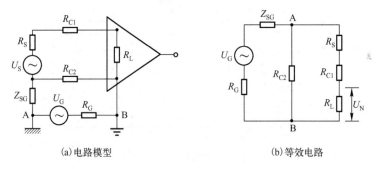

| (a)电路模型 | (b)等效电路 |

图 4-19 信号源端接入一个阻抗

【例 4-1】 在图 4-19 的电路中，设 $R_{C1} = R_{C2} = 1\Omega$，$R_S = 500\ \Omega$，$R_L = 10\ \text{k}\Omega$，$R_G = 0.01\ \Omega$，$U_G = 10\ \text{mV}$。

（1）试计算 U_N；

（2）若在信号源与地之间接入阻抗 $Z_{SG} = 1\ \text{M}\Omega$，则 U_N 有何变化？

解： $U_N = \dfrac{R_L R_{C2}}{(R_L + R_S + R_{C1})(R_G + R_{C2})} U_G \approx \dfrac{10^4}{10^4 + 500 + 1} \times \dfrac{1}{1 + 0.01} \times 10\ \text{mV} = 9.4\ \text{mV}$

可见地电压几乎全部进入了放大器的输入端。

若在信号源与地之间接入阻抗 $Z_{SG} = 1\ \text{M}\Omega$，则

$$U_N \approx \frac{R_L R_{C2}}{(R_L + R_S + R_{C1}) Z_{SG}} U_G \approx \frac{10^4}{(10^4 + 500 + 1)10^6} \times 10\ \text{mV} = 0.0095\ \mu\text{V}$$

有效抑制了地电压对放大器输入端的干扰。

4.4.3 抑制地回路耦合电磁干扰的技术

有许多方法可以减小地回路耦合电磁干扰,其中多数涉及隔离、浮地等技术。

1. 在信号电路中使用隔离变压器

如图4-20所示的情形,由于电路1和电路2都要在公共接地面上接地,若直接用传输线连接,就会构成地回路,如图中的ABCDA回路。

在信号传输线上接入一个隔离变压器,电路1的信号经变压器耦合至电路2,而地线中干扰电流I_G的回路被变压器隔断,减小了由此产生的电磁干扰,如图4-21(a)所示。但是,由于变压器绕组间的分布电容较大,地电压仍能通过此分布电容使电路受到干扰。

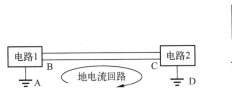

图4-20　电路之间形成地回路

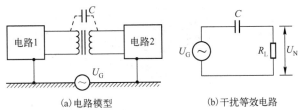

(a)电路模型　　　　(b)干扰等效电路

图4-21　在信号电路中使用隔离变压器

在图4-21(b)的等效电路中,设电路1的内阻为0,变压器绕组间的分布电容为C,电路2的输入电阻为R_L,其响应电压为U_N。由电路分析中的叠加原理,在研究地线干扰电压U_G对电路2的响应时,可不考虑信号源电压U_S,因此得出

$$U_N = \frac{R_L}{R_L + 1/(j\omega C)}U_G = \frac{1}{1 + 1/(j2\pi f C R_L)}U_G \qquad (4-15)$$

则

$$|U_N/U_G| = \frac{1}{\sqrt{1 + 1/(2\pi f C R_L)^2}} \qquad (4-16)$$

由式(4-16)可见,在干扰源频率一定的情况下,欲提高隔离变压器抑制地回路干扰能力,可减小变压器绕组间的分布电容C,或减小被干扰电路的输入电阻R_L。

隔离变压器抑制地回路干扰的频率受到限制。由式(4-16)可知,当$f \geqslant 1/(2\pi C R_L)$时,$|U_N/U_G| \geqslant 1/\sqrt{2}$。因此,隔离变压器抑制地回路干扰的频率范围为

$$0 \leqslant f \leqslant 1/(2\pi C R_L) \qquad (4-17)$$

从以上分析可见,隔离变压器对地线中的低频干扰具有较好的抑制能力。对于高频干扰,则因分布电容的影响增大而使抑制能力下降。另外,由于电路1和电路2之间传输的信号只在变压器绕组连线中流过,不流经地线,因而也可避免对其他电路的干扰。

隔离变压器只能传输交流信号,不能传输直流信号,且对极低频信号影响较大,因此,不宜用在直流和极低频信号电路中。

2. 在信号电路中使用纵向扼流圈

当传输的信号中含有直流分量或信号频率极低时,就不能用隔离变压器来传输信号。这时可将隔离变压器以纵向扼流圈的形式接入信号传输线中,这种纵向扼流圈又称为中和变压器。

纵向扼流圈通常用两根导线在一个磁环上并绕构成，这样可保证两个绕组的一致性，结构也简单。图 4-22 所示为在电路之间安装纵向扼流圈的一种简单方式，图中的磁环上甚至可以有多种电路的连线穿过，不用担心会出现串扰。

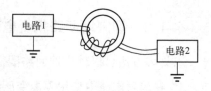

图 4-22　纵向扼流圈的安装

纵向扼流圈接入信号传输线的电路模型如图 4-23(a)所示，扼流圈的两个绕组的匝数、绕向均相同。信号电流在两个绕组中流动，大小相同但流向相反，是差模电流，它们产生的磁场相抵消，因而纵向扼流圈对信号传输几乎没有影响。但地回路干扰电压 U_G 引起的干扰电流流过两个绕组时，大小相同且流动方向相同，是共模电流，它们产生的磁场相叠加，因而纵向扼流圈对干扰电流呈现较大的感抗，较好地抑制了地回路干扰。

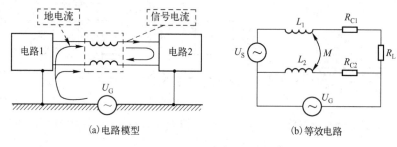

(a) 电路模型　　　　　　　(b) 等效电路

图 4-23　在信号电路中使用纵向扼流圈

利用如图 4-23(b)所示的等效电路来分析接入纵向扼流圈后对信号传输的影响和对地回路干扰的抑制。

（1）纵向扼流圈对信号的影响（令 $U_G = 0$）

首先分析纵向扼流圈对信号 U_S 的影响，根据电路叠加原理，此时不考虑干扰电压 U_G 的作用，等效电路如图 4-24 所示。因连接线电阻 R_{C1} 与负载电阻 R_L 串联，且 $R_{C1} \ll R_L$，故可略去 R_{C1}。设图中两个回路的电流分别为 I_S 和 I_G，则由图中包含 L_1 的上回路可列出方程

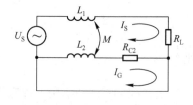

图 4-24　纵向扼流圈对信号影响等效电路

$$U_S = I_S \left[(R_L + R_{C2}) + j\omega(L_1 + L_2 - 2M) \right] - I_G \left[R_{C2} + j\omega(L_2 - M) \right] \tag{4-18}$$

由包含 L_2 的下回路可列出方程

$$0 = I_G(R_{C2} + j\omega L_2) - I_S(R_{C2} + j\omega L_2 - j\omega M) \tag{4-19}$$

由于纵向扼流圈的两绕组完全相同，且密绕于同一铁心上构成紧耦合，因而有 $L_1 = L_2 = M = L$，即两个绕组的自感 L_1、L_2 与互感 M 有相同的值。故式(4-18)和式(4-19)可简化为

$$U_S = I_S(R_L + R_{C2}) - I_G R_{C2} \approx I_S R_L - I_G R_{C2} \tag{4-20}$$

$$0 = I_G(R_{C2} + j\omega L) - I_S R_{C2} \tag{4-21}$$

联立式(4-20)和式(4-21)，得

$$I_S = \frac{(R_{C2} + j\omega L)U_S}{R_L(R_{C2} + j\omega L) + j\omega L R_{C2}} = \frac{(R_{C2} + j\omega L)U_S}{R_L R_{C2} + j\omega L(R_L + R_{C2})} \approx \frac{U_S}{R_L} \tag{4-22}$$

$$I_G = \frac{R_{C2}}{R_{C2} + j\omega L} I_S = \frac{I_S}{1 + jf/f_C} \tag{4-23}$$

或

$$|I_S| \approx |U_S/R_L| \tag{4-24}$$

$$|I_G| = \left| \frac{I_S}{1+jf/f_C} \right| = \frac{|I_S|}{\sqrt{1+(f/f_C)^2}} \qquad (4-25)$$

式中
$$f_C = \frac{R_{C2}}{2\pi L} \qquad (4-26)$$

称为纵向扼流圈的截止频率,它是由线圈绕组的参数 R_{C2} 和 L 决定的一个特性指标。

由式(4-22)可知,接入纵向扼流圈后,经负载 R_L 的信号电流 I_S 近似等于没有接入纵向扼流圈时的电流。因此,可认为加入扼流圈对信号传输没有影响。

由式(4-25)可知,当传输信号的频率 f 与 f_C 相等时,有
$$|I_G/I_S| = 0.707$$

这表明此时有 70.7% 的信号电流流经地线。随着频率的提高,流经地线的电流将减小。当 $f/f_C \to \infty$ 时,$|I_G/I_S| \to 0$。当 $f \geqslant 5f_C$ 时,$|I_G/I_S| \leqslant 1/5$,通常就可以认为信号电流不再流经地线。

(2)纵向扼流圈对干扰的抑制(令 $U_S = 0$)

此时不考虑 U_S 的作用,等效电路如图 4-25 所示。设两绕组上的电流分别为 I_1、I_2,则可列出如下方程

$$\begin{cases} U_G = j\omega L_1 I_1 + j\omega M I_2 + I_1(R_L + R_{C1}) \\ U_G = j\omega L_2 I_2 + j\omega M I_1 + I_2 R_{C2} \end{cases} \qquad (4-27)$$

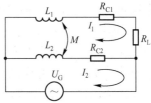

图 4-25 纵向扼流圈对干扰
抑制等效电路

一般情况下,$R_{C1} \ll R_L$,$L_1 = L_2 = M = L$,以上两式可表示为

$$\begin{cases} U_G = j\omega L I_1 + j\omega L I_2 + I_1 R_L \\ U_G = j\omega L I_2 + j\omega L I_1 + I_2 R_{C2} \end{cases} \qquad (4-28)$$

据此可求出
$$I_1 = \frac{R_{C2} U_G}{j\omega L(R_{C2} + R_L) + R_{C2} R_L}, \quad I_2 = \frac{R_L U_G}{j\omega L(R_{C2} + R_L) + R_{C2} R_L} \qquad (4-29)$$

故 U_G 在负载 R_L 上产生的电压为

$$U_N = I_1 R_L \approx \frac{U_G R_{C2}}{j\omega L + R_{C2}} = \frac{U_G}{1+j\omega L/R_{C2}} \qquad (4-30)$$

即
$$|U_N/U_G| = 1/\sqrt{1+(f/f_C)^2} \qquad (4-31)$$

当 $f \geqslant 5f_C$ 时,可计算出 $|U_N/U_G| \leqslant 1/\sqrt{26} < 0.197$。由此可见,扼流圈能很好地抑制地回路的干扰。扼流圈的截止频率 f_C 越低,即扼流圈的电感 L 越大、扼流圈的绕组及导线的电阻 R_{C2} 越小,则抑制干扰的效果越好。为此,扼流圈的电感应满足如下关系

$$L \geqslant \frac{5R_{C2}}{2\pi f} \qquad (4-32)$$

式中,f 为干扰信号的频率。

3. 在信号传输线上使用磁环

两电路之间的信号传输线,无论采用同轴电缆,还是采用平行双线,若套装铁氧体磁环,就能有效地抑制地线回路的干扰。

图 4-26(a)表示电路之间的连接线是同轴电缆,屏蔽层两端皆接地,其等效电路如图 4-26(b)所示,沿等效电路中的接地回路(A—R_S—L_S—B—A)列出如下方程

$$0 = I_S(R_S + j\omega L_S) - j\omega M I_1 \qquad (4-33)$$

式中,M 为同轴电缆内外导体间的互感,$M = L_S$,则由上式得

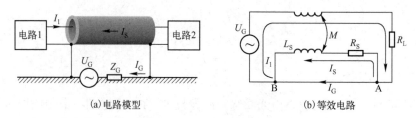

(a) 电路模型   (b) 等效电路

图 4-26 电路间用同轴电缆连接

$$I_S = \frac{j\omega L_S}{R_S + j\omega L_S} I_1 = \frac{I_1}{1 - jf_C/f} \qquad (4-34)$$

式中，$f_C = R_S/(2\pi L_S)$ 称为同轴电缆的截止频率，其值由电缆屏蔽层的电阻 R_S 和电感 L_S 决定。

从式(4-34)可看出，当信号频率 f 比 f_C 高得多时，$I_S \approx I_1$，即屏蔽层上的电流与同轴电缆内导体中的电流几乎相同，因而流经地线的电流近乎为零，抑制了它对其他电路的干扰。通常，当 $f \geq 5f_C$ 时，就有很好的抑制能力。

同样可分析对地线中干扰电压 U_G 的抑制，结果表明，当 $f \geq 5f_C$ 时，地线电流 I_G 只在地线和屏蔽层中流过，不经过电缆内导体，从而有效地抑制了 U_G 对负载的影响。

在同轴线上套装铁氧体磁环可增加 L_S，由 $f_C = R_S/(2\pi L_S)$，可知 f_C 将降低，这就提供了减小高频地回路耦合但不引入显著低频损耗的手段。

对于以平行双线为连接线的情形，同样可套装铁氧体磁环，如图 4-27 所示。

应该指出，铁氧体吸收性能随电路阻抗和频率而变。对特定的应用，必须参照规定的磁环尺寸、材料等，而选用合适的磁环。

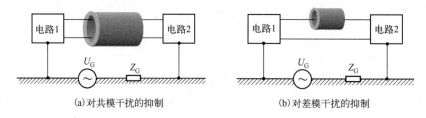

(a) 对共模干扰的抑制   (b) 对差模干扰的抑制

图 4-27 在平行双线上套装铁氧体磁环

4. 在数据线路中使用光电耦合器和光纤

光电耦合器是用光来传递信息的，从输入端(发光元件)传送到输出端(受光元件)的光电耦合器使得输入和输出在电气上完全隔绝，因而能最有效地抑制地回路干扰，如图 4-28 所示。图中光电耦合器由发光源和受光元件组装在一起构成。

作为发光元件的有：①氖灯或镍丝灯；②场致发光器件；③红色发光二极管；④红外发光二极管。

作为受光元件的有：①硅光敏二极管，②硅光敏三极管；③光敏集成电路；④光敏可控硅。

通常采用将红外发光二极管与硅光敏三极管封装在一起构成光电耦合器。

光电耦合器的工作原理是：利用发光二极管的发光强度随通过它的电流变化的特性，把电路 1 的信号电流转换成强弱不同的光信号，光敏三极管再把强弱不同的光信号转换成相应的信号电流，从而完成了电路 1 和电路 2 之间的信号传输。

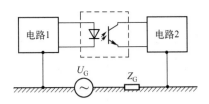

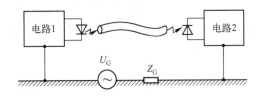

图 4-28 用光电耦合器断开地回路   图 4-29 用光纤消除地回路耦合

　　光电耦合器更适合于数字信号的传输,而不适合于模拟信号。这是因为光电耦合器的线性不好,会引起模拟信号失真。此外,光电耦合器的输入与输出端之间的杂散电容(其值在 $0.3 \sim 10\,\mathrm{pF}$ 之间)限制了光电耦合器在高频端的应用。例如,$3\,\mathrm{pF}$ 的杂散电容在 $1\,\mathrm{GHz}$ 时具有约 $50\,\Omega$ 的阻抗,此值容易造成新的干扰电流耦合通道。

　　用光纤传输信息的突出优点是具有无感应性和高度隔离性,能从本质上消除电磁干扰。图 4-29 所示为用光纤消除地回路耦合。这实质上是在共模地回路中引入一个高阻抗。

　　在电子系统的电磁兼容性领域内,常采用光纤作为强电磁干扰环境中的信号传输线以及作为微弱检测信号的传输线。

5. 使用差分放大器

　　差分放大器又称平衡输入放大器,它具有由两个输入端和一个公共端构成的信号入口,放大器的输出电压与两个输入端的电压差值成正比,如图 4-30 所示。图中,U_1 和 U_2 分别表示放大器两个输入端的电压,K 为放大器的电压放大倍数,则放大器的输出电压为

$$U_\mathrm{o} = K(U_1 - U_2) \tag{4-35}$$

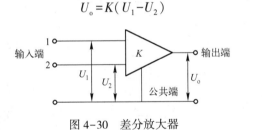

图 4-30 差分放大器

　　差分放大器的电路连接见图 4-31(a),其电路原理见图 4-31(b),分析地线中的干扰电压 U_G 对差分放大器输入端的影响的等效电路见图 4-31(c)。图中,U_S 为电路 1 的信号电压;R_S 为电路 1 的信号源内阻;R_G 为地线电阻;R_C1 和 R_C2 为两根传输线的电阻;R_L1 和 R_L2 为差分放大器的输入电阻。

　　由于差分放大器的输入端对地电阻高,满足 $R_\mathrm{L1}, R_\mathrm{L2} \gg R_\mathrm{G}$,由图 4-31(c)可得到差分放大器输入端电压为

$$U_\mathrm{in} = U_1 - U_2 = \left(\frac{R_\mathrm{L1}}{R_\mathrm{L1} + R_\mathrm{C1} + R_\mathrm{S}} - \frac{R_\mathrm{L2}}{R_\mathrm{L2} + R_\mathrm{C2}} \right) U_\mathrm{G} \tag{4-36}$$

故差分放大器的输出电压为

$$U_\mathrm{oN} = K(U_1 - U_2) = \left(\frac{R_\mathrm{L1}}{R_\mathrm{L1} + R_\mathrm{C1} + R_\mathrm{S}} - \frac{R_\mathrm{L2}}{R_\mathrm{L2} + R_\mathrm{C2}} \right) K U_\mathrm{G} \tag{4-37}$$

　　因为差分放大器是平衡对称的,故有 $R_\mathrm{L1} = R_\mathrm{L2}$,$R_\mathrm{C1} = R_\mathrm{C2}$。由式(4-37)可见,增大 R_L1、R_L2 或减小 R_S,都可以有效抑制由 U_G 所引起的干扰。

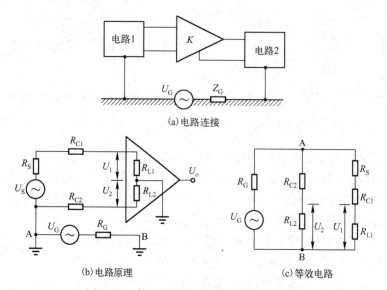

图 4-31 使用差分放大器抑制地回路干扰

例如,设 $U_G = 100\,\mathrm{mV}$, $R_G = 0.01\,\Omega$, $R_S = 500\,\Omega$, $R_{C1} = R_{C2} = 1\,\Omega$,若取 $R_{L1} = R_{L2} = 10\,\mathrm{k}\Omega$,且设放大倍数 $K = 1$,则由式(4-37)可得 $|U_N| = 4.76\,\mathrm{mV}$;若 $R_{L1} = R_{L2} = 100\,\mathrm{k}\Omega$,则 $|U_N| = 0.5\,\mathrm{mV}$;若 $R_S = 50\,\Omega$,则 $|U_N| = 0.05\,\mathrm{mV}$。可见,接入差分放大器后, U_G 引起的干扰大大减小了。

图 4-32 显示的是差分电路减小 U_N 的改进电路,图中接入电阻 R 用以提高放大器的输入阻抗,以减小 U_G 的影响,但不增加信号 U_S 的输入阻抗。

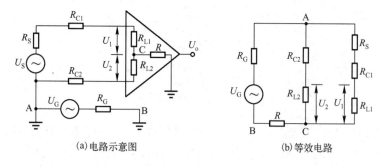

(a)电路示意图　　　　　　　　(b)等效电路

图 4-32　差分放大器减小 U_N 的改进电路

图 4-32(a)的等效电路如图 4-32(b)所示,则图中 A、C 两点间的电阻为

$$R_{AC} = \frac{(R_{L1} + R_{C1} + R_S)(R_{L2} + R_{C2})}{(R_{L1} + R_{C1} + R_S) + (R_{L2} + R_{C2})}$$

则 U_G 在图 4-32(b)中 A、C 两点产生的电压为

$$U_{AC} = \frac{R_{AC}}{R_G + R + R_{AC}} U_G$$

此时 U_G 在放大器输入端引起的噪声电压为

$$U_N = U_1 - U_2 = \left(\frac{R_{L1}}{R_{L1} + R_{C1} + R_S} - \frac{R_{L2}}{R_{L2} + R_{C2}} \right) U_{AC}$$

$$= \left(\frac{R_{L1}}{R_{L1}+R_{C1}+R_S} - \frac{R_{L2}}{R_{L2}+R_{C2}} \right) \frac{R_{AC}}{R_G+R+R_{AC}} U_G$$

由于 $U_{AC} \ll U_G$，因此，可大为减小干扰，同时对信号而言，也没有增加输入阻抗。

除以上介绍的几种减小地回路耦合干扰的方法外，外界电磁场对地回路的共模耦合，还可借助于降低互连线在地平面上的平均高度（即互连线靠近地面走线）来减小，也可以通过使设备的各机箱靠拢以减小连线长度来减小，因为平均高度或互连线长度的减小都将减小图 4-17所示的地回路面积 S，使外界电磁场产生的共模电压减小。

4.5 电缆屏蔽体的接地

本节讨论电缆屏蔽体是否接地以及在什么位置接地的问题。一般来说，在其他电路中用到的单点接地和多点接地概念，同样适用于电缆屏蔽体的接地。低频时采用单点接地，高频时采用多点接地。况且，电缆屏蔽接地点的选择会影响屏蔽电缆抑制干扰的能力。

4.5.1 低频电缆屏蔽体接地点的选择

低频（指频率为 100 kHz 以下）电路使用的电缆，其屏蔽体也要接地，原则上采用单点接地。如果接地点超过一处，就可能有噪声干扰到信号电路。采用一点接地，那么接地点应该选在何处？对于信号源和放大器之间用屏蔽双线电缆连接的情形，采用单点接地时，可以信号源接地，也可以放大器接地。下面分别讨论这两种情况。

1. 信号源不接地，放大器接地

如图 4-33(a)所示，图中 U_{G1} 为放大器公共参考端对地的电位，U_{G2} 为两个接地点之间的电位差。C_{1S} 和 C_{2S} 是电缆的芯线与屏蔽体间的分布电容，C_{12} 是两芯线间的分布电容。

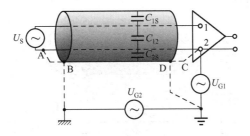

(a)屏蔽体可能的四种接地方式

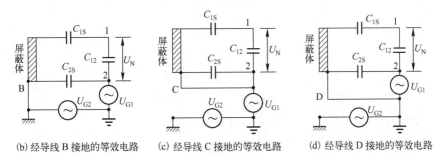

(b)经导线 B 接地的等效电路   (c)经导线 C 接地的等效电路   (d)经导线 D 接地的等效电路

图 4-33 信号源不接地、放大器接地时屏蔽体的接地点

传输电缆的屏蔽体可能的四个接地点位置经图4-33(a)中的虚线连接到地。哪种连接最合适呢?

接线A显然是最差的一种接地方式,因为这种接法会将屏蔽体中的噪声电流引入放大器的输入端,并在输入端阻抗上产生一个干扰电压,此干扰电压叠加于正常信号电压上。

屏蔽体经导线B接地的等效电路如图4-33(b)所示,此时U_{G1}、U_{G2}与C_{1S}、C_{12}组成的分压器将产生一个附加的干扰电压于放大器输入端,其值为

$$U_N = \frac{C_{1S}}{C_{1S}+C_{12}}(U_{G1}+U_{G2}) \tag{4-38}$$

因此这种接法是不合适的。

屏蔽体经导线C接地的等效电路如图4-33(c)所示,此时U_{G1}、U_{G2}在放大器输入端无响应,即U_N与U_{G1}、U_{G2}无关。

屏蔽体经导线D接地的等效电路如图4-33(d)所示,此时U_{G1}与C_{1S}、C_{12}组成的分压器将产生一个附加的干扰电压于放大器输入端,其值为

$$U_N = \frac{C_{1S}}{C_{1S}+C_{12}}U_{G1} \tag{4-39}$$

因此这种接法也是不合适的。

从以上分析可看出,对于信号源不接地、放大器接地的情形,唯一可行的办法是屏蔽体经导线C接地,即要把屏蔽体接在放大器的公共参考点上。

2. 放大器不接地、信号源接地

如图4-34(a)所示,图中U_{G1}为信号源参考点对地的电位,U_{G2}为两个接地点之间的电位差。屏蔽体四种可能的接地方式如图4-34(a)中虚线所示,哪种连接最合适呢?接线C显然是无法被采用的,因为它会将屏蔽体中的噪声电流引入放大器输入端,并在输入端阻抗上产生一个干扰电压叠加于信号电压上。

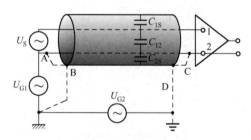

(a) 屏蔽体可能的四种接地方式

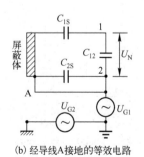

(b) 经导线A接地的等效电路　　(c) 经导线B接地的等效电路

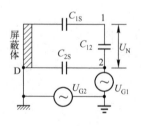

(d) 经导线D接地的等效电路

图4-34 放大器不接地、信号源接地时屏蔽体的接地点

屏蔽体经导线 A 接地的等效电路如图 4-34(b)所示,此时 U_{G1}、U_{G2} 在放大器输入端无响应。

屏蔽体经导线 B 接地的等效电路如图 4-34(c)所示,此时 U_{G1} 在放大器输入端的响应应为

$$U_N = \frac{C_{1S}}{C_{1S}+C_{12}} U_{G1} \tag{4-40}$$

屏蔽体经导线 D 接地的等效电路如图 4-34(d)所示,此时 U_{G1}、U_{G2} 在放大器输入端的响应为

$$U_N = \frac{C_{1S}}{C_{1S}+C_{12}} (U_{G1}+U_{G2}) \tag{4-41}$$

从以上分析可看出,对于放大器不接地而信号源接地的情形,唯一可行的方式是把屏蔽体经导线 A 接地,即把屏蔽体接在信号源的公共参考点上。

以上对于屏蔽双线电缆的分析完全适用于同轴电缆和有屏蔽体的双绞线。图 4-35 所示的低频同轴电缆与屏蔽双绞线有较好的接地,图(a)到图(d)屏蔽体不是在放大器端接地,就是在信号源端接地,但不是两端都接地。

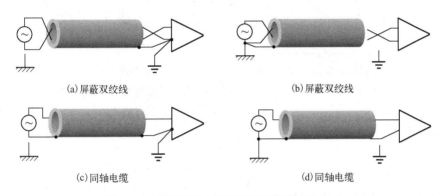

(a)屏蔽双绞线　　　　　　　　　　　　　　(b)屏蔽双绞线

(c)同轴电缆　　　　　　　　　　　　　　　(d)同轴电缆

图 4-35　低频同轴电缆与屏蔽双绞线接地方式

4.5.2　高频电缆屏蔽体的接地

当工作频率高于 1 MHz 或导体长度超过工作信号波长的 1/20 时,电缆屏蔽体必须采用多点接地的方式,以保证其接地的实质效果。因为高频时杂散电容的影响,实际上已难于实现单点接地,如图 4-36 所示的情况,杂散电容容易造成接地环路。采用多点接地就能解决杂散电容问题。

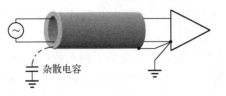

图 4-36　高频下,杂散电容会造成接地环路

对于较长的电缆,一般要求每隔 0.1λ 接地一次,这样可有效防止电缆屏蔽体上出现高电平噪声电压。另外,由于高频的趋肤效应,噪声电流只在屏蔽体的外表面流动,而信号仅在导体内层流动,相互间的干扰也减至最小。

若用一个小电容取代图 4-36 中的杂散电容,就构成一种混合接地方式,以改善电路的特性。频率低时,电容的阻抗较大,故电路为单点接地;但频率高时,电容的阻抗较低,故电路成为多点接地。这种接地方式适合于较宽频率范围内工作的电路。

4.6 屏蔽盒的接地

高增益的放大器经常要用金属外壳做屏蔽,以防止外来电场的干扰,屏蔽与接地需结合使用,才能使噪声的干扰降至最低;否则,将会因信号电路与屏蔽盒之间的寄生分布电容,而在信号电路输出与输入之间引入一条反馈通路,使放大器产生自激。

4.6.1 单层屏蔽盒的接地

图4-37(a)示出了存在于放大器与屏蔽盒间的杂散电容,C_{1S}是放大器的输入端与屏蔽盒间的杂散电容,C_{3S}是放大器的输出端与屏蔽盒间的杂散电容,C_{2S}是放大器的公共端与屏蔽盒间的杂散电容。从图4-37(b)的等效电路中可看出分布电容C_{3S}与C_{1S}提供了输出端至输入端的反馈路径。如果此反馈路径不被去掉,放大器可能会形成不必要的自激振荡。

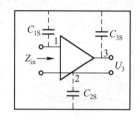

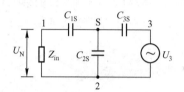

(a)放大器与屏蔽盒间的杂散电容　　　　　(b)等效电路

图4-37 放大器与屏蔽盒间的杂散电容

设放大器的输入阻抗为Z_{in}、输出端电压为U_3。若$Z_{in} \ll 1/(\omega C_{1S})$,由图4-37(b)的等效电路可得到

$$U_{2S} \approx \frac{C_{3S}}{C_{1S}+C_{2S}+C_{3S}}U_3$$

则反馈至放大器输入端的电压为

$$U_N = \frac{j\omega C_{1S}Z_{in}}{1+j\omega C_{1S}Z_{in}}U_{2S} = \frac{j\omega C_{1S}Z_{in}}{1+j\omega C_{1S}Z_{in}} \frac{C_{3S}}{C_{1S}+C_{2S}+C_{3S}}U_3$$

单层屏蔽盒接地点的位置选择,形式上可有放大器输入端(点1)接地、输出端(点3)接地、公共端(点2)接地3种方案,如图4-38所示。

图4-38(a)所示为放大器的公共端与屏蔽盒连接,此时C_{2S}短路,使反馈路径不复存在,从而消除输出(后级)对输入(前级)的干扰;图4-38(b)所示为输入端(点1)接地方案,显然不能消除输出信号反馈回输入端;图4-38(c)所示为输出端接地方案,同样不能消除输出信号反馈回输入端,因此,图4-38(b)和(c)两种屏蔽盒接地方案都是错误的。

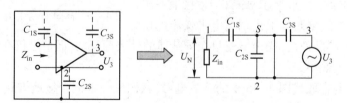

(a)屏蔽盒在放大器的公共端接地

图4-38 放大器屏蔽盒的接地

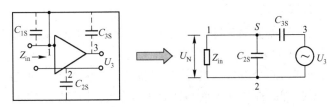

(b) 屏蔽盒在放大器的输入端接地

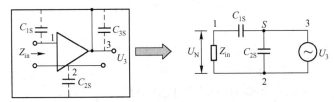

(c) 屏蔽盒在放大器的输出端接地

图 4-38　放大器屏蔽盒的接地(续)

4.6.2　双层屏蔽盒的接地

信号电路采用双层屏蔽时,要注意屏蔽层必须接地。接地点位置与单层屏蔽时一样,也应选择在电路的输出端,且内、外屏蔽层的连接点也应位于输出端附近。例如图 4-39 所示的两种接地方法中,图 4-39(a)的接地点和内、外屏蔽层连接点都在信号地线的输出端,这样形成的高频地电流环路最短,引入的干扰最小,因此该接法是正确的;而图 4-39(b)的接地点和内、外屏蔽层连接点都远离了输出端地线,使高频电流由于趋肤效应将沿着屏蔽盒表面流动而形成严重的地环电流,产生较大的干扰,所以这种接法是不正确的。

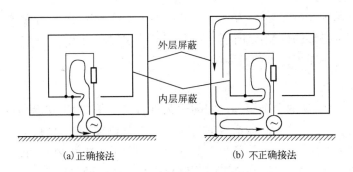

(a) 正确接法　　　　　　　　　(b) 不正确接法

图 4-39　双层屏蔽盒的接地

4.7　搭　　接

搭接是指在两个金属表面间建立一个低阻抗的通路。联系前面讨论过的接地,如果两个金属表面中的一个是接地平面,则这种搭接就是接地。因此,如果说接地是一个电路概念,则搭接是这个概念的物理实现。

1. 搭接的目的和分类

搭接的目的在于为电流的流动安排一个电气上连续的结构面,以避免在相互连接的两金属之间形成电位差,因为这种电位差会产生电磁干扰。

从一个设备的机壳到另一个设备的机壳、从设备的机壳到接地平面、在信号回线和地线之间、在电缆屏蔽层与地线之间、在接地平面与连接大地的地网或地桩之间,以及在静电屏蔽层与地之间,都可以进行搭接。通过搭接可保证系统电气性能的稳定,有效地防止由雷电、静电放电和电冲击造成的危害,实现对射频干扰的抑制。可以这样说,搭接使屏蔽、滤波等设计目标得以实现。

不良的搭接将给电路带来危害,以图4-40为例来说明。

图4-40中的π型滤波器本应在干扰源和敏感设备之间起隔离作用,但由于搭接不良,地线上形成高阻抗,使得传导干扰电流不是像预期那样沿路径①流入地,而是沿路径②流到负载 R_L(图中的敏感设备阻抗)。设滤波器的元件是 L 和 C,因搭接不良而形成的阻抗为 $Z_B = R_B + j\omega L_B$,式中的 R_B 是搭接条的电阻(包括搭接条两端的接触电阻)、L_B 是搭接条的电感。不难看出,电流沿路径①流动的条件是

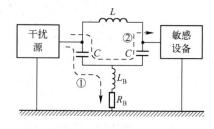

图4-40 不良搭接的影响

$$\left| R_B + j\omega L_B \right| \ll \left| R_L + \frac{1}{j\omega C} \right| \tag{4-42}$$

可见,要实现良好搭接,就要想办法减小搭接条本身的阻抗和搭接条与所接触的金属面之间的接触电阻。

搭接有各种不同的方式。基本的搭接方式有两种:

直接搭接:直接把欲搭接的两个金属构件直接连接在一起,而无须中间过渡导体。

间接搭接:利用中间过渡导体(搭接条或搭接片)把欲搭接的两个金属构件连接在一起。

一般来说,直接搭接的性能优于间接搭接,但某些情况却要求使用间接搭接,例如,要求设备可以移动,要求设备能抗机械冲击等情况。

2. 搭接的方法

有许多方法可以实现两个金属体之间的永久性接合。例如,熔接、钎焊、熔焊、低温焊接、冷锻等。若能在搭接之前预先对欲搭接的金属表面进行机械加工处理,并清除接触面上各种非金属覆盖层,则采用螺栓、铆钉等紧固件对两金属进行半永久性接合,也可得到满意的效果。但应注意,用自攻丝螺钉的连接,在高频时不能提供良好的低阻抗连接。

3. 实现良好搭接的一般原则

① 良好搭接的关键在于金属表面之间的紧密接触。被搭接表面的接触区应光滑、清洁、没有非导电物质。紧固方法应保证有足够的压力将搭接处压紧,以保证即使在受到机械扭曲、冲击和震动时表面仍接触良好。

② 尽可能采用相同的金属材料进行搭接。若必须使用两种不同金属搭接时,应选用在电化序表中位置相距较近的两种金属进行搭接,以减小电化腐蚀。表4-1给出了常用金属的电化序。此外,可在两种不同种类金属搭接的中间插入可更换的垫片,一旦受腐蚀可定期更换。

③ 要保证搭接处或搭接条(片)能够承受预料的电流,以免因出现过载而熔断。

④ 搭接条(片)应尽量短、粗(宽)、直,以保证搭接电阻低和电感小。

⑤ 对搭接处应采取防潮和防其他腐蚀的保护措施。例如,搭接后涂上环氧树脂、填缝剂、密封混合剂等。

4. 对搭接电阻的要求

一般搭接电阻:5~10 mΩ;

土建设施搭接电阻:10~20 mΩ;

电磁兼容实验室内搭接电阻:2.5 mΩ;

易燃易爆电路特殊要求搭接电阻:0.5~2.5 mΩ。

表 4-1 常用金属的电化序

金 属	电动势(V)	金 属	电动势(V)
镁	-2.37	镍	-0.25
铍	-1.85	锡	-0.14
铝	-1.66	铅	-0.13
锌	-0.76	铜	+0.34
铬	-0.74	银	+0.80
铁	-0.44	铂	+1.20
镉	-0.40	金	+1.50

5. 搭接电阻的测试

搭接的效果(质量)可以通过测量确定。但一定要注意,搭接的阻抗绝不仅仅是直流电阻,因此测量时不能简单地用欧姆表进行测量,而要用高频信号进行测量。在频率较高时,机箱与大地之间的寄生电容和导线的电感都不能忽略,因此实际的搭接阻抗是电感和电容的并联网络。在某个频率上会发生并联谐振,这时的阻抗为无限大。

目前用得最多的是采用四端法直接测量搭接点的直流或者低频搭接电阻。由图 4-41 可知,恒流源在被测搭接点(线、面)上形成电压降,用高灵敏度的数字电压表测出其电压降值再根据恒流源指示的电流值,推算搭接电阻。

另外,利用专门的高频搭接阻抗测量探头、网络分析仪或者带有跟踪信号源的频谱仪,可以测量出搭接条的高频阻抗特性。

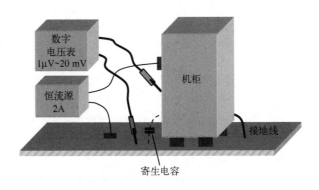

图 4-41 搭接阻抗的测量方法

习题

4.1 试述接地的含义。

4.2 接地的目的是什么? 试举例说明之。

4.3 有哪几种主要的接地方式? 试举例说明之。

4.4 如何选择电路的接地方式,若某个低电平视频电路,要求同时起到低频单点接地和高频多点接地的作用,应采取什么措施?试画图说明。

4.5 题4.5图中的 A 点为信号源的接地点,B 点为放大器的接地点,这两个接地点间电位不可能完全相同,设电位差 $U_G = 100\,\text{mV}$(10A 的电流流经 0.01 Ω 的接地电阻),若 $R_S = 500\,\Omega$,$R_{C1} = R_{C2} = 1\,\Omega$,$R_L = 1000\,\Omega$,试计算加到放大器输入端的干扰电压有多大?

4.6 如题4.6图所示,信号源端未接地,但有杂散电容,若两接地点 A、B 间的干扰电压 U_G 分别为:(a) 50 Hz,100 mV,(b) 5000 Hz,100 mV。试分别计算放大器感受到的干扰电压。

4.7 如题4.7图所示,为了使耦合到差分放大器的地回路干扰电压小于信号电压 U_S 的 0.1%,则对 R_L 的取值范围有何限制?

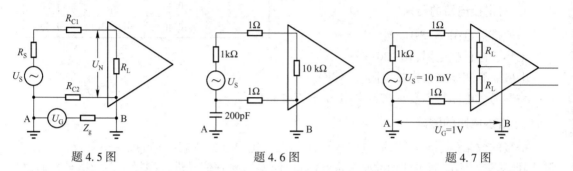

题4.5图   题4.6图   题4.7图

4.8 使用中和变压器(即纵向扼流圈)抑制地回路干扰,若扼流圈的每个绕组电感为 0.4 mH,电阻为 0.4 Ω,则什么频率以上扼流圈对传输信号才不会有明显影响?若电路的负载为 900 Ω,对于频率为 1000 Hz的干扰电压,此扼流圈能提供多少 dB 的衰减量?

4.9 什么叫搭接,试分析不良搭接对电路的危害。

第5章 屏蔽技术

屏蔽是利用屏蔽体来阻挡或减小电磁能传输的一种技术,是抑制电磁干扰的重要手段之一。从电磁场理论的观点,可以这样说,有两个电磁场,在其分界面上存在有物体,如果因该物体的存在而能将这两个电磁场看成是相互独立存在的,那么这个分界面就被称为屏蔽,而分界面上所存在的物体,就被称为屏蔽体。

本章将讨论各种屏蔽的工作原理和分析方法,讨论屏蔽效能的定量计算,以及工程实用的屏蔽技术。

5.1 概　　述

1. 屏蔽的目的和作用

屏蔽有两个目的,一是限制内部辐射的电磁能量泄漏出该内部区域,二是防止外来的辐射干扰进入某一区域。屏蔽作用是通过一个将上述区域封闭起来的壳体实现的。这个壳体可做成板式、网状式以及金属编织袋式等,其材料可以是导电的、导磁的、介质的,也可以是带有非金属吸收填料的。

关于电磁屏蔽的作用原理,可以有两种解释。第一种解释是,在一次场(由源引起的场)的作用下,屏蔽体表面因受感应而产生电荷,屏蔽体内产生电流和磁极化,这些电荷、电流和磁极化产生二次场,二次场与一次场叠加形成合成场,在被防护区域的合成场必弱于一次场。第二种解释是,利用屏蔽体反射、衰减并引导场源所产生的电磁能量使它不进入被防护区。

第一种解释比较简单,但它的不足之处是在描述某些物理过程方面有缺陷。第二种解释的观点比较正确,其不足之处是这种概念不适用于静态场。两种解释形式不同,但其本质是相同的。因为金属结构对于电磁能量的反射和引导作用的机理本身,与这些结构表面上和壁内电荷、电流和磁极化的产生有着不可分割的联系。

2. 屏蔽的分类

屏蔽的分类方法有多种。根据屏蔽的工作原理,可将屏蔽分为三大类:电屏蔽、磁屏蔽和电磁屏蔽。

电屏蔽的屏蔽体用良导体制作,并有良好的接地。这样就把电场终止于导体表面,并通过地线中和导体表面上的感应电荷,从而防止由静电耦合产生的相互干扰。

磁屏蔽主要用于低频情况下,屏蔽体用高磁导率材料构成低磁阻通路,把磁力线封闭在屏蔽体内,从而阻挡内部磁场向外扩散或外界磁场干扰进入,有效防止低频磁场的干扰。

电磁屏蔽主要用于高频情况下,利用电磁波在导体表面上的反射和在导体中传播的急剧衰减来隔离高频电磁场的相互耦合,从而防止高频电磁场的干扰。

我们不必把这三类的屏蔽进行对比,正如静电场和静磁场是电磁场的特殊情况一样,静电屏蔽和磁屏蔽是电磁屏蔽的一种特殊类型。

根据屏蔽的对象不同,可把屏蔽分为主动屏蔽和被动屏蔽。主动屏蔽的屏蔽对象是干扰源,限制由干扰源产生的有害电磁能量向外扩散。被动屏蔽的屏蔽对象是敏感体,以防止外部电磁干扰对它产生有害影响。

3. 屏蔽效能

各种屏蔽体的性能,均用该屏蔽体的屏蔽效能来定量评价。屏蔽效能定义为空间某点上未加屏蔽时的电场强度 E_0(或磁场强度 H_0)与加屏蔽后该点的电场强度 E_1(或磁场强度 H_1)的比值,表示为

$$SE = E_0/E_1(\text{电屏蔽效能}) \quad \text{或} \quad SE = H_0/H_1(\text{磁屏蔽效能}) \tag{5-1}$$

用分贝(dB)表示为 $\quad SE(\text{dB}) = 20\lg\dfrac{E_0}{E_1} \quad \text{或} \quad SE(\text{dB}) = 20\lg\dfrac{H_0}{H_1}$ (5-2)

表 5-1 给出了衰减量与屏蔽效能的关系。表 5-2 给出了不同用途的机箱对屏蔽效能的要求。

表 5-1 衰减量与屏蔽效能的关系

无屏蔽场强	有屏蔽场强	屏蔽效能 SE(dB)
10	1	20
100	1	40
1000	1	60
10000	1	80
100000	1	100
1000000	1	120

表 5-2 不同用途的机箱对屏蔽效能的要求

机 箱 类 型	屏蔽效能 SE(dB)
民用产品	40 以下
军用设备	60
TEMPEST 设备	80
屏蔽室、屏蔽舱	100 以上

应该指出,在最简单的情况下,屏蔽效能仅有一个数值。属于这种情况的有:用均匀无限大平面对平面电磁波的半空间屏蔽;用均匀球面对位于其中心的点源屏蔽;用均匀无限长圆柱形屏蔽体对位于其轴上的线源屏蔽。在电磁屏蔽理论中,首先研究的正是这些情况,即将实际情况理想化。当然,这种理想化在相当程度上会影响评价的精确性。在特别复杂的情况下评价屏蔽效能时,需要采取一些假设,这样评价的精确性会更低,在进行计算时,只能确定屏蔽效能可能最低的数量级。

5.2 电 屏 蔽

电屏蔽是为了防止两个回路(或两个元件、部件)间电容性耦合引起的干扰。电屏蔽体由良导体制成,并有良好的接地(一般要求屏蔽体的接地电阻小于 $2\,\text{m}\Omega$)。这样,电屏蔽体既可防止屏蔽体内部干扰源产生的干扰泄漏到外部,也可防止屏蔽体外部的干扰侵入内部。

5.2.1 电屏蔽的原理和分析

图 5-1 所示为主动屏蔽的电屏蔽原理。图(a)所示为空间中的孤立导体 A 上带有电荷 $+q$ 的电力线分布情况。在此情况下,可认为电荷 $-q$ 位于无限远的地方。图(b)所示为用导体 B 包围导体 A 时的电力线分布情况,此时屏蔽体的内侧感应出 $-q$,外侧感应出 $+q$,屏蔽体内部不出现电力线,仅此一点与图(a)不同。这种情形下的电力线始于屏蔽体外侧的 $+q$,终止于无限远处的 $-q$。显然,单纯采用把带电导体包起来的办法,实际上根本起不到屏蔽的作用。

图(c)所示为导体B接地的情况。在这种情况下,导体B的电位为零,导体B外部的电力线消失,即带电荷导体A所产生的电力线被封闭在导体B包围的内部区域,这时导体B才真正有屏蔽作用。

 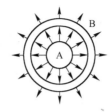 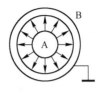

(a) 带有电荷 +q 的孤立导体　　　(b) 导体B未接地　　　(c) 导体B接地

图 5-1　主动屏蔽的电屏蔽原理

应该指出,从图(b)转向图(c)的过渡状态中,在导体B和接地线之间将有电流通过。如果导体A带的是静电荷,图(c)就表示过渡状态结束达到稳定状态时的屏蔽效果。如果导体A带的是时变电荷,则接地线中因对应电荷的变化势必也要流过电流。另外,因导体B和接地线均不是理想导体,在导体B上将存在残留电荷,使得导体B的外部实际上也残留有静电场或感应电磁场。

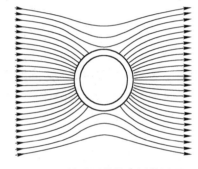

图 5-2 所示为被动屏蔽的电屏蔽原理。导体处于静电平衡状态,导体表面的各处均处于等电位,其内部空间就不会出现电力线,实现了对外界电场的屏蔽作用。从原理上说,被动屏蔽的屏蔽导体可不必接地。但实际应用中的屏蔽导体,其内部空间的被屏蔽体同外部是不可能完全绝缘的,多少总会有直接或间接的静电耦合,即屏蔽是不完善的。因此仍应将屏蔽体接地,使其保持地电位,以保证有效的屏蔽。

图 5-2　被动屏蔽的电屏蔽原理

5.2.2　低频电屏蔽效能的计算

对低频电屏蔽的分析,采用电路理论较为方便,电磁干扰源和被干扰对象(接受器)之间的电场耦合可用二者之间的分布电容的耦合来度量。图 5-3 为干扰源和接受器之间未加屏蔽,此时干扰源通过两者间的分布电容耦合在接受器端产生的感应电压为

$$U_{N0}=\frac{C_{SR0}U_S}{C_{SR0}+C_R}=\frac{U_S}{1+C_R/C_{SR0}} \tag{5-3}$$

式中,U_S 为干扰源电压,C_{SR0} 为干扰源与接受器间的耦合电容,C_R 为接受器对地分布电容。

从式(5-3)可看出,要使接受器端的感应电压 U_{N0} 减小,可把接受器(可能是某敏感元件或导线)尽可能贴近底板,增大 C_R。也可以尽量拉开干扰源和接受器间的距离,以减小 C_{SR0} 来达到目的。

图 5-4 所示为干扰源 S 和接受器 R 之间置入屏蔽体 P,但屏蔽体未接地。设 C_P 为屏蔽体对地电容,C_{SP} 为干扰源与屏蔽体间的分布电容,C_{RP} 为接受器与屏蔽体间的分布电容,C_{SR} 为加屏蔽后的剩余耦合电容。因 C_{SR} 很小,可暂不考虑其影响,不难得出

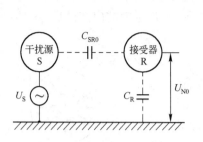

图 5-3 未加屏蔽的耦合

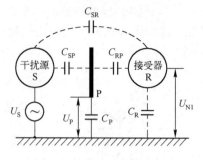

图 5-4 加未接地屏蔽的耦合

$$U_P = \frac{C_{SP} U_S}{C_{SP} + C_P + C_{RP} C_R / (C_{RP} + C_R)} \tag{5-4}$$

故
$$U_{N1} = \frac{C_{RP} U_P}{C_{RP} + C_R} = \frac{1}{1 + C_R / C_{RP}} \cdot \frac{C_{SP} U_S}{C_{SP} + C_P + C_{RP} C_R / (C_{RP} + C_R)} \tag{5-5}$$

从式(5-5)可看出,若 $C_P \ll C_{SP}$, $C_{RP} C_R / (C_{RP} + C_R) \ll C_{SP}$,则有

$$U_{N1} = \frac{C_{RP} U_S}{C_{RP} + C_R} = \frac{1}{1 + C_R / C_{RP}} U_S \tag{5-6}$$

由于屏蔽体比干扰源更接近接受器,且屏蔽体的尺寸比干扰源尺寸大,所以 $C_{SR} < C_{RP}$。比较式(5-3)与式(5-6),可知 $U_{N1} > U_{N0}$,即加了不接地的屏蔽体后,非但没有起到屏蔽作用,反而增加了干扰源和接受器之间的耦合,增加了干扰效应。

图 5-5 所示为将屏蔽体良好接地的情况,此时屏蔽体对地电容 C_P 趋近于无穷大,使屏蔽体的感应电压 U_P 趋于零,因此接受器上的感应电压也趋于零,屏蔽体起到良好的屏蔽作用。

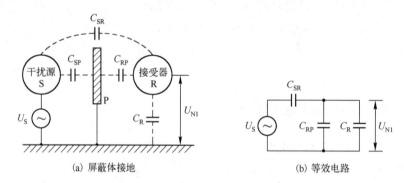

(a) 屏蔽体接地   (b) 等效电路

图 5-5 屏蔽体接地及其等效电路

实际上,屏蔽体不是无限大的,干扰源与接受器之间必然存在剩余电容 C_{SR}。图 5-5(b)可视为考虑 C_{SR} 时图 5-5(a)的等效电路,得

$$U_{N1} = \frac{C_{SR} U_S}{C_{RP} + C_R + C_{SR}} \approx \frac{C_{SR} U_S}{C_{RP} + C_R} \tag{5-7}$$

还需要考虑的一个因素是,屏蔽体接地总是有接地阻抗存在,若屏蔽体是通过导线接地的,则接地阻抗还与频率有关。当接地线在时变场的作用下有地电流流过时,接地阻抗上产生电压降,使屏蔽体的感应电压不为零,从而导致屏蔽性能降低。

按屏蔽效能的定义,对电屏蔽,有

$$\mathrm{SE(dB)} = 20\lg |E_0/E_1|$$

式中，E_0 为未加屏蔽时的电场强度，E_1 为加屏蔽后的电场强度。但在具体的低频电屏蔽结构中，用场的方法来计算（或测量）电场强度是困难的。可利用线性系统中，感应电压正比于干扰场强这一性质，用电路的办法来计算屏蔽效能，表示为

$$\mathrm{SE(dB)} = 20\lg |U_{N0}/U_{N1}| \tag{5-8}$$

式中，U_{N0} 为屏蔽前接受器上的感应电压，U_{N1} 为屏蔽后接受器上的感应电压。

5.2.3 电屏蔽的设计要点

为了获得有效的电屏蔽，在设计时必须注意下列几点：

（1）屏蔽体必须良好接地，最好是屏蔽体直接接地。

（2）正确选择接地点。图 5-6 所示为干扰源 S 和接受器 R 之间加入屏蔽体 P，S 和 R 的接地点分别为 G_S 和 G_R，当 P 的接地点 G_P 选在 G_S 和 G_R 中间时，由于地线不是理想导体，地电流 I_G 会在 G_P 和 G_R 间产生电压差 U_G。U_G 通过 P、C_{RP} 和 C_R 构成的回路，造成地电流干扰串入 R。为了减小 U_G 的影响，G_P 应接近 G_R，即屏蔽体的接地点应靠近被屏蔽的低电平元件的接地点。

（3）合理设计屏蔽体的形状。影响电屏蔽效能的另一个因素是剩余电容 C_{SR}。盒形屏蔽比板状或线状屏蔽有更小的剩余电容，全封闭的屏蔽体比带有孔和缝隙的屏蔽体更为有效。

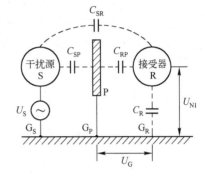

图 5-6 屏蔽体接地点选择

（4）注意屏蔽材料的选择。在时变场作用下，屏蔽体上有电流流动，为减小屏蔽体上的电压差，电屏蔽体应选用良导体，如铜、铝等。在高频时，铜屏蔽体表面应镀银，以提高屏蔽效能。

（5）电屏蔽体的厚度。单就电屏蔽而言，对厚度没有要求，只要屏蔽体结构的刚性和强度满足要求就可以。

5.2.4 多级级联电路的屏蔽盒结构

在电子设备内部的多级级联电路中，为防止级间寄生耦合，各级之间要进行屏蔽隔离，在结构上，一般是共用一个屏蔽盒，级间用中隔板分开，其盖子有共盖和分盖两种形式。

（1）共盖结构

共盖结构就是各级屏蔽共用一个盖子，其结构及等效电路如图 5-7 所示，Z_R 是接受器的

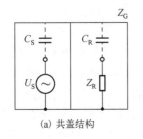

(a) 共盖结构

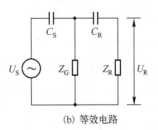

(b) 等效电路

图 5-7 共盖结构及其等效电路

对地阻抗，Z_G是盖子与盒体间的接地阻抗。假定屏蔽盒的盒体部分是良好接地的，在干扰源的作用下，由等效电路很容易求出接受器上的感应电压为

$$U_R = \frac{j\omega C_S Z_G}{1+j\omega C_S Z_G} \cdot \frac{j\omega C_R Z_R}{1+j\omega C_R Z_R} U_S \qquad (5-9)$$

由上式可见，减小 Z_G 可减小 U_R，也就提高了屏蔽体的电屏蔽效能。为了提高共盖结构的屏蔽效能，可在中隔板上加装专用螺母，改善盖子与中隔板的电接触，减小缝隙影响。亦可在中隔板与盖板间安放导电衬垫改善接触。

（2）分盖结构

分盖结构就是在每一屏蔽隔板间单独用盖子封闭，图5-8为其结构及等效电路。从等效电路可写出接受器上的感应电压表达式为

$$U_R = \frac{j\omega C_S Z_{G1}}{1+j\omega C_S Z_{G1}} \cdot \frac{j\omega C Z_{G2}}{1+j\omega C Z_{G2}} \cdot \frac{j\omega C_R Z_R}{1+j\omega C_R Z_R} U_S \qquad (5-10)$$

式中，Z_{G1}、Z_{G2} 为盖子与盒体间的接触阻抗，减小 Z_{G1} 和 Z_{G2} 都能提高屏蔽效能。从式（5-10）可见，分盖结构的屏蔽效能优于共盖结构。但是分盖结构成本高，仅用在级间隔离要求高的设备中。

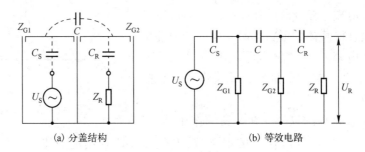

图5-8　分盖结构及其等效电路

5.3　磁　屏　蔽

在载有电流的导线、线圈或变压器周围空间都存在磁场。若电流是时变的，则磁场也是时变的，处在时变磁场中的其他导线或线圈就会受到干扰。另外，电子设备中的各种连接线往往会形成环路。这种环路会因外磁场的影响而产生感应电压，即受到外磁场干扰。若环路中有强电流，则会产生磁场发射，干扰其他设备。

减小磁场干扰的方法，除在结构上合理布线、安置元器件外，应采取磁屏蔽。

5.3.1　磁屏蔽的原理和分析

低频磁屏蔽和射频磁屏蔽的屏蔽原理是不同的。低频磁屏蔽，是利用铁磁性物质的磁导率高、磁阻小，对磁场有分路作用的特性来实现屏蔽的。例如，图5-9所示为由导磁材料制成的屏蔽体对低频线圈进行磁屏蔽的磁力线分布情况。由于导磁材料磁阻比空气磁阻小得多，磁力线被集中于屏蔽体中，从而使低频线圈产生的磁场不越出屏蔽体。同理，为了保护对磁场敏感器件不受低频磁场的干扰，可把该器件置于用导磁材料制成的屏蔽体内，磁力线主要通过磁阻小的屏蔽体，从而保护置于内部的器件不受外界磁场的影响。

低频磁屏蔽技术适用于从恒定磁场到 30 kHz 的整个甚低频段。在电子设备的设计中,通常需要抑制 50 Hz 电源产生的磁场干扰。低频磁屏蔽还与核电磁脉冲(NEMP)防护有密切关系。

与低频磁屏蔽不同,射频磁屏蔽则利用良导体在入射高频磁场作用下产生涡电流,并由涡电流的反磁通抑制入射磁场,如图 5-10 所示。

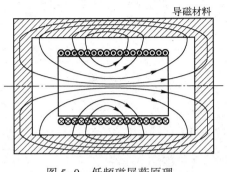
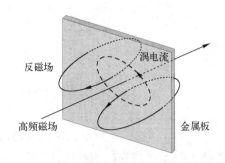

图 5-9　低频磁屏蔽原理　　　　　图 5-10　射频磁屏蔽原理

关于射频磁场的分析,将在电磁屏蔽中一起讨论。而有关低频磁屏蔽,既可以采用磁路分析的方法,也可以采用场分析的方法。

5.3.2　磁屏蔽效能的计算

磁屏蔽的屏蔽效能不仅与屏蔽体材料有关,还与屏蔽体的结构形式有关。下面介绍两种屏蔽体的磁屏蔽效能。

1. 薄壁球形屏蔽体

在图 5-11 中,外界均匀磁场 H_0 投射到球形磁屏蔽体上,屏蔽体的内半径为 a,外半径为 b,材料的磁导率为 μ。

设 U_{m1}、U_{m2} 和 U_{m3} 分别表示 $r<a$、$a \leq r \leq b$ 和 $r>b$ 三个区域的标量磁位函数,它们满足拉普拉斯方程,即

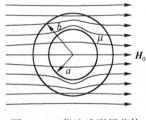

$$\nabla^2 U_m = \frac{1}{r^2}\frac{\partial}{\partial r}\left(r^2\frac{\partial U_m}{\partial r}\right) + \frac{1}{r^2\sin\theta}\frac{\partial}{\partial\theta}\left(\sin\theta\frac{\partial U_m}{\partial\theta}\right) = 0 \qquad (5-11)$$

外磁场 H_0 的 $U_{m0} = -H_0 r\cos\theta$。

图 5-11　薄壁球形屏蔽体

应用分离变量法,将式(5-11)分离为两个常微分方程,一个是以 r 为变量的欧拉方程,一个是以 θ 为变量的勒让德方程。求解这两个方程,并注意到无限远处磁场均匀的边界条件,可得到式(5-11)具有下面形式的解

$$U_{m1} = A_1 r\cos\theta, \qquad r<a$$

$$U_{m2} = \left(A_2 r + \frac{B_2}{r^2}\right)\cos\theta, \qquad a \leq r \leq b$$

$$U_{m3} = \left(-H_0 r + \frac{B_3}{r^2}\right)\cos\theta, \qquad r>b$$

在不同媒质分界面上,磁场应满足的边界条件是

$r=a$ 时　　　　　　　　　$U_{m1} = U_{m2}, \qquad \mu_0\frac{\partial U_{m1}}{\partial r} = \mu\frac{\partial U_{m2}}{\partial r}$

$r=b$ 时 $$U_{m2}=U_{m3}, \quad \mu\frac{\partial U_{m2}}{\partial r}=\mu_0\frac{\partial U_{m3}}{\partial r}$$

解得 $$A_1=-\frac{9\mu_r H_0}{(2\mu_r+1)(\mu_r+2)-2(\mu_r-1)^2(a/b)^3}, \quad A_2=-\frac{3(2\mu_r+1)H_0}{(2\mu_r+1)(\mu_r+2)-2(\mu_r-1)^2(a/b)^3}$$

$$B_2=-\frac{3(\mu_r-1)a^3 H_0}{(2\mu_r+1)(\mu_r+2)-2(\mu_r-1)^2(a/b)^3}, \quad B_3=-\frac{(\mu_r-1)(2\mu_r+1)(b^3-a^3)H_0}{(2\mu_r+1)(\mu_r+2)-2(\mu_r-1)^2(a/b)^3}$$

故得到屏蔽体内的标量磁位

$$U_{m1}=-\frac{9\mu_r H_0}{(2\mu_r+1)(\mu_r+2)-2(\mu_r-1)^2(a/b)^3}r\cos\theta$$

磁场强度则为 $$\boldsymbol{H}_1=-\nabla U_{m1}=\frac{9\mu_r}{(2\mu_r+1)(\mu_r+2)-2(\mu_r-1)^2(a/b)^3}\boldsymbol{H}_0$$

由上式可知,屏蔽体内为均匀磁场,方向与外磁场 $\boldsymbol{H}_0$ 一致。

根据屏蔽效能的定义得到

$$SE=20\lg\left|\frac{H_0}{H_1}\right|=20\lg\left|\frac{(2\mu_r+1)(\mu_r+2)-2(\mu_r-1)^2(a/b)^3}{9\mu_r}\right| \tag{5-12}$$

若 $\mu_r\gg1$,则 $$SE\approx20\lg\left|\frac{5+4(a/b)^3+2\mu_r[1-(a/b)^3]}{9}\right| \tag{5-13}$$

令 $t=b-a, R=(a+b)/2$,若 $t\ll1$,则 $$a\approx b\approx R, \quad 1-(a/b)^3=(b^3-a^3)/b^3\approx3t/R$$

式(5-13)变为 $$SE\approx20\lg\left(1+\frac{2\mu_r t}{3R}\right) \tag{5-14}$$

2. 非球形屏蔽体

实际上,在电子设备中极少使用球形屏蔽体,我们讨论球形屏蔽体,是因为它具有最简单的边界条件。对于非球形屏蔽体,可将其体积转换为一个等效内半径为 R_e 的球体,从而应用式(5-14)计算屏蔽效能。R_e 按下式计算

$$R_e=\sqrt[3]{\frac{3V}{4\pi}}\approx0.62\sqrt[3]{V} \tag{5-15}$$

式中,V 为非球形屏蔽体的内容积。

【例 5-1】 矩形屏蔽盒的尺寸为 150 mm×200 mm×200 mm,壁厚为 2 mm。试计算用钢板(取 $\mu_r=1000$)和坡莫合金(取 $\mu_r=10\ 000$)作为屏蔽材料时的屏蔽效能。

解:等效球体的内半径为

$$R_e=0.62\sqrt[3]{150\times200\times200}=112.66\ \text{mm}$$

故用钢板作为材料时的屏蔽效能为

$$SE\approx20\lg\left(1+\frac{2\mu_r t}{3R_e}\right)=20\lg\left(1+\frac{2\times1000\times2}{3\times112.66}\right)=22.17\ \text{dB}$$

用坡莫合金作为材料时的屏蔽效能为

$$SE\approx20\lg\left(1+\frac{2\mu_r t}{3R_e}\right)=20\lg\left(1+\frac{2\times10\ 000\times2}{3\times2.66}\right)=41.54\ \text{dB}$$

最后指出,低频磁场干扰是电子设备干扰的棘手问题之一,原因是磁屏蔽体的屏蔽效能不高。为了提高屏蔽效能,除采用高磁导率的材料,增加屏蔽厚度外,还可采用双层或多层屏蔽。

5.3.3　磁屏蔽体的设计要点

在进行磁屏蔽体设计时要遵循以下几点:

(1) 磁屏蔽体应选用铁磁性材料,如钢、工业纯铁、硅钢、高磁导率铁镍合金等,应从费效比要求选择合适材料。

(2) 屏蔽体腔内若含有磁性元件时,则应使磁性元件与屏蔽体内壁留有一定间隙,以防止磁短路现象。

(3) 磁屏蔽效能随壁厚的增加而提高,但壁厚一般不宜超过 2.5 mm,否则加工困难。在单层屏蔽不能满足要求时,可采用双层甚至多层屏蔽结构。

(4) 屏蔽强磁场时,要防止屏蔽体的磁饱和,其方法有下列三种:

① 选用不易饱和的磁性材料,如优质硅钢等;

② 增加屏蔽体壁厚,但不宜太厚;

③ 采用双层或多层磁屏蔽。

(5) 屏蔽体上的接缝与孔洞的配置要注意方向,缝的长边平行于磁通流向,圆孔的排列要使磁路的长度增加量最小。

(6) 根据磁屏蔽原理,屏蔽体不需接地,但为了防止电场感应,一般还是接地为好。

5.4　电磁屏蔽

电磁屏蔽是用屏蔽体阻止高频电磁能量在空间传播的一种措施。用于屏蔽体的材料是金属导体或其他对电磁波有衰减作用的材料。电磁屏蔽效能的大小与电磁波的性质以及屏蔽体的材料性质有关。

5.4.1　电磁屏蔽的原理和分析

屏蔽体对于电磁波的衰减有 3 种不同机理:

(1) 在空气中传播的电磁波到达屏蔽体表面时,由于空气和金属交界面的阻抗不连续,在分界面上引起波的反射。

(2) 未被屏蔽体表面反射而透射入屏蔽体的电磁能量,继续在屏蔽体内传播时被屏蔽材料衰减。

(3) 在屏蔽体内尚未衰减完的剩余电磁能量,传播到屏蔽体的另一个表面时,又遇到金属和空气阻抗不连续界面而再次产生反射,并重新折回屏蔽体内。这种反射在屏蔽体内的两个界面之间可能重复多次。

屏蔽分析的目的是为了从理论上获取屏蔽效能值,便于在进行屏蔽设计时预测屏蔽的性能和所能达到的指标。

对于电磁屏蔽原理的分析,可以应用电路理论,即根据电磁感应原理,通过屏蔽体上涡流的屏蔽效应来分析计算电磁屏蔽;也可应用电磁场理论,分析计算电磁波在不同媒质分界面上的反射和在媒质中传播时的衰减;还可应用传输线理论,计算行波在有损耗非均匀传输线中产生的反射和衰减。

本节采用电磁场理论的方法来分析电磁屏蔽,其结果将揭示电磁屏蔽体对干扰场量衰减的物理过程。

5.4.2　单层金属板的电磁屏蔽效能

屏蔽效能计算是屏蔽分析与设计的重要步骤。根据电磁屏蔽的电气特性可分为实心型屏蔽和非实心型屏蔽两类。

实心型屏蔽,是指把屏蔽体看成一个结构上完整的、电气上连续均匀的无限大金属板或全封闭壳体的一种屏蔽。也就是说,在屏蔽体上不存在孔洞、缝隙等任何电气不连续的因素。虽然这是一种理想情况,但对无限大金属板屏蔽体的研究,易于揭示关于屏蔽的各种现象的物理实质,容易引出一些重要公式。

图 5-12 所示为无限大平面均匀金属屏蔽体(金属板)对电磁波进行屏蔽的情形。设金属板左右两侧均为空气,因而在左右两个界面上出现波阻抗突变,入射电磁波在界面上产生反射和透射。在左边的界面上,入射波的一部分被反射回空气。从电磁屏蔽的作用看,一部分电磁能量被反射,就是屏蔽体对电磁波衰减的第一种机理,称为反射损耗,用 R 表示。剩余部分会透射入金属板内继续传播,而电磁波在金属中传播时,其场量振幅按指数规律衰减。从电磁屏蔽的作用看,场量的衰减反映了金属板对透射入的电磁能量的吸收,就是屏蔽体对电磁波衰减的第二种机理,称为吸收损耗,用 A 表示。

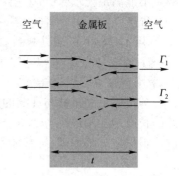

图 5-12　无限大平面均匀金属屏蔽体
对电磁波的屏蔽

在金属板内尚未衰减掉的剩余能量到达金属板的右边界面上时,又要发生反射,并在金属板的两个界面之间来回多次反射。只有剩余的一小部分电磁能量透过右边界面进入被屏蔽的空间。从电磁屏蔽的作用看,电磁波在金属板的两个界面之间的多次反射现象,就是屏蔽体对电磁波衰减的第三种机理,称为多次反射修正因子,用 B 表示。

因此,无限大平面均匀屏蔽体的屏蔽效能可用下式确定

$$SE = ARB \quad (倍) \tag{5-16}$$

式中,R 为反射损耗,A 为吸收损耗,B 为多次反射修正因子。

用分贝(dB)表示为

$$SE = R + A + B \quad (dB) \tag{5-17}$$

现在进一步讨论金属板对入射电磁波的屏蔽作用,并导出屏蔽效能的计算公式。在这里,采用等效传输线理论来分析电磁波传播问题。

设入射场强(图中画出的是电场)是被归一化的(即设入射波电场 $E_0 = 1$)。由于空气-金属界面上阻抗不匹配,电磁波入射到空气与金属界面上时发生反射,其反射系数为

$$\rho_{wm} = \frac{Z_m - Z_w}{Z_m + Z_w}$$

式中,Z_w 为空气中电磁波的波阻抗(Ω),Z_m 为金属特性阻抗(Ω)。

当电磁波入射到空气与金属界面上时,反射回空气的归一化场强为 ρ_{wm},透射入金属板的归一化场强为 $\Gamma_{wm} = 1 + \rho_{wm}$。

由于金属中的电阻损耗,透射入金属板的电磁波在金属板内传播时要被衰减,当其到达

右边界面时出现较低的场强,归一化场强为

$$\Gamma_{mw} = \Gamma_{wm} e^{-\gamma t} = (1+\rho_{wm}) e^{-(\alpha+j\beta) t}$$

式中,$\gamma = \alpha + j\beta$,为传播常数;α 为衰减常数;β 为相位常数。

在右边界面上,电磁波再次产生反射和透射。反射波的归一化场强为

$$\rho_{mw1} = \rho_{mw} \Gamma_{mw} = \rho_{mw} (1+\rho_{wm}) e^{-(\alpha+j\beta) t} \tag{5-18}$$

式中,$\rho_{mw} = \dfrac{Z_w - Z_m}{Z_w + Z_m} = -\rho_{wm}$。

透射入被屏蔽空间的电磁波的归一化场强则为

$$\Gamma_1 = (1+\rho_{wm})(1+\rho_{mw}) e^{-(\alpha+j\beta) t} \tag{5-19}$$

由右边界面反射回金属板的电磁波(如式(5-18)表示)仍按 $e^{-\gamma t}$ 规律在金属板内衰减,到达左边界面时剩下的归一化场强为

$$\rho_{wm2} = e^{-\gamma t} \rho_{mw1} = \rho_{mw} (1+\rho_{wm}) e^{-2\gamma t}$$

然后,此波再次被反射,向右边界面传输,到达右边界面后,透射入被屏蔽空间的电磁波的归一化场强为

$$\Gamma_2 = (1+\rho_{wm})(1+\rho_{mw}) \rho_{mw}^2 e^{-3\gamma t}$$

随后的过程就是依次重复反射、衰减、透射,直至电磁能量在金属板内消耗完。上述过程的细节见图5-12。

显然,通过金属板进入被屏蔽空间的场强应为各次透射波场强之和,用归一化场强表示为

$$\begin{aligned}
\Gamma_T &= \Gamma_1 + \Gamma_2 + \cdots + \Gamma_n + \cdots \\
&= (1+\rho_{wm})(1+\rho_{mw}) e^{-\gamma t} + (1+\rho_{wm})(1+\rho_{mw}) \rho_{mw}^2 e^{-3\gamma t} + \cdots + \\
&\quad (1+\rho_{wm})(1+\rho_{mw}) \rho_{mw}^{2(n-1)} e^{-(2n-1)\gamma t} + \cdots \\
&= (1+\rho_{wm})(1+\rho_{mw}) e^{-\gamma t} \left[1+\rho_{mw}^2+\cdots+ \left(\rho_{mw}^2 e^{-2\gamma t}\right)^{n-1}+\cdots \right] \\
&= (1+\rho_{wm})(1+\rho_{mw}) e^{-\gamma t} \frac{1}{1-\rho_{mw}^2 e^{-2\gamma t}}
\end{aligned}$$

由此得金属板的屏蔽效能为

$$SE = 20\lg \frac{1}{|\Gamma_T|} = 20\lg \frac{1}{|(1+\rho_{wm})(1+\rho_{mw})|} + 20\lg |e^{\gamma t}| + 20\lg |1-\rho_{mw}^2 e^{-2\gamma t}| \tag{5-20}$$

将上式与式(5-17)比较,可得到

$$R = 20\lg \frac{1}{|(1+\rho_{wm})(1+\rho_{mw})|} = 20\lg \left| \frac{(Z_w+Z_m)^2}{4 Z_w Z_m} \right| \tag{5-21}$$

$$A = 20\lg |e^{\gamma t}| \tag{5-22}$$

$$B = 20\lg |1-\rho_{mw}^2 e^{-2\gamma t}| = 20\lg \left| 1-\frac{(Z_w-Z_m)^2}{(Z_w+Z_m)^2} e^{-2\gamma t} \right| \tag{5-23}$$

下面将详细讨论屏蔽效能,分别研究3个损耗分量:吸收损耗 A,反射损耗 R,多次反射修正因子 B。

1. 吸收损耗

如式(5-22)所示,吸收损耗为

$$A = 20\lg |e^{\gamma t}|$$

式中,传播常数 $\qquad \gamma = \alpha + j\beta = j\omega \sqrt{\mu \varepsilon_c} = \sqrt{j\omega\mu(\sigma+j\omega\varepsilon)}$

对于金属导体,因 $\sigma \gg \omega\varepsilon$,故

$$\gamma = \alpha + j\beta \approx \sqrt{j\omega\mu\sigma} = (1+j)\sqrt{\pi\mu\sigma f}$$

将上式代入式(5-22),得

$$A = 20\lg |e^{\gamma t}| = 20\lg e^{\alpha t} \approx 20\alpha t\lg e = 8.98\alpha t \approx 0.131 t\sqrt{f\mu_r\sigma_r} \quad (\text{dB}) \quad (5-24)$$

式中,t 为金属板的厚度(mm),μ_r 为相对磁导率,σ_r 为相对于铜的电导率,铜的电导率 $\sigma = 5.82 \times 10^7$ S/m。

由式(5-24)可见,吸收损耗正比于金属板的厚度 t,且随频率、相对磁导率和相对电导率的增加而增加。

2. 反射损耗

如式(5-21)所示,反射损耗为

$$R = 20\lg \frac{1}{|(1+\rho_{wm})(1+\rho_{mw})|} = 20\lg \left| \frac{(Z_w + Z_m)^2}{4Z_w Z_m} \right| \quad (5-25)$$

通常,$|Z_w| \gg |Z_m|$,即空气中电磁波的波阻抗远大于金属的特性阻抗。则得

$$R \approx 20\lg \left| \frac{Z_w}{4Z_m} \right| \quad (5-26)$$

从前面的讨论已知,在不同的场区,波阻抗的表达式是不同的,分别讨论如下:

① 金属板处于远场区时,空气中电磁波的波阻抗为 $Z_w = 377\Omega$,而金属板的特性阻抗为

$$|Z_m| = \left| \sqrt{\frac{j\omega\mu}{\sigma}} \right| = \sqrt{\frac{2\pi\mu}{\sigma}f} = 3.69 \times 10^{-7} \sqrt{\frac{\mu_r}{\sigma_r}f}$$

故反射损耗为

$$R_w \approx 168.1 - 10\lg \left(\frac{\mu_r}{\sigma_r}f \right) \quad (\text{dB}) \quad (5-27)$$

此即金属板对平面波的反射损耗。

② 金属板处于近场区,且以电场为主,此时空气中电磁波的波阻抗为

$$|Z_{we}| = \frac{1}{2\pi f\varepsilon_0 r}$$

式中,r 为金属板至场源的距离。故反射损耗为

$$R_e \approx 321.7 - 10\lg \left(\frac{\sigma_r}{\mu_r}r^2 f^3 \right) \quad (\text{dB}) \quad (5-28)$$

此即金属板对近区电场的反射损耗。

③ 金属板处于近场区,且以磁场为主,此时空气中电磁波的波阻抗为

$$|Z_{wm}| = 2\pi f\mu_0 r$$

故反射损耗为

$$R_m \approx 14.56 + 10\lg \left(\frac{\sigma_r}{\mu_r}r^2 f \right) \quad (\text{dB}) \quad (5-29)$$

此即金属板对近区磁场的反射损耗。

可以看出,金属屏蔽体的反射损耗不仅与材料自身的特性(电导率、磁导率)有关,而且与金属屏蔽体所处的位置有关。因而在计算反射损耗时,应先根据电磁波的频率及场源与金属屏蔽体间的距离确定所处的区域。如果是近场区,还需知道场源的特性。若无法知道场源的特性及干扰的区域(无法判断是否为远、近场区)时,为安全起见,一般选用 R_m 的计算公式,因为 R_e、R_w、R_m 存在以下关系:$R_e > R_w > R_m$。

3. 多次反射修正因子

如式(5-23)所示,多次反射修正因子为

$$B = 20\lg\left|1 - \rho_{mw}^2 e^{-2\gamma t}\right| = 20\lg\left|1 - \frac{(Z_w - Z_m)^2}{(Z_w + Z_m)^2} e^{-2\gamma t}\right|$$

式中,传播常数 $\gamma = \alpha + j\beta = \sqrt{j\omega\mu(\sigma + j\omega\varepsilon)}$。对金属导体,$\gamma \approx (1+j)\sqrt{\pi\mu\sigma f}$,即 $\alpha \approx \beta = \sqrt{\pi\mu\sigma f}$。

在分析金属板中的多次反射时,相位因子是必须考虑的。因此

$$e^{-2\gamma t} = e^{-2(\alpha + j\beta)t} = e^{-2\alpha t} e^{-j2\alpha t}$$

利用 $A = 20\lg e^{\alpha t}$,得 $e^{2\alpha t} = 10^{2A/20}$,则 $2\alpha t = \ln 10^{2A/20} = 0.23A$。于是

$$e^{-2\gamma t} = e^{-2\alpha t} e^{-j2\alpha t} = 10^{-0.1A} e^{-j0.23A} = 10^{-0.1A}(\cos 0.23A - j\sin 0.23A)$$

故 B 可用吸收损耗 A 表示为

$$B = 20\lg\left|1 - \frac{(Z_w - Z_m)^2}{(Z_w + Z_m)^2} 10^{-0.1A}(\cos 0.23A - j\sin 0.23A)\right| \tag{5-30}$$

若 $|Z_w| \gg |Z_m|$,则有 $\qquad B = 20\lg\left|1 - 10^{-0.1A}(\cos 0.23A - j\sin 0.23A)\right|$ $\qquad$ (5-31)

多次反射修正因子并不是任何时候都必须计入的。当频率较高或金属较厚时,吸收损耗较大。电磁波的能量进入屏蔽体后,在第一次到达金属板右边的界面之前已被大幅度衰减,再次反射回金属的电磁波的能量将更小,所以多次反射的影响很小。一般只要 $A > 10$ dB,就可不考虑多次反射的影响。但在屏蔽体很薄或频率很低时,吸收损耗很小,此时必须考虑多次反射损耗。图 5-13 示出了多次反射修正因子随吸收损耗变化的曲线($|Z_w| \gg |Z_m|$)。

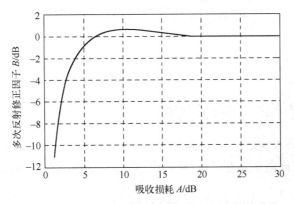

图 5-13　多次反射修正因子随吸收损耗变化的曲线

为便于查阅,单层金属板屏蔽效能计算公式汇总表见表 5-3。

表 5-3　单层金属板屏蔽效能计算公式汇总表

类别 计算公式	$SE = R + A + B$ （dB）		
吸收损耗	$A = 0.131t\sqrt{\mu_r \sigma_r}$ （dB）		
反射损耗	远场区		$R_w \approx 168.1 - 10\lg(\mu_r f / \sigma_r)$ （dB）
	近场区	电场源	$R_e \approx 321.7 - 10\lg(\sigma_r r^2 f^3 / \mu_r)$ （dB）
		磁场源	$R_m \approx 14.56 + 10\lg(\sigma_r r^2 f / \mu_r)$ （dB）
多次反射修正因子	$B = 20\lg\left|1 - 10^{-0.1A}(\cos 0.23A - j\sin 0.23A)\right|$		

【例 5-2】 有一大功率线圈的工作频率为 30 kHz,在离该线圈 0.5 m 处放置一块铝板 ($\mu_r = 1, \sigma_r = 0.61$),以屏蔽线圈对某敏感设备的影响。设铝板厚度为 0.5 mm,试计算铝板的屏蔽效能。

解: 先判断铝板处于哪个场区。

$$\frac{\lambda}{2\pi} = \frac{c}{2\pi f} = \frac{3 \times 10^8}{2\pi \times 20 \times 10^3} = 2.39 \times 10^3 \text{m}$$

可见 $r = 0.5\text{m} \ll \lambda/(2\pi)$,铝板处于近场区。另外,干扰源是大功率线圈,干扰场以磁场为主,故反射损耗为

$$R_m = 14.56 + 10\lg\left(\frac{\sigma_r}{\mu_r}r^2 f\right) = 14.56 + 10\lg\left(\frac{0.61 \times 0.5^2 \times 20 \times 10^3}{1}\right)$$

$$= 14.567 + 34.84 = 49.4 \text{ dB}$$

吸收损耗为 $\qquad A = 0.131t\sqrt{f\mu_r\sigma_r} = 0.131 \times 0.5\sqrt{0.61 \times 1 \times 20 \times 10^3} = 7.24 \text{ dB}$

此时应考虑多次反射修正因子,为此先计算出铝板的特性阻抗 Z_m 和近场区以磁场为主的空气中的波阻抗 Z_{wm}。

$$|Z_m| = 3.69 \times 10^{-7}\sqrt{\frac{\mu_r}{\sigma_r}f} = 3.69 \times 10^{-7}\sqrt{\frac{20 \times 10^3 \times 1}{0.61}} = 6.68 \times 10^{-5} \ \Omega$$

$$|Z_{wm}| = 2\pi f\mu_0 r = 2\pi \times 20 \times 10^3 \times 4\pi \times 10^{-7} \times 0.5 = 0.08 \ \Omega \gg |Z_m|$$

则多次反射修正因子为

$$B = 20\lg|1 - 10^{-0.1A}(\cos 0.23A - \text{jsin} 0.23A)|$$

$$= 20\lg|1 - 10^{-0.1 \times 7.24}[\cos(0.23 \times 7.24) - \text{jsin}(0.23 \times 7.24)]|$$

$$= 0.3 \text{ dB}$$

则该铝板总的屏蔽效能为

$$\text{SE} = R + A + B = 49.4 + 7.24 + 0.3 = 56.94 \text{ dB}$$

5.4.3 双层屏蔽的电磁屏蔽效能

如果要求屏蔽体有很高的屏蔽效能,可采用双层屏蔽来实现。图 5-14 所示为有间隔的双层屏蔽原理图,设两屏蔽层相互平行,场源在第一屏蔽层的左半空间,被屏蔽区为第二屏蔽层的右半空间。

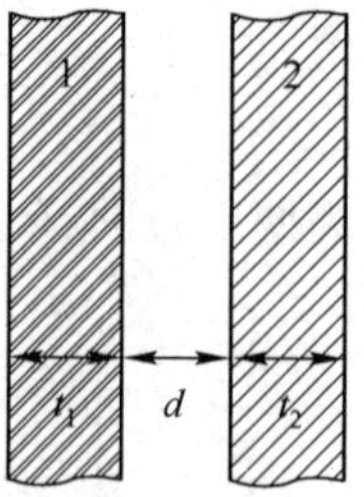

双层屏蔽的屏蔽效能分析,可采用与单层屏蔽完全相同的方法分析,在此不再赘述。计算公式为

$$\text{SE} = A + R + B_2 \quad \text{(dB)} \tag{5-32}$$

式中,总吸收损耗为

$$A = A_1 + A_2 = 0.131t_1\sqrt{f\mu_{r1}\sigma_{r1}} + 0.131t_2\sqrt{f\mu_{r2}\sigma_{r2}} \quad \text{(dB)} \tag{5-33}$$

它等于两屏蔽层的吸收损耗之和。

图 5-14 有间隔的双层屏蔽原理图

总反射损耗为

$$R = R_1 + R_2 = 20\lg\left|\frac{(Z_w + Z_{m1})^2}{4Z_w Z_{m1}}\right| + 20\lg\left|\frac{(Z_w + Z_{m2})^2}{4Z_w Z_{m2}}\right| \tag{5-34}$$

它等于两屏蔽层的反射损耗之和。

两屏蔽层内部及两层之间的多次反射修正因子为

$$B_2 = 20\lg\left|1 - N_1 10^{-0.1A_1}\mathrm{e}^{-\mathrm{j}0.23A_1}\right| + 20\lg\left|1 - N_2 10^{-0.1A_2}\mathrm{e}^{-\mathrm{j}0.23A_2}\right| +$$
$$20\lg\left|1 - N_0\mathrm{e}^{-\mathrm{j}2\beta_0 d}\right| \quad (\mathrm{dB}) \tag{5-35}$$

一般情况下,两层之间的空气(或其他介质)中的反射起主要作用,故

$$B_2 \approx 20\lg\left|1 - N_0\mathrm{e}^{-\mathrm{j}2\beta_0 d}\right| \quad (\mathrm{dB}) \tag{5-36}$$

以上各式中,μ_{r1}、μ_{r2}分别为两屏蔽层材料的相对磁导率;σ_{r1}、σ_{r2}分别为两屏蔽层材料的相对电导率;t_1、t_2分别为两层屏蔽层的厚度(mm);d为两屏蔽层间距(m);f为场源频率(Hz);β_0为电磁波在空气中的相位常数;Z_{m1}、Z_{m2}分别为两屏蔽层的特性阻抗;Z_w为电磁波在空气中的波阻抗。

$$N_1 = \left(\frac{Z_w - Z_{m1}}{Z_w + Z_{m1}}\right)^2, \quad N_2 = \left(\frac{Z_w - Z_{m2}}{Z_w + Z_{m2}}\right)^2, \quad N_0 = \frac{(Z_w - Z_{m2})[Z_w - Z(d)]}{(Z_w + Z_{m2})[Z_w + Z(d)]}$$

$$Z(d) = Z_{m2}\frac{Z_w\cosh[(1+\mathrm{j})0.115A_2] + Z_{m2}\sinh[(1+\mathrm{j})0.115A_2]}{Z_{m2}\cosh[(1+\mathrm{j})0.115A_2] + Z_w\sinh[(1+\mathrm{j})0.115A_2]}$$

当两屏蔽层采用同一种金属材料和相等的厚度,即$\mu_{r1} = \mu_{r2} = \mu_r$,$\sigma_{r1} = \sigma_{r2} = \sigma_r$,$t_1 = t_2 = t$时,则有

$$A = 2A_1 = 2\times 0.131t\sqrt{f\mu_r\sigma_r} \quad (\mathrm{dB}) \tag{5-37}$$

$$R = 2R_1 = 2\times 20\lg\left|\frac{(Z_w + Z_m)^2}{4Z_w Z_m}\right| \quad (\mathrm{dB}) \tag{5-38}$$

$$B_2 \approx 20\lg\left|1 - N_0\mathrm{e}^{-\mathrm{j}2\beta_0 d}\right| \quad (\mathrm{dB}) \tag{5-39}$$

此时的总屏蔽效能为

$$\begin{aligned}
SE &= A + R + B_2 \\
&= 2\left(0.131t\sqrt{f\mu_r\sigma_r} + 20\lg\left|\frac{(Z_w + Z_m)^2}{4Z_w Z_m}\right|\right) + 20\lg\left|1 - N_0\mathrm{e}^{-\mathrm{j}2\beta_0 d}\right|
\end{aligned} \tag{5-40}$$

5.4.4 薄膜屏蔽的电磁屏蔽效能

工程塑料机箱因其造型美观、加工方便、质量轻等优点,而得到越来越广泛的应用,尤其是计算机等小型电子设备多使用工程塑料机箱。为使机箱具有屏蔽作用,通常用喷涂、真空沉积以及粘贴等技术在机箱上包覆一层导电薄膜。设该导电薄膜的厚度为t,电磁波在导电薄膜中传播时的波长为λ_t,若满足$t < \lambda_t/4$,则称这种屏蔽层为薄膜屏蔽。

薄膜屏蔽导电层很薄,吸收损耗可以忽略。薄膜屏蔽的屏蔽效能主要由反射损耗和多次反射修正因子确定,可按实心型屏蔽的相关公式进行计算。表5-4给出了不同厚度的铜薄膜在频率为1MHz和1GHz时的屏蔽效能。由表中数值可见,当满足$t < \lambda_t/4$时,薄膜的屏蔽效

表5-4 铜薄膜屏蔽层的屏蔽效能

屏蔽层厚度 t	105 nm		1259 nm		2196 nm		21 960 nm	
频率	1 MHz	1 GHz	1 MHz	1 GHz	1 MHz	1 GHz	1 MHz	1 GHz
吸收损耗 A	0.014	0.44	0.16	5.2	0.29	9.2	2.9	92
反射损耗 R	109	79	109	79	109	79	109	79
多次反射修正因子 B	-47	-17	-26	-0.6	-21	-0.6	-3.5	0
屏蔽效能 SE	62	62	83	84	88	90	108	171

能几乎与频率无关。但当 $t > \lambda_1/4$ 时（表中 $t = 21\,960$ nm 时），屏蔽效能将随频率升高而增加。这是因为屏蔽层厚度增大时，屏蔽层的吸收损耗增加，多次反射修正因子趋于零。

值得注意的是，薄膜屏蔽的屏蔽效能计算值与实测值之间可能存在较大差别。这是由于包覆导电薄膜的工艺过程中固有的质量控制问题，使得薄膜可能存在不充实区。

5.4.5　非实心型屏蔽体的电磁屏蔽效能

在电气上存在不连续的屏蔽体，称为非实心型屏蔽体。

前面的讨论假设屏蔽材料是均匀的，不存在电气上的不连续性，且认为金属平面尺寸很大，因而既不存在泄漏，也不产生边缘效应。实际上，这种理想屏蔽体是不存在的。以电子设备的机箱为例（如图 5-15 所示），由于电气连接电缆进出、通风散热、测试与观察，以及电表安装等的需要，总是需要在机箱打孔。另外，构成箱体时总是存在金属面间的缝隙（如两金属板用铆接或螺钉紧固时残留缝隙）和两金属极间置入金属衬垫后形成的开口和缝隙。这样，电磁能量就会通过孔洞、缝隙等泄漏，导致屏蔽效能的降低。

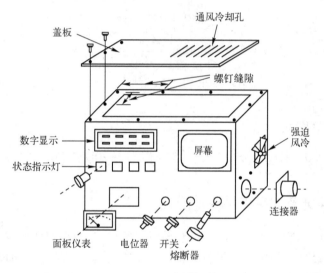

图 5-15　典型机箱示意图

通常应用非均匀屏蔽理论来分析非实心型屏蔽体的屏蔽效能，该理论把影响总屏蔽效能的各种因素（例如孔、缝、形状等）考虑为电磁能量泄漏的平行耦合通道，用等效屏蔽效能因子来描述，表示为 SE_p 的形式（p 为序号且 $p \geqslant 2$）。例如，SE_2 为孔洞因素（用来估计各种电气不连续孔洞对屏蔽效能的影响）、SE_3 为结构形状因素（用来估计高频时结构形状对屏蔽效能的影响）、SE_4 为结构尺寸因素（用来估计高频时是否发生谐振）、SE_5 为固定缝隙因素（用来说明焊接、铆接和螺钉连接等固定缝隙对屏蔽效能的影响）、SE_6 为活动缝隙因素（用来说明接触簧片、各种电磁兼容性衬垫等活动缝隙对屏蔽效能的影响）、SE_7 为混合屏蔽因素（用来说明屏蔽体不同部位采用了不同材料，或采用了不同屏蔽结构对屏蔽效能的影响）、SE_8 为天线效应因素（用来估计屏蔽体上的凸出物在高频时具有天线效应，对屏蔽效能的影响）、SE_9 为滤波器因素（用来估计滤波器性能不佳或安装不当对屏蔽效能的影响）等。

屏蔽体内总的泄漏场应为各泄漏因素所造成的泄漏场之和。设各泄漏因素的屏蔽效能为

$SE_p(p=1,2,\cdots,n)$，即

$$SE_p = 20\lg\left(\frac{E_0}{E_p}\right)$$

则第 p 种因素产生的泄漏电场为

$$E_p = E_0 \, 10^{-SE_p/20}$$

如果不考虑从不同途径透入屏蔽体空间内的电磁场在传输过程中的相位差异，则透入屏蔽体空间内的总电场为

$$E = \sum_{p=1}^{n} E_p = E_0 \sum_{p=1}^{n} 10^{-SE_p/20}$$

故实际屏蔽体的综合屏蔽效能为

$$SE_\Sigma = 20\lg\left(\frac{E_0}{E}\right) = -20\lg\left(\sum_{p=1}^{n} 10^{-SE_p/20}\right) \tag{5-41}$$

式（5-41）将不同耦合通道透入屏蔽体空间内的电磁场看成是同相位的，计算的屏蔽效能只是近似估计，比实际的屏蔽效能可能要略小一些。实际上不同耦合通道引起的相位差与很多因素有关，如材料、频率、距离和电气上不连续因素等，要确定不同耦合通道引起的相位差是极为困难的，而且从工程上考虑对实际屏蔽效能的计算也没有必要很精确，一般应使设计的屏蔽体具有一定的安全余量。

【例5-3】　设某一频率下，机壳屏蔽材料本身有 110 dB 的屏蔽效能，各泄漏因素造成的等效屏蔽效能因子为：（1）滤波与连接器面板：101 dB；（2）通风孔：92 dB；（3）门泄漏：88 dB；（4）接缝泄漏：83 dB。求机箱的总屏蔽效能。

解：根据式（5-41）得

$$SE_\Sigma = -20\lg(10^{-110/20} + 10^{-101/20} + 10^{-92/20} + 10^{-88/20} + 10^{-83/20})$$
$$= -20\lg(0.32\times10^{-5} + 0.89\times10^{-5} + 2.51\times10^{-5} + 3.98\times10^{-5} + 7.08\times10^{-5})$$
$$= -20[-5 + \lg(0.32 + 0.89 + 2.51 + 3.98 + 7.08)] = 76.6(dB)$$

由上述计算结果可知，实际屏蔽体的屏蔽效能受到各种因素影响时，对总屏蔽效能起决定作用的是电磁能量泄漏最大的那个因素。比如，在例 5-3 中若消除接缝因素，则总屏蔽效能变为 82.27 dB，增加约 6 dB。

5.4.6　装配面处缝隙电磁泄漏的抑制

不同部分的结合处，不可能完全接触，只在某些接触点上是真正接触的，因此，缝隙的存在是难免的。这些缝隙构成了电磁波的泄漏源，特别是对于高频电磁波，缝隙的泄漏是十分严重的。

为了减小缝隙处的电磁泄漏，提高缝隙的电磁屏蔽效能，增加缝隙深度是一种有效的方法。缝隙深度越深，衰减越多。图 5-16 所示为增加缝隙深度 h 的两种结构。

在缝隙处使用电磁密封衬垫也是提高缝隙的电磁屏蔽效能的常用方法，如图 5-17 所示。电磁密封衬垫对电磁波的密封作用就像在流体容器中的盖子上使用橡胶密封衬垫一样，通过使用电磁密封衬垫，能很容易地实现缝隙的电磁密封。电磁密封衬垫的两个基本特性是导电性和弹性。常用的电磁密封衬垫有铍铜指形弹簧片、导电橡胶、橡胶芯金属网套等。

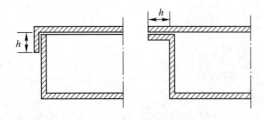

图 5-16　增加缝隙深度 h 的两种结构　　　　图 5-17　增加电磁密封衬垫

5.4.7　通风孔的电磁屏蔽

大部分屏蔽外壳或热密度较大的电子设备的机壳,需要空气自然对流或强迫风冷,因此需在外壳上开通风孔。这些孔将损害屏蔽结构的完整性,故必须对通风孔进行处理或安装适当的电磁防护罩,它将提供相当大的射频衰减但又不会显著妨碍空气流动。下面介绍 3 种屏蔽性能较好的通风孔形式。

1. 在通风孔上加金属丝网

加金属丝网的作用是,将大面积通风孔变成由网丝构成的许多小孔来减少电磁泄漏。金属丝网的屏蔽作用主要靠反射损耗。实验结果表明,对于孔隙率大于或等于 50%,在所需衰减的电磁波的每个波长上有 60 根以上的金属网丝时,就可得到与金属板的反射损耗相近的值。但丝网的吸收损耗远小于金属板的吸收损耗,故丝网的屏蔽效能低于金属板的。

丝网的网孔越密、网丝越粗、网丝的导电性越好,则屏蔽性能越好,但网孔过密、网丝过粗,对空气的阻力就越大。图 5-18 所示为不同规格的单层金属丝网在近区主要为磁场时的屏蔽效能。由图可见,频率高于 100 MHz 时,屏蔽效

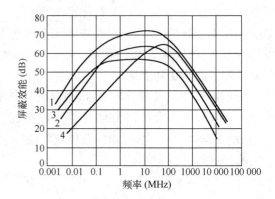

曲线 1:紫铜丝网直径 $\phi0.375\,\mathrm{mm}$,22 目
曲线 2:紫铜丝网直径 $\phi0.375\,\mathrm{mm}$,11 目
曲线 3:紫铜丝网直径 $\phi0.188\,\mathrm{mm}$,22 目
曲线 4:铁丝网直径 $\phi0.375\,\mathrm{mm}$,22 目

图 5-18　单层金属丝网的屏蔽效能

能将显著下降。通常,单层金属丝网可用于100 kHz~100 MHz 的频段内;在 100 MHz 以上频率或要求屏蔽效能较高时,可采用双层金属丝网或多层复式屏蔽网。

在通风孔上加金属丝网,结构简单,便于和屏蔽体安装在同一平面,成本低,适用于屏蔽要求不太高的场合。

2. 用穿孔金属板做通风孔

在金属板上打许多阵列小孔,可以达到既能通风散热,又不致过多泄漏电磁能量的目的。就结构形式而言,可以直接在屏蔽体的壁上打孔,或将打好孔的金属板安装在屏蔽体的通风孔上。孔眼的形状常用的有矩形和圆形,如图 5-19 所示。

带孔的金属板的屏蔽效能的计算是一个较复杂的问题,下面给出的计算公式较为实用,可用来计算带孔的金属板和金属网的屏蔽效能。

$$SE = A+R+B+K_1+K_2+K_3 \tag{5-42}$$

式中,A 为孔的吸收损耗(dB),R 为孔的反射损耗(dB),B 为多次反射修正因子(dB),K_1 为与

孔洞数目有关的修正项(dB),K_2为与低频穿透有关的修正项(dB),K_3为与小间距孔间耦合有关的修正项(dB)。

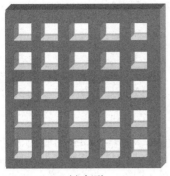

(a) 矩形

(b) 圆形

图 5-19　孔眼的形状

下面分别介绍各项的计算。

（1）吸收损耗 A

这个基本吸收项由波导理论推导出来,在入射波频率低于波导截止频率时,波通过孔洞时受到的衰减按下式计算:

对于矩形孔 $\qquad\qquad A_r = 27.3 t/a \quad$（dB）$\qquad\qquad\qquad$ (5-43)

对于圆形孔 $\qquad\qquad A_c = 32.0 t/d \quad$（dB）$\qquad\qquad\qquad$ (5-44)

式中, t 为孔的深度(cm), a 为矩形孔的最大宽度(cm), d 为圆形孔的直径(cm)。

（2）反射损耗 R

反射损耗用类似于实心型屏蔽所采用的方法计算,即反射损耗取决于边界上的阻抗不连续。而阻抗不连续是由入射波的波阻抗和孔的特性阻抗推导出来的。反射损耗由下式求出:

$$R = 20\lg\left|\frac{(1+J)^2}{4J}\right| \approx 20\lg\left|\frac{Z_w}{4Z_m}\right|, \quad |Z_w| \gg |Z_m| \qquad (5\text{-}45)$$

式中, $J = Z_m/Z_w$ 是孔的特性阻抗与入射波的波阻抗之比。

矩形孔的特性阻抗: $\qquad\qquad Z_m = j2\pi f\mu_0 a$

圆形孔的特性阻抗: $\qquad\qquad Z_m = j2\pi f\mu_0 d/3.682$

磁场源的入射波阻抗: $\qquad\qquad Z_w = Z_{wm} = j2\pi f\mu_0 r$

电场源的入射波阻抗: $\qquad\qquad Z_w = Z_{we} = 1/(j2\pi f\varepsilon_0 r)$

f 为电磁波的频率(Hz), r 为干扰源到屏蔽体的距离。

（3）多次反射修正因子 B

当 $A < 10\,$dB 时,有

$$B = 20\lg\left|1 - \left(\frac{J-1}{J+1}\right)^2 10^{-0.14}\mathrm{e}^{-\mathrm{j}0.23A}\right| \qquad (5\text{-}46)$$

（4）孔洞数目修正项 K_1

屏蔽体上的许多孔将使屏蔽效能恶化,当干扰源至屏蔽体的距离远大于孔间距时,有

$$K_1 = -10\lg|an| \quad \text{（dB）} \qquad (5\text{-}47)$$

式中, a 为每一个孔洞的面积(cm), n 为每平方厘米内的孔洞数。

（5）低频穿透修正项 K_2

低频时金属的趋肤深度大,从而使电磁场穿透导体并出现在屏蔽体反面,有如下的经验关

系式

$$K_2 = -20\lg \left| 1 + 35p^{-2.3} \right| \quad (\mathrm{dB}) \tag{5-48}$$

式中,p 为孔与孔之间导体宽度/趋肤深度(对带孔金属板);p 为线直径/趋肤深度(对金属丝网);趋肤深度 $\delta = 1/\sqrt{\pi f\mu\sigma}$。

(6)孔间相互耦合修正项 K_3

孔间相互耦合趋向于增加整个孔结构的阻抗,导致总屏蔽效能有所增加,有

$$K_3 = 20\lg \left| 1/\tanh(A/8.686) \right| \quad (\mathrm{dB}) \tag{5-49}$$

式中,A 是前面已算出的吸收损耗。

【例 5-4】 某飞机控制盒用铝板加工而成,铝板厚度 $t = 2\,\mathrm{mm}$,两侧面板上的总孔数为 $2\times 8\times 9$,孔的形状为圆形,孔径 $d = 5\,\mathrm{mm}$,孔的中心间距为 $18\,\mathrm{mm}$。设平面波的频率 $f = 5\,\mathrm{MHz}$,求控制盒的屏蔽效能。

解: ① 求吸收损耗。根据式(5-44)得到 $A = 32t/d = 12.8\,\mathrm{dB}$。

② 求反射损耗。

$$J = \frac{Z_{\mathrm{mc}}}{Z_{\mathrm{w0}}} = \mathrm{j}2\pi f\mu_0 d \times \frac{1}{3.682} \times \frac{1}{120\pi}$$

$$= \mathrm{j}2\pi \times 5\times 10^6 \times 4\pi \times 10^{-7} \times 0.005 \times \frac{1}{3.682} \times \frac{1}{120\pi}$$

$$\approx \mathrm{j}1.42\times 10^{-4}$$

根据式(5-45)得到 $\quad R = 20\lg \left| \dfrac{(1+J)^2}{4J} \right| \approx 20\lg \left| \dfrac{1}{4J} \right| \approx 64.9\,\mathrm{dB}$

③ 求多次反射修正因子。根据式(5-46)得到

$$B = 20\lg \left| 1 - \left(\frac{J-1}{J+1}\right)^2 10^{-0.14}\mathrm{e}^{-\mathrm{j}0.23A} \right| \approx 20\lg \left| 1 - 10^{-0.14}\mathrm{e}^{-\mathrm{j}0.23A} \right| = -0.47\,\mathrm{dB}$$

④ 求孔数目修正项。

孔的面积 $\quad a = \pi d^2/4 = \pi \times 0.5^2/4 = 0.196\,\mathrm{cm}^2$

穿孔板的总孔数为 $\quad 2\times 8\times 9 = 144$

穿孔板的总面积为 $\quad 2\times(1.8\times 7 + 0.5)\times(1.8\times 8 + 0.5) \approx 390\,\mathrm{cm}^2$

单位面积总孔数为 $\quad n = 144/390 \approx 0.37\,\mathrm{cm}^{-2}$

根据式(5-47)得到孔数目修正项

$$K_1 = -10\lg \left| an \right| = -10\lg(0.196\times 0.37) = 11.39\,\mathrm{dB}$$

⑤ 求低频穿透修正项。

孔间导体宽度为 $18 - 5 = 13\,\mathrm{mm}$。

孔间导体宽度与趋肤深度之比为

$$p = 13\times 10^{-3}/\delta = 13\times 10^{-3}\times 15.16\sqrt{f\sigma_{\mathrm{r}}} = 3.44\times 10^2$$

根据式(5-48)得到低频穿透修正项

$$K_2 = -20\lg \left| 1 + 35p^{-2.3} \right| \approx 0$$

⑥ 求孔间相互耦合修正项。根据式(5-49)得到

$$K_3 = 20\lg \left| 1/\tanh(12.8/8.686) \right| = 0.91\,\mathrm{dB}$$

故此控制盒的屏蔽效能为

$$SE = A + R + B + K_1 + K_2 + K_3 \approx 89.5\ \text{dB}$$

3. 截止波导式通风孔

由波导理论可知,当电磁波频率低于波导截止频率时,电磁波在传输中将产生很大的衰减。利用波导传输的这一特性制成的截止波导式通风孔,能有效地抑制波导截止频率以下的电磁波泄漏。

单根截止波导的横截面形状有矩形、圆形和六角形,如图 5-20 所示。

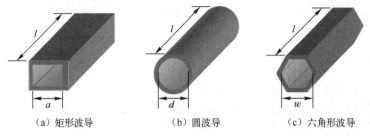

（a）矩形波导　　　　　　（b）圆波导　　　　　　（c）六角形波导

图 5-20　单根截止波导

波导的截止频率与波导的结构、尺寸有关,根据波导理论可得出上述三种不同截面波导的截止频率计算公式。

矩形波导中具有最大截止波长的传播模式是 TE_{10},其截止波长为

$$\lambda_c = 2a$$

故截止频率为
$$f_c = 15 \times 10^9 / a \quad \text{Hz} \tag{5-50}$$
式中,a 为矩形波导宽边的尺寸(cm)。

圆波导中具有最大截止波长的传播模式是 TE_{11},其截止波长为

$$\lambda_c = 1.75d$$

故截止频率为
$$f_c = 17.6 \times 10^9 / d \quad \text{Hz} \tag{5-51}$$
式中,d 为圆波导的内直径(cm)。

六角形波导的截止频率则按下式计算
$$f_c = 15 \times 10^9 / w \quad \text{Hz} \tag{5-52}$$
式中,w 为六角形波导内壁的外接圆直径(cm)。

截止波导式通风孔的屏蔽效能(即波导对低于其截止频率的电磁波的衰减量)按下式计算

$$SE = 20\lg e^{\alpha l} = 8.69\alpha l = 1.82 \times 10^{-9} l f_c \sqrt{1 - (f/f_c)^2} \quad \text{dB} \tag{5-53}$$
式中,f 为电磁波的频率(Hz),l 为截止波导的长度(cm)。

从截止波导式通风孔的工作原理可知,为使波导对电磁波有足够的衰减(即有好的屏蔽效能),必须满足 $f \ll f_c$,一般取 $f_c = (5 \sim 10)f$。设计截止波导式通风孔时,先根据欲屏蔽的电磁波的最高频率,确定截止频率 f_c。进而选择波导形状,确定横截面尺寸和长度。一般要求 $l > 3a$,$l > 3d$,$l > 3w$。

实际上,在进行电子设备的结构设计时,为获得足够大的通风流量,总是把很多根截止波导排列成一组截止波导式通风孔阵,如图 5-21(a)所示的单层蜂窝状通风板。为提高屏蔽效能,还可采用双层错位叠置的蜂窝状通风板,如图 5-21(b)所示。这种结构是利用两层波导孔错位处的界面反射来提高屏蔽效能的。

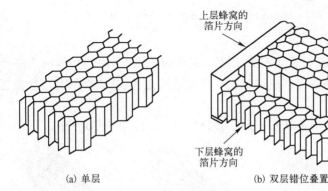

上层蜂窝的箔片方向

下层蜂窝的箔片方向

(a) 单层　　　　　　　　(b) 双层错位叠置

图 5-21　蜂窝状通风板

截止波导式通风板的总屏蔽效能可用下式进行估算

$$SE_\Sigma = SE_1 - 20\lg N \quad dB \tag{5-54}$$

式中,SE_1 为单根截止波导的屏蔽效能(dB),N 为截止波导的总数。

蜂窝状通风板的优点是屏蔽效能高(设计、加工完善的蜂窝状通风板在 10 GHz 频率时屏蔽效能可达 100 dB)、对空气阻力小、结构牢固。缺点是体积大、加工复杂、成本高,且难于实现在同一平面安装,通常用在屏蔽性能要求高、通风散热量大的屏蔽室或大设备的通风孔处。

截止波导式通风孔阵列的设计步骤如下:

(1) 确定波导的截止频率。根据需要屏蔽的电磁波的最高频率 f_m 来确定截止频率 f_c,一般应满足 $f_c > f_m$,为有效起见,可取 $f_c = (5 \sim 10)f_m$。

(2) 确定波导的截面形状。由于屏蔽体内电场极化方向是不确定的,一般选用正方形截面的波导,既适用于垂直极化,又适用于水平极化。

(3) 确定波导的截面尺寸。当波导的截面形状确定后,可根据截止频率 f_c 的表达式,即式(5-50)~式(5-52)确定波导的横截面尺寸。

(4) 根据通风面积确定波导数目 N。根据要求的通风面积确定需要多少根波导组成通风孔阵列。

(5) 确定单根波导的屏蔽效能。根据要求的通风孔阵列的总屏蔽效能 SE_Σ 和波导数目 N 确定单根波导的屏蔽效能。

$$SE_1 = SE_\Sigma + 20\lg N \ (dB)$$

(6) 确定波导的长度。根据单根波导的屏蔽效能确定波导的长度。

【例 5-5】　其屏蔽室的工作频率范围是 10 kHz ~ 10 GHz,要求通风孔的总通风面积为 0.45 m^2,设计总屏蔽效能为 95 dB 的截止波导式通风孔阵列。

解:① 求波导的截止频率。屏蔽室的最高工作频率 $f_m = 10$ GHz,取 $f_c = 5f_m$,则截止频率 $f_c = 5f_m = 50$ GHz。

② 求波导的截面形状。选用正方形截面波导。

③ 求波导的截面尺寸。由矩形波导的截止频率 $f_c = 15 \times 10^9 / a$,可得到正方形截面波导的边长 $a = 15 \times 10^9 / f_c = 3$ mm。

④ 确定波导数目 N。单根波导的截面积为:$3 \times 3 = 9$ mm^2,通风孔阵列的总面积为: 0.45 $m^2 = 450\ 000$ mm^2,需要的波导总数 $N = 450\ 000/9 = 50\ 000$。

⑤ 求单根波导的屏蔽效能。

$$SE_1 = SE_\Sigma + 20\lg N = 95 + 20\lg 50\ 000 = 189 \text{ dB}$$

⑥ 求波导的长度。根据式(5-53)得到波导的长度为

$$l = \frac{SE_1}{1.82 \times 10^{-9} f_c \sqrt{1-(f/f_c)^2}} = \frac{189}{1.82 \times 50 \sqrt{1-(10/50)^2}} = 2.08 \, cm$$

5.4.8　观察窗口(显示器件)电磁泄漏的抑制

电子设备的观察窗口包括指示灯、表头面板、数字显示器及显示屏等,这一类孔洞的电磁泄漏往往最大,因而必须进行电磁屏蔽。

图5-22(a)所示为使用透明屏蔽材料对显示器的电磁屏蔽进行处理的示意图。透明屏蔽材料有两种:一种是由金属网夹在两层玻璃之间构成的,另一种是由在玻璃上镀上一层很薄的导电层构成的。前一种的最大缺点是莫尔条纹造成的视觉不适。后一种由于导电层的导电性较差,对磁场几乎没有屏蔽作用。

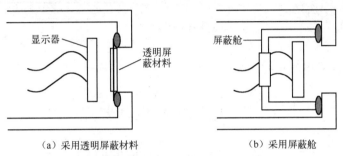

（a）采用透明屏蔽材料　　　　　（b）采用屏蔽舱

图5-22　显示器的屏蔽处理

图5-22(b)所示为用屏蔽舱将显示器件与设备的其他电路隔离开。此方法仅适用于显示器件本身不产生较强电磁辐射的情况。

上述两种方法都存在屏蔽性能和透光性之间的矛盾。在使用时,一定要注意玻璃与屏蔽箱体之间的搭接,并使用电磁密封衬垫。

图5-23所示为表头的电磁屏蔽处理。图5-23(a)所示为面板表头的附加屏蔽结构(隔离舱),面板与附加屏蔽体之间还加入了导电衬垫,以减小缝隙和改善电接触。穿过屏蔽体(隔离舱)的表头引线由装在屏蔽体上的穿心电容引入,使引线在电磁场中感应的高频电流被

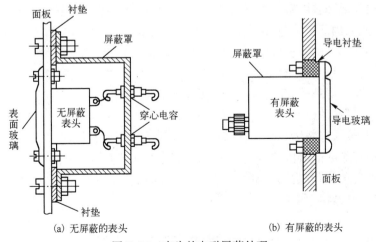

（a）无屏蔽的表头　　　　　（b）有屏蔽的表头

图5-23　表头的电磁屏蔽处理

穿心电容旁路接地。图 5-23(b)所示为带有屏蔽罩的表头在面板上的安装结构,其特点是在表头上再覆盖一层导电玻璃,以获得较为完善的屏蔽。

5.4.9 器件调谐孔(有连接杆的操作器件)电磁泄漏的抑制

机箱内需要调控的元件(如可变电容器、可变电感器、电位器等)常用调控轴伸出面板外,此时调控轴与调谐孔之间存在间隙,电磁能量就可能通过调谐孔向外泄漏或把外界电磁能量引入机箱内部,降低机箱的屏蔽效能。

抑制调谐孔电磁泄漏的有效措施是采用截止波导结构,即把调控轴做成其长度大于 3 倍直径,且调控轴采用绝缘材料制作。在圆波导中放入调控轴后的截止频率为

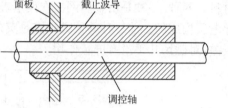

$$f_{\mathrm{c}} = \frac{17.6}{d\sqrt{\varepsilon_{\mathrm{r}}}} \times 10^{9} \qquad (5-55)$$

式中,d 为圆波导的直径(cm),ε_{r} 为调控轴的相对介电常数。

图 5-24 所示为采用截止波导的调控轴结构。

图 5-24 采用截止波导的调控轴结构

5.5 电磁屏蔽设计要点

电磁屏蔽是抑制辐射干扰的重要手段,屏蔽设计也是电磁兼容性设计中的重要内容之一。设计要点如下。

(1)确定屏蔽效能。设计之前,应根据设备和电路单元、部件未实施屏蔽时存在的干扰发射电平,以及按电磁兼容性标准和规范允许的干扰发射电平极限值,或干扰辐射敏感度电平极限值,提出确保正常运行所必需的屏蔽效能值。对于一些大、中功率信号发生器或发射机的功放级,可根据对这类设备的辐射发射电平极限值和其自身的辐射场强来确定对屏蔽效能的要求。

(2)确定屏蔽的类型。根据屏蔽效能要求,并结合具体结构形式确定适合采用哪种屏蔽。一般地,对屏蔽要求不高的设备,可以采用由导电塑料制成的机壳来屏蔽,或者在工程塑料机壳上涂覆导电层构成薄膜屏蔽。若屏蔽要求较高,则采用金属板做单层屏蔽。为获得更高的屏蔽效能,一般应采用双层屏蔽,设计得好的双层屏蔽,可获得 100 dB 以上的屏蔽效能。

(3)进行屏蔽结构的完整性设计。对屏蔽的要求往往与对系统或设备功能其他方面的要求有矛盾。例如,通风散热需要有孔洞,加工时必然存在缝隙……这些都会降低屏蔽效能。这就要应用有关非实心屏蔽的知识,采取相应措施来抑制因存在电气不连续性而产生的电磁泄漏,达到完善屏蔽设计的目的。

此外,要注意校核屏蔽体是否存在谐振。这是因为在射频范围内,一个屏蔽体可能成为具有一系列固有谐振频率的谐振腔。当干扰电磁波频率与屏蔽体某一固有谐振频率一致时,屏蔽体就产生谐振现象,引起屏蔽效能大幅度下降。可根据屏蔽体谐振频率计算公式来校核。对于矩形屏蔽体,其谐振频率的计算公式为

$$f_{mnp} = 150 \sqrt{\frac{m^2}{l^2} + \frac{n^2}{w^2} + \frac{p^2}{h^2}} \qquad (5-56)$$

式中，f_{mnp} 为屏蔽体谐振频率（MHz），m、n、p 取正整数，l、w、h 分别为矩形屏蔽体的长、宽、高（m）。

通过校核应保证所设计的屏蔽体在工作频段内无谐振点。

关于屏蔽设计，较为先进的方法是建立一个有关设备材料与结构的屏蔽效能的数据库，然后选用最接近于受试样品的数据进行设计。

习题

5.1　什么叫屏蔽？屏蔽的目的是什么？

5.2　试述电屏蔽、磁屏蔽和电磁屏蔽的基本原理。

5.3　屏蔽效能是如何定义的？以静电屏蔽为例，说明屏蔽效能的计算方法。

5.4　有一块用来做电磁屏蔽的铝板，厚度 $t=0.5\,\mathrm{mm}$，试计算它对电磁波的吸收损耗和反射损耗（设电磁波的频率分别为 $1\,\mathrm{MHz}$ 和 $5\,\mathrm{MHz}$）。

5.5　某电子方舱的外形尺寸为 $4\,\mathrm{m}\times2.24\,\mathrm{m}\times2.2\,\mathrm{m}$，舱壁材料是合金铝板，厚度为 $5\,\mathrm{mm}$，试估算此电子方舱对频率为 $18\,\mathrm{MHz}$ 电磁波的屏蔽效能。

5.6　简述截止波导式通风孔的工作原理。

第6章 滤波技术

在保证电磁兼容性方面,屏蔽和滤波起着重要作用。如果说屏蔽主要是为了防止辐射干扰,那么滤波则主要是为了抑制传导干扰,如图6-1所示。

对干扰源实施滤波,是为了预防不希望的电磁干扰沿与设备相连的任何外部连接线传播到设备;对敏感设备实施滤波则应消除沿上述连接线作用在敏感设备上的干扰的影响。

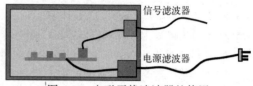

图6-1 电磁干扰滤波器的使用

需要实施滤波的情况有:

- 在高频系统中,抑制工作频带以外的任何频带上的干扰;
- 在各种信号电路中,消除频谱成分不同于有用信号的干扰信号;
- 在电源电路、控制电路及转换电路中,消除沿这些电路的干扰。

6.1 电磁干扰滤波器的特性和分类

1. 滤波器的特性

描述滤波器特性的技术指标包括插入损耗、频率特性、阻抗特性、额定电压、额定电流、可靠性、外形尺寸、体积和质量等,而最重要的是其频率特性,即滤波器的插入损耗随工作频率的不同而变化的特性。

(1) 插入损耗(Insertion Loss)

插入损耗是滤波器的主要技术指标。滤波器滤波性能的好坏主要由插入损耗决定。滤波器的插入损耗由下式定义

$$IL = 20\lg\frac{U_1}{U_2} \quad (dB) \tag{6-1}$$

式中,U_1为信号源(或者干扰源)与负载阻抗(或者干扰对象)之间没有接入滤波器时,信号源在负载阻抗上产生的电压;U_2为信号源与负载阻抗间接入滤波器时,信号源通过滤波器在同一负载阻抗上产生的电压。

滤波器的插入损耗值与信号源频率、源阻抗、负载阻抗等因素有关。

必须注意,滤波器产品说明书给出的插入损耗曲线,都是按照有关标准的规定,在源阻抗等于负载阻抗且都等于50Ω时测得的。实际应用中,EMI滤波器输入端和输出端的阻抗不一定等于50Ω,这时EMI滤波器对干扰信号的实际衰减与产品说明书给出的插入损耗衰减不一定相同,有可能相差甚远。

(2) 频率特性

滤波器的插入损耗随频率的变化即为频率特性。信号无衰减地通过滤波器的频率范围称为通带,而受到很大衰减的频率范围称为阻带。

滤波器的频率特性又可用中心频率、截止频率、最低使用频率和最高使用频率等参数反映。

（3）阻抗特性

滤波器的输入阻抗、输出阻抗直接影响滤波器的插入损耗特性。在许多应用场合,出现滤波器的实际滤波特性与生产厂家给出的技术指标不符,这主要是由滤波器的阻抗特性导致的。因此,在设计、选用、测试滤波器时,阻抗特性是一个重要技术指标。使用 EMI 滤波器时,遵循输入、输出端最大限度失配的原则,以求获得最佳抑制效果。相反地,对于信号滤波器,需要考虑阻抗匹配,以防止有用信号衰减。

（4）额定电流

额定电流是指滤波器工作时,不降低滤波器插入损耗性能的最大使用电流。一般情况下,额定电流越大,滤波器的体积和质量越大,成本越高;使用温度越高,工作频率越高,其允许的工作电流越小。

（5）额定电压

额定电压是指输入滤波器的最高允许电压值。若输入滤波器的电压过高,会使滤波器内部的元件损坏。

（6）安全性能

滤波器的安全性能,如耐压、漏电流、绝缘、温升等,应满足相应的标准要求。

（7）可靠性

可靠性也是选择滤波器的重要指标。一般说来,滤波器的可靠性不会影响其电路性能,但会影响其电磁兼容性。

2. 滤波器的分类

滤波器的分类方法有多种。

- 根据滤波器的频率特性来分:可分为低通滤波器、高通滤波器、带通滤波器和带阻滤波器。图 6-2 示出了这四种滤波器的频率特性曲线。
- 根据滤波机理来分:可分为反射式滤波器和吸收式滤波器。反射式滤波器由电容、电感等元件构成,由于在滤波器阻带内具有高串联阻抗或低并联阻抗,使得滤波器与干扰源阻抗和负载阻抗严重不匹配,从而把不希望的干扰信号反射回干扰源。吸收式滤波器由有耗元件构成,在阻带内把干扰信号吸收并转换为热损耗,因而起到滤波作用。
- 根据滤波器的工作条件来分:可分为无源滤波器和有源滤波器。
- 根据滤波器的用途来分:可分为电磁干扰滤波器和信号滤波器。
- 根据滤波器的使用场合来分:可分为电源滤波器、信号滤波器、控制线滤波器、瞬态干扰滤波器等。

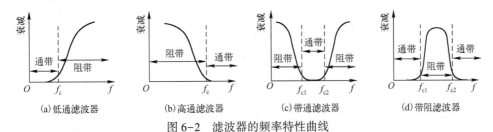

图 6-2　滤波器的频率特性曲线

3. 电磁干扰（EMI）滤波器的特点

滤波器品种繁多,在这里仅从抗干扰角度,讨论电磁干扰滤波器。与常规滤波器相比,电磁干扰滤波器的显著特点是:

（1）电磁干扰滤波器往往工作在阻抗不匹配的条件下，源阻抗和负载阻抗均随频率变化而变化；

（2）干扰源的电平变化幅度往往比较大，因此电磁干扰滤波器必须有足够高的耐压（额定电压），以保证在输入电压为脉冲电压或变化范围较大时，其内部部件不会出现饱和效应，更不会被击穿或烧毁，仍能可靠地工作；

（3）电磁干扰的频率范围很宽，为 Hz 至 GHz 量级，且高频特性非常复杂，难以实现宽频段范围滤波。在设计或选用电磁干扰滤波器时，应首先明确工作频率和所要抑制的主要干扰频率，如两者非常接近，则需应用频率特性非常陡峭的滤波器，才能把两者分离开来。

6.2　插入损耗的计算方法

求插入损耗的电路如图 6-3 所示。由图 6-3（a）可得

$$U_{20} = \frac{Z_{\mathrm{L}}}{Z_{\mathrm{S}} + Z_{\mathrm{L}}} U_{\mathrm{S}} \tag{6-2}$$

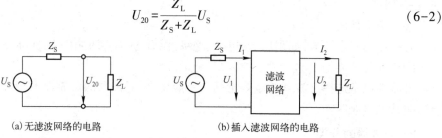

(a)无滤波网络的电路　　　　　(b)插入滤波网络的电路

图 6-3　求插入损耗的电路

对图 6-3（b），采用 **A** 参数表示滤波网络，其参数矩阵为

$$\boldsymbol{A} = \begin{bmatrix} A_{11} & A_{12} \\ A_{21} & A_{22} \end{bmatrix}$$

其中　　　　　$A_{11} = \dfrac{U_1}{U_2}\bigg|_{I_2=0}, \quad A_{12} = \dfrac{U_1}{I_2}\bigg|_{U_2=0}, \quad A_{21} = \dfrac{I_1}{U_2}\bigg|_{I_2=0}, \quad A_{22} = \dfrac{I_1}{I_2}\bigg|_{U_2=0}$ （6-3）

网络传输方程为

$$U_1 = A_{11}U_2 + A_{12}I_2 \tag{6-4}$$

$$I_1 = A_{21}U_2 + A_{22}I_2 \tag{6-5}$$

且

$$U_1 = U_{\mathrm{S}} - Z_{\mathrm{S}}I_1 \tag{6-6}$$

$$U_2 = Z_{\mathrm{L}}I_2 \tag{6-7}$$

联立式（6-4）～式（6-7）可解得

$$U_2 = \frac{Z_{\mathrm{L}}}{A_{11}Z_{\mathrm{L}} + A_{12} + A_{21}Z_{\mathrm{S}}Z_{\mathrm{L}} + A_{22}Z_{\mathrm{S}}} U_{\mathrm{S}} \tag{6-8}$$

将式（6-2）和式（6-8）代入式（6-1）得到插入损耗

$$\mathrm{IL} = 20\lg\left|\frac{U_{20}}{U_2}\right| = 20\lg\left|\frac{A_{11}Z_{\mathrm{L}} + A_{12} + A_{21}Z_{\mathrm{S}}Z_{\mathrm{L}} + A_{22}Z_{\mathrm{S}}}{Z_{\mathrm{S}} + Z_{\mathrm{L}}}\right| \tag{6-9}$$

对图 6-3（b）所示的滤波网络，其输入阻抗与输出阻抗分别为

$$Z_{\mathrm{in}} = \frac{U_1}{I_1} = \frac{A_{11}U_2 + A_{12}I_2}{A_{21}U_2 + A_{22}I_2} = \frac{A_{12} + A_{11}Z_{\mathrm{L}}}{A_{22} + A_{21}Z_{\mathrm{L}}} \tag{6-10}$$

$$Z_{\mathrm{out}} = \frac{A_{12} + A_{22}Z_{\mathrm{S}}}{A_{11} + A_{21}Z_{\mathrm{S}}} \tag{6-11}$$

6.3 反射式滤波器

滤波器可以由无源元件(电阻、电感、电容)或有源器件组成选择性网络,作为电路中的传输网络,有选择地阻止有用频带以外的频率成分通过,完成滤波作用;也可以由有损耗材料(例如铁氧体材料)组成,它把不希望的频率成分吸收掉,以达到滤波的目的。下面介绍几种常用的反射式滤波器。

6.3.1 低通滤波器

滤波器作为一个输入输出两端口的网络,被传输的信号频带称为通带,被衰减的信号频带称为阻带。低通滤波器,对低频信号几乎无衰减地通过,但阻止高频信号通过。在抗干扰技术中,使用最多的是低通滤波器,它主要用在干扰信号频率比工作信号频率高的场合。之所以普遍采用低通滤波器,是因为:

(1)数字脉冲电路是一种主要的电磁干扰源,脉冲信号有丰富的高次谐波,这些高次谐波并不是电路工作所必需的,但它们却是很强的干扰源,因为它们很容易辐射和耦合。因此在数字脉冲电路中,常用低通滤波器将脉冲信号中不必要的高次谐波(一般是 $1/\pi t_r$ 以上的频率)滤除掉,而仅保留能够维持电路正常工作的最低频率。

(2)高频电磁波更容易被接收,因此实际上对设备造成电磁干扰的都是频率较高的电磁场,它们在电路中产生的噪声电压、电流也是高频的。

(3)当导线上有传导电流时,电流的频率越高,越容易产生辐射,从而产生较强的辐射发射。因此减小电缆辐射的一个有效方法就是滤除这些高频电流。

(4)导线或电缆之间由于存在杂散电容和互感,会产生相互串扰。这种串扰与频率有关,频率越高,串扰越严重,因此串扰以高频为主,最有效的方法就是用低通滤波器滤除。

1. 低通滤波器的电路形式

低通滤波器的基本原理是利用电容的阻抗随着频率升高而减小、电感的阻抗随着频率升高而增加的特性,将电容并联在要滤波的信号线与信号地线之间(滤除差模干扰电流)或信号线与机壳或大地之间(滤除共模干扰电流),从而将高频干扰信号旁路掉,而将电感串联在要滤波的信号线上,对干扰电流起到阻挡和损耗的作用。

低通滤波器的种类很多,按照电路结构,常用的有并联电容(C形)滤波器、串联电感(L形)滤波器、Γ形滤波器、反 Γ 形滤波器、T 形和 Π 形滤波器等。

(1)并联电容滤波器

并联电容滤波器是最简单的低通滤波器,通常用于干扰源和负载都是高阻抗的电路,以旁路高频干扰能量,如图 6-4 所示。

根据图 6-4,可求出 A 参数为

$$A_{11}=\frac{U_1}{U_2}\bigg|_{I_2=0}=1, \quad A_{12}=\frac{U_1}{I_2}\bigg|_{U_2=0}=0, \quad A_{21}=\frac{I_1}{U_2}\bigg|_{I_2=0}=\frac{\dfrac{U_1}{1/(\mathrm{j}\omega C)}}{U_2}=\mathrm{j}\omega C, \quad A_{22}=\frac{I_1}{I_2}\bigg|_{U_2=0}=1$$

将 A 参数代入式(6-9),得到插入损耗

$$\mathrm{IL}=20\lg\left|1+\frac{\mathrm{j}\omega C Z_\mathrm{S} Z_\mathrm{L}}{Z_\mathrm{S}+Z_\mathrm{L}}\right| \tag{6-12}$$

假定 $Z_S = Z_L = R$，则有

$$\mathrm{IL} = 10\lg\left[1+(\omega CR/2)^2\right] = 10\lg\left[1+(\pi f CR)^2\right] \tag{6-13}$$

（2）串联电感滤波器

串联电感滤波器通常用于干扰源和负载都是低阻抗的电路，如图 6-5 所示，其插入损耗为

$$\mathrm{IL} = 10\lg\left\{1+\left[\omega L/(2R)\right]^2\right\} \tag{6-14}$$

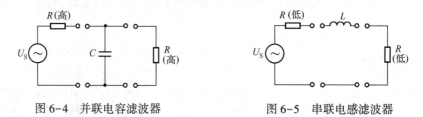

图 6-4　并联电容滤波器　　　　　图 6-5　串联电感滤波器

（3）Γ形和反Γ形滤波器

Γ形和反Γ形滤波器如图 6-6 所示，分别用于高干扰源阻抗、低负载阻抗电路，或低干扰源阻抗、高负载阻抗电路。Γ形和反Γ形滤波器具有相同的插入损耗，即

$$\mathrm{IL} = 10\lg\left\{\frac{1}{4}\left[(2-\omega^2 LC)^2+(\omega CR+\omega L/R)^2\right]\right\} \tag{6-15}$$

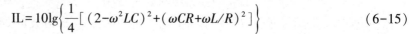

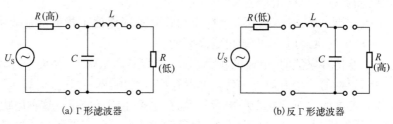

(a) Γ形滤波器　　　　　　　　(b) 反Γ形滤波器

图 6-6　Γ形和反Γ形滤波器

（4）Π形滤波器

Π形滤波器如图 6-7 所示，用于干扰源和负载都是高阻抗的电路，是实际中最普遍使用的形式。Π形滤波器的插入损耗为

$$\mathrm{IL} = 10\lg\left[(1-\omega^2 LC)^2+\left(\frac{\omega L}{2R}-\frac{\omega^3 LC^2 R}{2}+\omega CR\right)^2\right] \tag{6-16}$$

（5）T形滤波器

T形滤波器如图 6-8 所示，用于干扰源和负载都是低阻抗的电路。T形滤波器的插入损耗为

$$\mathrm{IL} = 10\lg\left[(1-\omega^2 LC)^2+\left(\frac{\omega L}{R}-\frac{\omega^3 L^2 C}{2R}+\frac{\omega CR}{2}\right)^2\right] \tag{6-17}$$

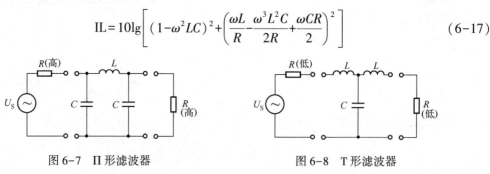

图 6-7　Π形滤波器　　　　　　　图 6-8　T形滤波器

2. 低通滤波器的设计

（1）低通原型滤波器

低通原型滤波器是指截止角频率 ω_c 为 1rad/s、源和负载的阻抗为 1Ω 的滤波器。图 6-9 所示为基本低通原型滤波器。

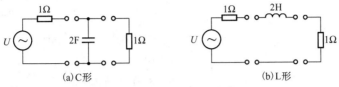

(a)C形　　　　　　　　　　(b)L形

图 6-9　基本低通原型滤波器

基本低通原型滤波器的插入损耗为

$$\text{IL} = 10\lg(1+\omega^2) \tag{6-18}$$

图 6-10 示出了低通原型滤波器的频率响应曲线。

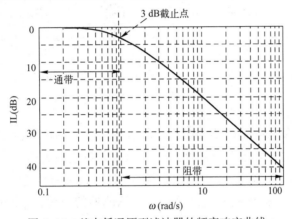

图 6-10　基本低通原型滤波器的频率响应曲线

基本低通原型滤波器本身并没有实用价值，利用以下法则把带宽和阻抗换算到实际值，就可得到有实用价值的滤波器。

① 带宽换算

所有电抗分量除以预期的截止角频率 $\omega_c = 2\pi f_c$。于是

$$L_a = L_b/(2\pi f_c) \tag{6-19}$$
$$C_a = C_b/(2\pi f_c) \tag{6-20}$$

式中，下标 a 表示换算后，b 表示换算前。

② 阻抗换算

所有电阻和电感乘以预期的源和负载的阻抗 Z，而所有电容除以预期的阻抗 Z。于是

$$R_a = ZR_b \tag{6-21}$$
$$L_a = ZL_b \tag{6-22}$$
$$C_a = C_b/Z \tag{6-23}$$

③ 带宽和阻抗综合换算

两项换算可通过联解式(6-19)~式(6-23)（前式中的 a 代入后式时应记为 b）合并成单一的运算过程。于是

$$R_{a} = ZR_{b} \tag{6-24}$$

$$L_{a} = ZL_{a}' = ZL_{b}/(2\pi f_{c}) \tag{6-25}$$

$$C_{a} = C_{a}'/Z = C_{b}/(2\pi f_{c}Z) \tag{6-26}$$

例如设计一个阻抗为 50Ω，截止频率 $f_{c} = 1\,\mathrm{MHz}$ 的低通滤波器。按上述法则由低通原型滤波器变换得到

L 形：
$$L = \frac{ZL_{b}}{2\pi f_{c}} = \frac{50}{\pi} \cdot \frac{1}{f_{c}} = \frac{50}{\pi \times 10^{6}} \approx 16 \times 10^{-6}\,\mathrm{H} = 16\,\mu\mathrm{H}$$

C 形：
$$C = \frac{C_{b}}{2\pi Z f_{c}} = \frac{1}{50\pi \times 10^{6}} = 6.4 \times 10^{-9} = 6400\,\mathrm{pF}$$

图 6-11 所示为按上述法则由低通原型滤波器变换得到的截止频率为 $1\,\mathrm{MHz}$、阻抗为 $50\,\Omega$ 的低通滤波器。

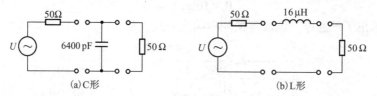

图 6-11　截止频率为 $1\,\mathrm{MHz}$、源和负载阻抗为 $50\,\Omega$ 的低通滤波器

（2）n 级滤波器

前述的滤波器结构十分简单，在阻带中给出 $20\,\mathrm{dB}/10$ 倍频程（或 $6\,\mathrm{dB}/$倍频程）的衰减（参见图 6-10）。事实上，对于要求在通带内损耗小，在通带外衰减大的多数实际应用来说这一衰减率是不够的。对于这种情况，需要采用多级滤波器，它具有截止频率外的阻带衰减率为 $20n\,\mathrm{dB}/10$ 倍频程（或 $6n\,\mathrm{dB}/$倍频程），这里的 n 是滤波器的级数（或电抗元件数）。这类多级滤波器的设计，往往是利用网络综合技术确定 n 级低通原型滤波器中各电抗元件数值，并列成表格，再经过换算［参见式(6-24)～式(6-26)］得到实际的电抗元件值。这类滤波器可以是具有以下几类频率响应的滤波器中的一种：

① 巴特沃思（Butterworth）响应，或在通带内具有最平坦的振幅响应。但是，时域响应在其通带内，特别是在截止频率附近会出现某些相位延迟和时间延迟失真。因此，波形瞬时响应会呈现相当大的"过冲"。然而，巴特沃思响应函数是广泛使用的函数之一。

② 切比雪夫（Techebycheff）响应，或在通带内具有等波纹的振幅响应。这种响应在刚出通带外时的衰减率比巴特沃思响应快，时延和相位失真也较巴特沃思的大，但"过冲"较小。

③ 贝塞尔（Bessel）响应，或最平坦的时延响应。这种函数呈现极小的"过冲"，但其上升时间比巴特沃思响应和切比雪夫响应都要长。

④ 巴特沃思-汤普森（Butterworth-Thompson）响应。这种响应形状呈现出巴特沃思的快速上升时间和平坦的振幅特性与贝塞尔响应的小"过冲"之间的某种折中。

⑤ 椭圆（Elliptic）响应。它将切比雪夫振幅响应的某些优点及刚出通带外处急剧衰减的优点相结合，但其瞬时响应较差。

在这里只讨论巴特沃思响应。图 6-12 示出了三种 n 级基本低通原型滤波器网络，级数

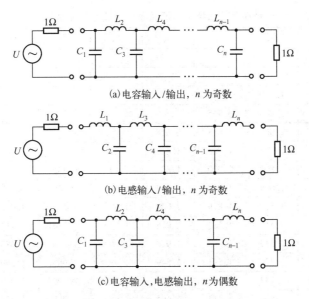

(a) 电容输入/输出，n 为奇数

(b) 电感输入/输出，n 为奇数

(c) 电容输入，电感输出，n 为偶数

图 6-12　n 级基本低通原型滤波器网络

可以是奇数或偶数。表 6-1 列出级数 $n = 1 \sim 20$ 的巴特沃思低通原型滤波器的元件值。注意，元件值对于滤波器网络中央是对称的，第一级与最后一级元件值相等，以此类推。

所需的级数 n 可由图 6-13 所示的曲线查得。

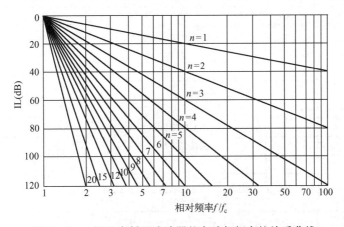

图 6-13　n 级基本低通滤波器的衰减与频率的关系曲线

【例 6-1】　工作频率范围为 2~30 MHz 的灵敏高频接收机，为保证其前端不受附近某甚高频发射机(设其工作频率范围为 66~72 MHz)的影响，需接入低通滤波器。设接收机天线的阻抗为 72 Ω，要求低通滤波器的带外衰减至少有 30 dB。

解：为保证在元件公差为 5% 时出现的截止频率不低于 30 MHz，可选择 32 MHz 为设计时的截止频率；而最低的干扰频率 $f_i = 66$ MHz，其归一化(相对于截止频率)频率 $f_i / f_c = 66/32 = 2.06$。

查图 6-13，可知为了在相对频率为 2.06 时获得不小于 30 dB 的衰减，所需的级数 $n = 5$。查表 6-1 得到如图 6-14 所示的 5 级巴特沃思低通原型滤波器的各个元件值：

$$C_{1b} = C_{5b} = 0.618 \text{F}, \quad C_{3b} = 2.00 \text{F}, \quad L_{2b} = L_{4b} = 1.618 \text{H}$$

表 6-1　巴特沃思低通原型滤波器的元件值

n	C_1	L_2	C_3	L_4	C_5	L_6	C_7	L_8	C_9	L_{10}
1	2.000									
2	1.414	1.414								
3	1.000	2.000	1.000							
4	0.765	1.848	1.848	0.765						
5	0.618	1.618	2.000	1.618	0.618					
6	0.518	1.414	1.932	1.932	1.414	0.518				
7	0.445	1.247	1.802	2.000	1.802	1.247	0.445			
8	0.390	1.111	1.663	1.962	1.962	1.663	1.111	0.390		
9	0.347	1.000	1.532	1.879	2.000	1.879	1.532	1.000	0.347	
10	0.313	0.908	1.414	1.782	1.975	1.975	1.782	1.414	0.908	0.313
11	0.285	0.832	1.319	1.683	1.920	2.000	1.920	1.683	1.319	0.832
12	0.261	0.765	1.220	1.591	1.849	1.983	1.983	1.849	1.591	1.220
13	0.240	0.707	1.133	1.493	1.768	1.943	2.000	1.943	1.768	1.493
14	0.228	0.661	1.066	1.414	1.694	1.889	1.988	1.988	1.889	1.694
15	0.209	0.618	1.000	1.338	1.618	1.827	1.956	2.000	1.956	1.827
16	0.199	0.581	0.942	1.269	1.545	1.764	1.913	1.990	1.990	1.913
17	0.185	0.548	0.892	1.206	1.479	1.699	1.866	1.956	2.000	1.956
18	0.174	0.518	0.845	1.147	1.414	1.638	1.813	1.932	1.992	1.992
19	0.164	0.491	0.804	1.095	1.354	1.578	1.759	1.891	1.973	2.000
20	0.157	0.467	0.765	1.045	1.299	1.521	1.705	1.848	1.945	1.994

n	C_{11}	L_{12}	C_{13}	L_{14}	C_{15}	L_{16}	C_{17}	L_{18}	C_{19}	L_{20}
1										
2										
3										
4										
5					全部电感以 H 为单位					
6					全部电容以 F 为单位					
7										
8										
9										
10										
11	0.285									
12	0.765	0.261								
13	1.133.	0.707	0.240							
14	1.414	1.066	0.661	0.228						
15	1.618	1.338	1.000	0.618	0.209					
16	1.764	1.545	1.269	0.942	0.581	0.199				
17	1.866	1.699	1.479	1.206	0.892	0.548	0.185			
18	1.932	1.813	1.638	1.414	1.147	0.845	0.518	0.174		
19	1.973	1.891	1.759	1.578	1.354	1.095	0.804	0.491	0.164	
20	1.994	1.945	1.848	1.705	1.521	1.299	1.045	0.765	0.467	0.157

表中:信号源阻抗 $R_S = 1\,\Omega$、负载阻抗 $R_L = 1\,\Omega$、截止角频率 $\omega_c = 1\,\text{rad/s}$

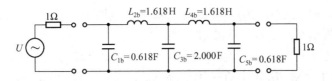

图 6-14 5级巴特沃思低通原型滤波器

利用前述的换算法则即得到如图 6-15 所示的截止频率为 32 MHz、源和负载阻抗皆为 72 Ω 的 5 级巴特沃思低通滤波器。图中的电路元件值如下：

$$R_S = R_L = 72\,\Omega, \quad C_1 = C_5 = C_{1b}/(2\pi f_c Z) = 43\,\text{pF},$$

$$C_3 = C_{b3}/(2\pi f_c Z) = 138\,\text{pF}, \quad L_2 = L_4 = L_{2b}Z/(2\pi f_c) = 0.58\,\mu\text{H}$$

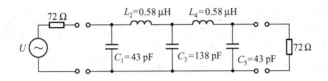

图 6-15 5级巴特沃思低通滤波器

该滤波器的频率特性如图 6-16 所示，可见频率 66 MHz 处的衰减为 31 dB，满足要求。通带内的插损在 30 MHz 时约为 2 dB，在 28 MHz 以下则低于 1 dB。

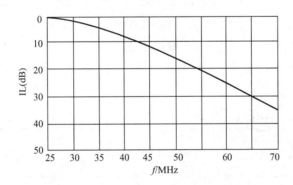

图 6-16 5级巴特沃思低通滤波器的频率特性

6.3.2 高通滤波器

在抗电磁干扰技术中，虽然高通滤波器不如低通滤波器应用广泛，但当需要从信号通道上滤除交流电源分量或抑制某个特定的低频外来信号时，就需要使用高通滤波器。

高通滤波器与低通滤波器具有频率对称性，因此高通滤波器可以通过对低通滤波器进行简单的变换而得到：

① 将原低通滤波器电路中的所有电容器换成电感器、所有电感器换成电容器，即得到相应的高通滤波器电路；

② 将原低通原型滤波器电路中的各 L 值取其倒数作为高通滤波器对应的 C 值、各 C 值取其倒数作为高通滤波器对应的 L 值，且电阻 R 保持 1 Ω 不变，即得到具有 1 Ω 阻抗和 1 rad/s 截止角频率的高通原型滤波器电路；

③ 按照式(6-24)~式(6-26)对高通原型滤波器电路中各元件进行参数值换算,即可得到阻抗为 Z、截止频率为 f_{hc} 的高通滤波器电路。

【例6-2】 设计一个高通滤波器,指标要求是:截止频率 $f_{hc}=1\,MHz$;输入/输出阻抗为 $600\,\Omega$;在 $250\,kHz$ 处衰减 $70\,dB$,且在 $1\,MHz$ 以上的通带内有最大平坦响应。

解: 由于高通滤波器预期的衰减位于截止频率以下,归一化频率为 $f_c/f_i=4$。查图 6-13 知,对于相对频率(归一化)为 4.0 和不小于 70 dB 的衰减要求,巴特沃思低通原型滤波器的级数应为 $n=6$。参照 n 级基本低通原型滤波器的形式之一[参见图 6-12(c)],查表 6-1 得出 6 级低通原型滤波器的各个元件值为

$$L_{L1}=0.518H, \quad L_{L3}=1.932H, \quad L_{L5}=1.414H, \quad C_{L2}=1.414F, \quad C_{L4}=1.932F, \quad C_{L6}=0.518F$$

从而得出 6 级高通原型滤波器的各个元件值为

$$C'_{H1}=\frac{1}{L_{L1}}=\frac{1}{0.518}=1.932F, \quad C'_{H3}=\frac{1}{L_{L3}}=\frac{1}{1.932}=0.518F, \quad C'_{H5}=\frac{1}{L_{L5}}=\frac{1}{1.414}=0.707F$$

$$L'_{H2}=\frac{1}{C_{L2}}=\frac{1}{1.414}=0.707H, \quad L'_{H4}=\frac{1}{C_{L4}}=\frac{1}{1.932}=0.518H, \quad L'_{H6}=\frac{1}{C_{L6}}=\frac{1}{0.518}=1.932H$$

应用式(6-25)~式(6-26)即可换算出所要求的 6 级高通滤波器的最终元件值为

$$C_{H1}=C'_{H1}/(2\pi f_{hc}Z)=1.932/(2\pi\times10^6\times600)=512\,pF$$

$$C_{H3}=C'_{H3}/(2\pi f_{hc}Z)=0.518/(2\pi\times10^6\times600)=137\,pF$$

$$C_{H5}=C'_{H5}/(2\pi f_{hc}Z)=0.707/(2\pi\times10^6\times600)=188\,pF$$

$$L_{H2}=ZL'_{H2}/(2\pi f_{hc})=600\times0.707/(2\pi\times10^6)=67.5\,\mu H$$

$$L_{H4}=ZL'_{H4}/(2\pi f_{hc})=600\times0.518/(2\pi\times10^6)=49.4\,\mu H$$

$$L_{H6}=ZL'_{H6}/(2\pi f_{hc})=600\times1.932/(2\pi\times10^6)=184\,\mu H$$

所设计的具有 $1\,MHz$ 截止频率的 6 级巴特沃思高通滤波器电路见图 6-17(a),其频率响应曲线见图 6-17(b)。

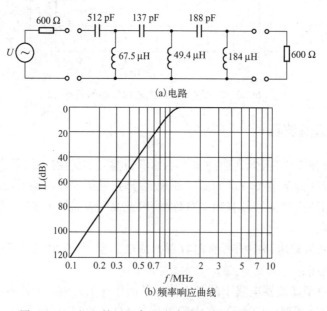

(a)电路

(b)频率响应曲线

图 6-17　6 级巴特沃思高通滤波器电路及频率响应曲线

6.3.3 带通滤波器

带通滤波器的频率特性曲线如图6-18(a)所示,该频率特性曲线可视为低通滤波器和高通滤波器频率特性曲线的综合,高于中心频率f_0的部分为低通滤波器的频率特性曲线,低于中心频率f_0的部分为高通滤波器的频率特性曲线,f_{lc}和f_{hc}可分别视为低通滤波特性和高通滤波特性的截止频率。带宽f_B确定后,即可知

$$f_{lc} = f_0 - f_B/2, \quad f_{hc} = f_0 + f_B/2 \tag{6-27}$$

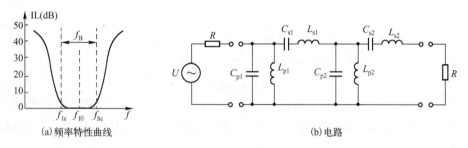

图6-18 带通滤波器频率特性曲线及电路

带通滤波器的频率特性与LC谐振特性很相似,因此一般带通滤波器由LC串联谐振电路和LC并联谐振电路综合构成,图6-18(b)所示就是一个4级带通滤波器电路。

6.3.4 带阻滤波器

带阻滤波器与带通滤波器在特性上正好相反。图6-19(a)所示为一个带阻滤波器的频率特性曲线,在阻带内信号衰减严重,而在阻带外信号基本不衰减(0dB),全部通过。带阻滤波器主要应用于已知干扰信号频率范围的宽带接收机中。

带阻滤波器与带通滤波器在电路结构上具有对称性,即LC串联支路与LC并联支路正好位置对调,图6-19(b)所示就是一个4级带阻滤波器电路。

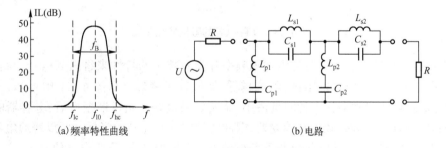

图6-19 带阻滤波器频率特性曲线及电路

6.4 电容、电感的频率特性

上一节介绍了滤波器电路的设计方法,但是按照这个电路制作的滤波器并不一定能取得满意的效果,这是因为实际的电容器、电感器并不是理想的电路元件。实际的电容器除具有电容C外,还存在寄生电感和电阻分量;电感器除具有电感L外,还存在寄生电容和电阻分量。

这些寄生参数值会严重影响电容器、电感器的频率特性,降低滤波器对干扰的抑制效果。

6.4.1 电容的频率特性

实际电容的等效电路如图 6-20 所示,这是一个电容、电感和电阻的串联电路,除了电容 C,还有寄生电感 L 和电阻 R_S。L 是由引线和电容结构所决定的,不同结构的电容具有不同的电感,电容的引线越长,电感越大。R_S 是介质材料所固有的。

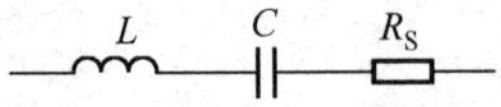

图 6-20 所示实际电容等效电路的阻抗为

$$|Z_C| = \sqrt{R_S^2 + (X_L - X_C)^2}$$
$$= \sqrt{R_S^2 + (\omega L - 1/\omega C)^2} \qquad (6-28)$$

图 6-20　实际电容的等效电路

从式(6-28)可以看出,存在一个串联谐振点,该谐振点的频率为

$$f_0 = 1/(2\pi\sqrt{LC}) \qquad (6-29)$$

在谐振点处,阻抗 $|Z_C| = R_S$ 为最小值;在谐振点以下,阻抗特性类似电容的阻抗特性;在谐振点以上,阻抗特性类似电感的阻抗特性,即随着频率升高而增大。图 6-21 是实际电容的阻抗特性曲线。

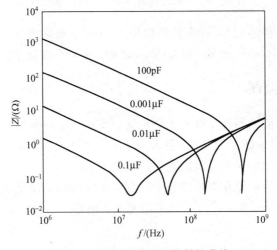

图 6-21　实际电容的阻抗特性曲线

由于低通滤波器是利用电容的阻抗随频率升高而减小的特性来将高频信号旁路掉的,因此滤波器的性能取决于电容的阻抗,阻抗越低,滤波效果越好。从图 6-21 中可知,实际电容器构成的滤波器,在串联谐振点的阻抗最小,滤波效果最好。超过谐振点后,电容器的阻抗随着频率的升高而增大,旁路效果开始变差,因此滤波器的性能开始降低。所以普通电容构成的低通滤波器对高频干扰的滤除效果并不是很理想。电容值越大、寄生电感值越大,高频的滤波效果越差。

由于电磁干扰的频率往往较高,因此提高滤波器的高频滤波效能至关重要。为了达到这一目的,在使用电容作为滤波器件时需要注意以下事项:

(1)电容的谐振频率与电容的引线长度有关,引线越长,谐振频率越低,高频的滤波效果越差。

(2)电容的谐振频率与电容的容量有关,电容越大,谐振频率越低,高频的滤波效果越差,但是低频的滤波效果增强。

（3）电容的谐振点和谐振点的阻抗与电容的种类有关,如陶瓷电容的性能优于有机薄膜电容的性能。

在谐振点附近的频率,实际电容的阻抗比理想电容的要低,因此当干扰的频率范围较窄时,可以利用这个特性,通过调整电容器的容量和引线长度来使谐振频率正好落在干扰频率上(或附近),提高滤波效果。

提高滤波器的高频性能,首先就是选好和用好滤波电容。对于因电容器谐振导致的滤波频率范围过窄的问题,常用的解决方法是:将一个大电容和一个小电容并联起来使用,或选择寄生电感量小的电容,如三端电容、穿心电容等。

1. 大电容和小电容并联

将一个大电容和一个小电容并联起来使用,是兼顾高频和低频滤波要求的一种解决方案。大电容对低频干扰具有很好的抑制,但大电容谐振频率较低,对高频干扰的抑制较差,而小电容的谐振频率较高,能较好地抑制高频干扰。

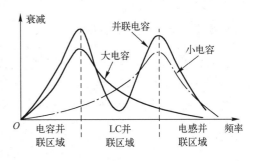

将大电容和小电容并联后,这个并联网络随着频率的变化可以分为三个区段,如图6-22所示。在大电容的谐振频率以下,是两个电容的并联网络;在大电容的谐振频率和小电容的谐振频率之间,大电容呈现电感特性(阻抗随频率升高增加),小电容呈现电容特性,等效为一个LC并联网络;在小电容的谐振频率以上,等效为两个电感的并联。

图6-22 大、小电容并联网络的滤波特性曲线

当大电容和小电容的阻抗相等时,相当于LC并联网络中L的阻抗等于C的阻抗,并联网络就在这个频率上发生并联谐振,导致其阻抗为无限大,这时电容并联网络实际上已经失去旁路作用。

2. 三端电容

与普通电容不同,三端电容的一个电极上有两根引线,将输入端和输出端分开,如图6-23(a)所示。使用时,这两根引线串联在需要滤波的导线中,与引线电感一起构成T形滤波器,如图6-23(c)所示。从这种结构的电容的等效电路中可以看出,一个电极引线上的寄生电感的有害作用已经消除,只有接地引线上的电感还起着不良作用。为了获得最好的效果,在使用时应将中间的导线(地线)直接接到低电感地上,避免这根引线上的电感破坏电容器的滤波效果。

图6-23 三端电容

3. 穿心电容

穿心电容实质上是一种三端电容,其内电极连接两根引线,外电极作为接地线。使用时,外电极通过焊接或螺装的方式直接安装在金属面板上,需要滤波的信号线连接在芯线的两端,如图6-24所示。穿心电容的阻抗特性接近理想电容,因此它的有效滤波范围可达

到数 GHz 以上。

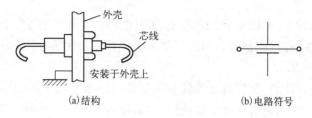

图 6-24 穿心电容

穿心电容之所以具有理想的滤波特性,是因为当穿心电容的外壳与金属面板之间在 360°的范围内连接时,连接电感是很小的,因此对于高频信号的阻抗很小,能够起到很好的旁路作用。另外,用于安装穿心电容的金属面板起到了隔离板的作用,使滤波器的输入端和输出端得到了有效的隔离,避免了高频时的耦合现象。

6.4.2　电感的频率特性

对于一个理想的电感而言,其阻抗随着频率的增大而线性增大。实际的电感器除了有电感,还有寄生电阻和电容。图 6-25 所示为实际电感的等效电路。寄生电容对电感的滤波特性有很大的影响,由于寄生电容与电感共同构成了并联网络,其阻抗为

$$|Z_{L}| = \frac{\sqrt{R^2+(\omega L)^2}}{\sqrt{(\omega RC)^2+(\omega^2 LC-1)^2}}$$

实际电感的阻抗特性曲线如图 6-26 所示,当频率为 $1/[2\pi(LC)^{1/2}]$ 时,会发生并联谐振,这时电感的阻抗最大。超过谐振点后,电感器的阻抗特性呈现电容阻抗特性,即阻抗随频率增加而降低。因此,一般电感的高频滤波特性不是很好。

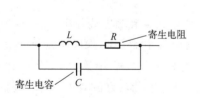

图 6-25　实际电感的等效电路

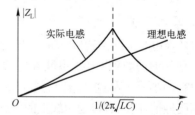

图 6-26　实际电感的阻抗特性曲线

实际电感的阻抗在谐振频率附近比理想电感的阻抗更高,在谐振点达到最大。利用这个特性,可以通过调整电感的电感量和改变绕制方法,使电感在特定的频率上谐振,从而抑制特定频率的干扰。

提高电感的谐振点的关键在于减小寄生电容。电感的寄生电容来自两个方面,一个是线圈绕组的线匝之间的电容,另一个是线圈绕组与磁心之间的电容。

减小绕组与磁心之间电容的方法,通常是在绕组与磁心之间加一层介电常数较低的绝缘材料,以增加绕组与磁心之间的距离。

线圈绕组的线匝之间的电容与线圈的绕法、匝数有关,绕得越密、匝数越多,电容越大。可以通过下面的方法减小匝间电容。

(1) 在条件允许的情况下,尽量采用单层绕制,并增大每匝之间的距离,能有效地减小匝

间电容。

（2）线圈的匝数较多，必须多层绕制时，要向一个方向绕，边绕边重叠，不要绕完一层后，再往回绕。这种往返绕制的方法会产生很大的电容，使电感仅能滤除频率很低的干扰。

（3）在一个磁心上将线圈分段绕制，这样每段的电容较小，并且总的寄生电容是两段上的寄生电容的串联，总电容比每段的寄生电容小。

（4）对于要求较高的滤波器，可以将一个大电感分解成一个较大的电感和若干电感量不同的小电感，将这些电感串联起来，可以使电感的带宽扩展。

6.5 有源滤波器

前述各种反射式滤波器都是仅由电容、电感、电阻等无源的集总参数元件构成的无源滤波器，其缺点是体积较大而笨重，不便于电路的小型化和集成化。采用双极型三极管、单极型场效应管和集成运算放大器等有源器件与无源器件相结合来模拟电感和电容的特性，可制成有源滤波器。有源滤波器的特点是功率大、体积和质量都非常小。由于引入了有源放大器件，所以有源滤波器在起滤波作用的同时，还可获得电压或电流增益，以补偿滤波网络对有用信号的衰减。目前的有源滤波器多用 RC 网络和集成运放组成。利用集成运放的放大作用，可以用较小值的阻容器件提供较大值的等效 L 和 C，从而获得较好的滤波效果。

有源滤波器可以有效地工作于很低的阻抗量级（例如低于 $1\,\Omega$），所以，即使在电源频率附近仍具有较好的调整特性。例如，一个由有源器件构成的电源线路滤波器，可以做到只让电源频率附近一段很窄频带内的频率分量通过。即使在信号源内阻和负载电阻很低的情况下，这种滤波器的电压衰减仍可达 $30\,dB$ 量级。如果级联成两级或多级滤波器，可得到更大衰减量。

有源滤波器通常有 3 种类型：

① 用有源器件模拟电感线圈的频率特性，对干扰信号形成一个高阻抗电路，称为有源电感滤波器。

② 用有源器件模拟电容器的频率特性，将干扰信号短路到地，称为有源电容滤波器。

③ 一种能产生与干扰电流振幅相等、相位相反的电流，通过高增益反馈电路把电磁干扰抵消掉的电路，称为对消滤波器。图 6-27 示出了一种根据相位抵消原理构成的有源对消滤波器，其工作原理是：输入功率通过调谐于电源频率的陷波滤波器馈送到放大器，而被放大的干扰分量，再通过串接于电源线上的变压器，反相地回输到电源线上。这样一来，除了电源和基波频率外，其他所有的频率成分都将因反相回输的作用而被衰减。其衰减量的大小，取决于放大器的功率增益。AFC 电路可以在有限范围内调节陷波滤波器，以补偿陷波滤波器调整元件的任何可能变化，使其谐振频率始终保持在电源基频上。

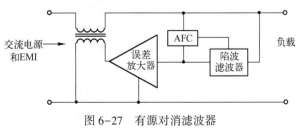

图 6-27 有源对消滤波器

6.6 吸收式滤波器

前面讨论的 LC 滤波器属于反射型滤波器,它的缺点是当它和信号不匹配时,一部分有用信号将被反射回信号源,从而导致干扰电平的增加。在这种情况下,可使用吸收式滤波器来抑制不需要的信号使之转化为热损耗,而仍能保证有用信号顺利传输。

吸收式滤波器也叫损耗滤波器,这种滤波器一般做成介质传输线形式,所用的介质可以是铁氧体材料,也可以是其他损耗材料。例如,电力系统常用的一种同轴型吸收式滤波器,是由内外表面均涂有导电材料的铁氧体管制成的。

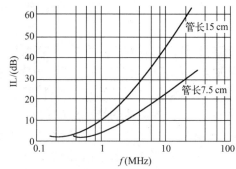

铁氧体在交变磁场的作用下,会产生涡流损耗、磁滞损耗和剩磁损耗,这些损耗随着磁场频率的升高而增大。正是利用铁氧体的这一特性,使吸收式滤波器可以消耗掉无用的信号分量。图 6-28 示出了用 $50\,\Omega$ 测试系统测得的两种吸收式滤波器的插入损耗曲线。两滤波器均用外径为 $1.6\,cm$、内径为 $0.95\,cm$ 的铁氧体管制成,只是两管的长度不同。由图可见,滤波器的截止频率与铁氧体管的长度成反比。

图 6-28 两种吸收式滤波器的插入耗损
($50\,\Omega$ 测量系统所测)曲线

将铁氧体材料直接填充在电缆里,就可以制成电缆滤波器,如图 6-29(a)所示。电缆滤波器的特点是体积小,可获得理想的高频衰减特性,只需要较短的一段电缆就可达到预期的低通滤波效果。

将铁氧体直接装到电缆连接器的插头上构成滤波连接器,如图 6-29(b)所示,它在 $100\,MHz \sim 10\,GHz$ 的很宽频率范围内可获得 $60\,dB$ 以上的衰减。

将铁氧体做成圆形磁环,套在信号线上,构成磁环扼流圈,如图 6-29(c)所示。由于导线穿过磁环后,在磁环附近的一段导线具有单匝扼流圈的特性,其阻抗将随着导线频率的升高而增大,所以对导线中的高频分量具有抑制衰减作用。这是一种简便而经济的损耗式滤波方法,广泛用于电源线上的滤波,在数字信号线中也时有采用。

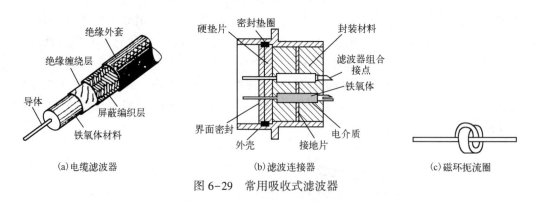

图 6-29 常用吸收式滤波器

6.7 反射-吸收组合式低通滤波器

如果把吸收式滤波器(例如一段损耗电缆)与反射式滤波器串接起来,既有陡峭的频率特

性,又有很高的阻带衰减,就可以更好地抑制高频干扰。图6-30(a)示出了用集总参数元件构成的反射式滤波器的损耗特性曲线,由图可见,在400 kHz附近,滤波器的插入损耗急剧增大,很快到达高损耗区,并一直延伸到3 MHz频率附近。当频率高于3 MHz后,损耗显著减小。

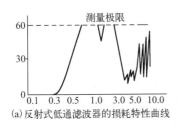 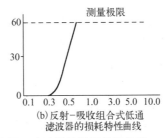

(a)反射式低通滤波器的损耗特性曲线　(b)反射–吸收组合式低通滤波器的损耗特性曲线

图6-30　反射式和反射–吸收组合式低通滤波器的损耗特性曲线

如果在该反射式低通滤波器的前面,接入一段同轴吸收线段(在同轴线中间用6:1的铁氧体粉–环氧树脂组合介质材料填充),则该组合式低通滤波器的损耗特性曲线如图6-30(b)所示。显然,新的损耗特性曲线保留了原有特性曲线的陡峭斜率,而阻带的损耗则明显地得到改善,使特性曲线更趋于理想。

6.8　电源滤波器

电源滤波器又叫电源噪声滤波器或电源线滤波器等。从频率选择的角度看,电源滤波器实际上是一种低通滤波器,它能基本无衰减地把直流电源和低频电源的功率输送到用电设备上去,同时又能抑制经电源线的高频干扰信号,以保护设备免受损害。另一方面,它也能抑制设备本身产生的干扰信号,防止干扰信号进入电源,污染电网中的电磁环境,危害其他设备。

电源线中的电磁干扰包括共模干扰和差模干扰两种。在如图6-31所示的单相交流电源电路中,存在于相线与地线间、中线与地线间的干扰信号 U_1 和 U_2 是共模干扰信号,而相线与中线间存在的干扰信号 U_3 是差模干扰信号。

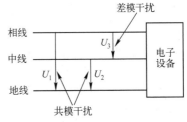

图6-31　电源线上的共模干扰与差模干扰

一般电源滤波器由 LC 低通网络构成,针对不同性质的干扰,分为共模滤波网络和差模滤波网络,如图6-32所示。图6-32(a)的共模滤波器由电源的相线和中线上分别串接一个电感 L_1 和 L_2,再分别对地线并接一个电容 C_y 构成。图6-32(b)的差模滤波器则由电源的相线和中线间跨接一个电容 C_x,同时在相线和中

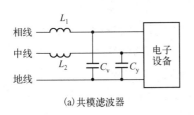 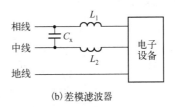

(a)共模滤波器　(b)差模滤波器

图6-32　电源基本滤波网络

线中分别串接一个电感 L_1 和 L_2 构成。实际上在电源线中往往共模和差模干扰并存,因此实用的电源滤波器均由共模滤波网络和差模滤波网络综合构成,如图 6-33 所示。

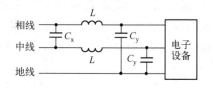

图 6-33　实用电源滤波网络

上述共模、差模和共模差模综合滤波网络中,两个电感 L_1 和 L_2 是绕在同一磁环上的两个独立线圈,它们的匝数相等、绕向相反,以使滤波器接入电源后,两个线圈内通过的共模电流所产生的磁通在磁环内相互抵消,避免磁环达到磁饱和状态,从而使两个电感值保持稳定。

C_y 是共模滤波电容,跨接在相线和地线与滤波器的外壳之间,对共模电流起旁路作用。受到漏电流的限制,共模滤波电容一般在 10 000 pF 以下。

C_x 是差模滤波电容,跨接在相线和中线之间,对差模电流起旁路作用,电容值一般为 0.1 ~ 1 μF。但是如果干扰的频率很低,电容值可以更大,而这要占用更大的空间。另外,差模电容过大会导致设备加电的瞬间产生很大的冲击电流。

L 是共模电感,但是也有一定的差模电感成分,能对共模和差模电流起抑制作用,电感量为 1 mH 至数十 mH,取决于要滤除的干扰的频率。频率越低,需要的电感量越大。

6.9　滤波器的选择和使用

电磁干扰滤波器的设计或选择,主要依据的是干扰特性和系统要求。因此,在设计或选择滤波器时,应该调查干扰的频率范围,估计干扰的大致量级,了解滤波器的使用环境,例如所使用电压、负载电流、环境温度、湿度、震动和冲击强度等环境条件。另外还需对滤波器在设备上的安装位置和允许的外形尺寸等因素有所考虑。一般可按以下原则来选择或自行设计滤波器:

(1) 电磁干扰滤波器在相应工作频率内,应能满足负载要求的衰减特性。若一种滤波器衰减量不能满足要求,则可采用多级滤波器串联。相同滤波器的级联,可以获得比单级更高的衰减;不同的滤波器级联,可以获得在宽频带内良好的衰减特性。

(2) 滤波器应满足负载电路工作频率和需抑制频率的要求。如果要抑制的频率与有用信号的频率非常接近,则需用频率特性非常陡峭的滤波器,才能把需抑制的干扰频率滤掉,而只允许有用频率信号通过。

(3) 在所要求的频率上,滤波器的阻抗必须与它所连接的干扰源或负载阻抗相匹配:如果负载为低阻抗,则滤波器的输出阻抗应低,反之则相反;如果电源或干扰源为高阻抗,则滤波器的输入阻抗应高,反之则相反;如果源阻抗或负载阻抗未知,或在很大的范围内变化,则很难得到稳定的滤波特性。

(4) 滤波器必须具有一定的耐高电压能力,以保证在所有预期工作的条件下都能可靠工作,能经受输入瞬时高电压的冲击。

(5) 滤波器允许通过的额定电流应与电路中连续运行的额定电流相当。额定电流定得高,会加大滤波器的体积和质量;定得低,又会降低滤波器的可靠性。

(6) 滤波器应与特定的用途相适应。例如,屏蔽室用的电源滤波器,应使其抑制频带与屏蔽室的防护频带相同,使插入损耗与屏蔽室的屏蔽效能有相同的数量级;又如,用于抑制工业干扰或消除电子设备向电网发射干扰的滤波器,则应在工业干扰的频谱范围(数十 MHz)内保持一定的插入损耗值等。

（7）滤波器应具有足够的机械强度,在满足要求的前提下,尽量结构简单,体积小,质量轻,安装方便,还要安全可靠。对于滤波器中应用较多的铁氧体 EMI 抑制组件,在使用空间允许的条件下,为了提高 EMI 抑制效果,一般以尽量选择长、厚和内孔小的铁氧体为原则。

除了选择合适的滤波器,还需注意把滤波器正确地安装到设备上,这样才能获得预期的干扰衰减特性。安装滤波器应注意以下几点:

（1）电源线路滤波器应安装在离设备电源入口尽量靠近的地方,不要让未经过滤波器的电源线在设备壳体内迂回。

（2）滤波器中的电容器引线应尽可能短,以免引线感抗和容抗在较低频率上谐振。例如穿心电容器就是一种为减小引线电感而设计的,它不需要专门的引线,因而引线电感很小,自谐振频率可以高达 1 GHz,是一种常用的干扰抑制元件。

（3）滤波器的接地导线上有很大的短路电流通过,会引起附加电磁辐射。故应对滤波器元件本身进行良好的屏蔽和接地处理。

（4）滤波器的输入和输出线不能交叉,否则会因滤波器的输入-输出电容耦合通路引起串扰(这种串扰有时是显著的,可出现超过-60 dB 的电磁干扰输入-输出耦合),从而降低滤波特性。通常的办法是在输入端和输出端之间加隔板或屏蔽层。

图 6-34 示出了 EMI 滤波器的几种不正确的安装方式。

在图 6-34(a)中,滤波器的输入线过长,外面进来的干扰还没有经过滤波,就已经通过空间耦合的方式干扰到线路板了。而线路板上产生的干扰可以直接耦合到滤波器的输入线上,传导到机箱外面,造成超标的电磁发射。

在图 6-34(b)中,滤波器的输入端与输出端之间靠得太近,且无隔离,因此存在明显的电磁耦合。存在于滤波器某一端的干扰信号会不经过滤波器的衰减而直接耦合到滤波器的另一端。

在图 6-34(c)中,滤波器的外壳与机壳之间有绝缘层,滤波器的金属外壳没连接到机壳上。大部分滤波器内部的共模滤波电容会连接到滤波器的金属外壳上,在安装时,通过将滤波器的金属外壳直接安装在机箱上实现滤波器的接地。在这种安装方式中,滤波器的金属外壳没有与机壳连接,因此对于共模滤波电容悬空,起不到滤波的作用。

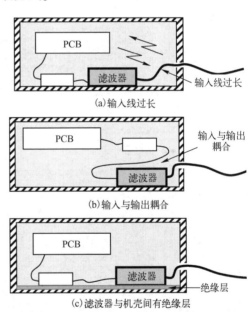

(a)输入线过长

(b)输入与输出耦合

(c)滤波器与机壳间有绝缘层

图 6-34　EMI 滤波器的几种不正确的安装方式

图 6-35 所示为滤波器的一种正确安装方式,滤波器的输入线很短,并且利用机箱将滤波器的输入端和输出端隔离开,滤波器与机壳之间接触良好。

图 6-35　滤波器的正确安装

习题

6.1　试说明电磁干扰滤波器与普通滤波器相比,有哪些特点?

6.2　哪些是影响滤波器功能的主要因素?

6.3　Π形滤波器的频率响应如何?

6.4　简述反射式滤波器和吸收式滤波器的基本工作原理。

6.5　试说明滤波器滤波功能与阻抗频率响应的关系。

6.6　电源线噪声大多来自何处?

6.7　如何将低通滤波器变为高通滤波器?

6.8　简要说明如何设计带通、带阻滤波器。

6.9　如何选用滤波器?

6.10　滤波器的安装应注意什么?

第7章　电磁干扰预测

7.1　电磁干扰预测的目的和作用

对电子设备或系统的电磁干扰预测（EMI prediction）就是通过理论计算的方法对电子设备或系统的电磁兼容性进行分析,目的在于发现系统(设备)中不兼容的薄弱环节和评价系统(设备)的安全裕度,为系统(设备)的电磁兼容性设计及技术实现提供科学、合理的依据。电磁干扰预测既是实现系统(设备)电磁兼容性的必要步骤,又是一种具有较高效费比的电磁兼容性工程技术方法,在电磁兼容性研究中占有很重要的地位。

电磁干扰预测采用计算机数字仿真技术,将各种电磁干扰源特性、传输函数和敏感度特性全都用数学模型描述,并编制成计算机程序,然后根据预测对象的具体状态,运行预测程序来获得设备或系统潜在的电磁干扰计算结果。

电磁干扰预测通常应用在设备或系统的方案设计和工程研制两个阶段,它的主要作用有以下几个方面:

(1) 分析给定设备组合体的电磁兼容性情况,预测分设备、系统可能出现的干扰问题,以便在设计早期采取合适的干扰抑制措施。

(2) 当修改某个设备的特性参数时,分析电磁干扰的变化。

(3) 在研制过程中,以实际参数代替模拟参数,可对系统进行电磁兼容控制,并且能对系统所采用的抑制电磁干扰的技术措施及其实际效果做出相应的评定。

(4) 制定干扰极限和敏感度规范。

(5) 给出满足系统总体技术指标和电磁兼容性要求的最佳参数选择及最佳配置方式,以便对系统进行优化设计。

(6) 全面评价系统的电磁兼容性能,确定系统的电磁干扰安全裕度。

7.2　电磁干扰预测建模

干扰预测模型包含源模型、传输耦合模型及敏感体模型。建立系统的干扰预测模型,应当以需求为基础,考虑实用性和可行性,并应考虑便于计算机程序处理。程序通常要求模型反映出系统中最主要的一阶干扰效应。只有在特殊的工程要求中才考虑高阶干扰效应。

1. 电磁干扰预测的建模方法

建模方法一般有两种:

(1) 函数描述法或函数拟合法

有一些模型可以用函数来描述,或通过实测来描述。例如天线方向图,将实测方向图,拟合出天线增益关于方向角度的经验公式,而后将理论公式或经验公式编入程序,运算时只需求出相对角度代入公式即可得到方向增益。这种方法的优点是精度高,但通用性差,每增加一种新型天线都必须修改源程序,当天线种类增加到一定数量后,由于判断语句过多,严重降低运算速度。

(2) 折线拟合法

例如发射机通带特性曲线、接收机通带特性曲线、天线方向性曲线等都可以用折线拟合法近似处理。仍以天线方向性为例,它是以一组天线增益数据及各增益点对应角度值来模拟天线方向图的。计算时利用相对角度值在折线模型上进行插值运算。折线模拟的精度取决于取样点数,但取样点数的多少应适当,点数太少,精度不够;点数太多,运算速度下降。

建立模型的选择,由分析其目的、对其精度要求、原始详细数据及可靠性来确定。最简单的模型,要求用较少的时间和在较小范围的初始信息的分析,但可靠性低。采用简单模型对于获得初步估计最合适,它提供了事物变化的趋势。较完善的模型,要求较详细的初步信息,这明显要复杂得多,但准确性和可靠性也更高。

2. 干扰余量 IM

为了确定一个系统是否存在潜在干扰,引入"干扰余量(IM,Interference Margin)"参数来描述。它可用潜在干扰源对敏感设备产生的有效干扰功率与敏感设备的敏感度门限相比较来表示。

设有效干扰功率为 P_I、敏感度门限值为 P_R,则

$$IM = P_I - P_R \tag{7-1}$$

若 IM>0,即 $P_I > P_R$,则表示存在潜在干扰;

若 IM<0,即 $P_I < P_R$,则表示系统能兼容工作;

若 IM=0,即 $P_I = P_R$,则表示处于临界状态。

3. 功能质量指标

一个具体设备可以用某些数据质量指标 Q 来反映该设备完成自身基本功能的状况。例如,对于传输数据的数字系统,Q 代表正确传输概率;对于无线电话通信设备,Q 代表语言清晰度指标(清晰度系数)等;对于图像和传真系统,Q 代表分辨率;对于雷达系统,Q 代表检测概率或虚警概率;对于导航系统,Q 代表方位角、距离、经纬度和高度等的误差率。

质量指标 Q 可作为设备或系统电磁兼容性的判据。在没有外来干扰时,Q 的数值取决于信噪比,即

$$Q = Q(P_S/P_N) \quad 或 \quad Q = Q(U_S/U_N) \tag{7-2}$$

式中,P_S 和 U_S 为敏感设备输入端的信号功率和电压;P_N 和 U_N 为敏感设备自身的噪声功率和电压。

在非有意电磁干扰作用下,性能指标的数值可能发生改变,取决于信号与(干扰+噪声)的比,即

$$Q = Q(P_S/(P_I + P_N)) \quad 或 \quad Q = Q(U_S/(U_I + U_N)) \tag{7-3}$$

式中,P_I,U_I 为敏感设备输入端的有效干扰功率和电压。

Q 改变的程度取决于非有意电磁干扰能量、频谱和统计特性,以及信号的处理方式、编码选择方法、保护接受器不受有意和非有意干扰采取的特别措施等。

非有意电磁干扰作用条件下,确定电子设备或系统的电磁兼容性问题,主要是确定干扰作

用下性能指标 Q 的降低。按照相应的数值评价,设非有意电磁干扰对接受器影响的允许值为 Q_0,如果

$$Q(P_S/(P_I+P_N))>Q_0(P_S/(P_I+P_N)) \tag{7-4}$$

则电磁兼容性可得到保证。

4. 干扰源模型

干扰源模型从广义来说,又可以称为发射器模型。从传输特性来划分干扰源模型,可分为传导源模型和辐射源模型两类。传导源模型通常用电压源和电流源模型来表示,辐射源模型通常用功率或场强(电场强度和磁场强度)来表示。

描述干扰源的参数可以是干扰的时域特性,也可以是干扰的频域特性。但是,当所要建立的源模型是一个随机源时,由于随机信号的时域值很难预测,所以,在这种情况下必须用频域参数表示。用时域特性描述的源模型称为时域模型,用频域特性描述的源模型称为频域模型。显然,频域模型可以更精确地描述干扰的发射频谱,因此建立干扰源的频谱特性用以表示源的全部重要特征是非常重要的。

(1) 辐射干扰源模型

辐射干扰源模型包括功能性辐射干扰源模型和非功能性辐射干扰源模型。

功能性辐射干扰源模型用来描述各种天线发射的电磁波,一般用发射机的基本调制包络特性表示主通道模型,而用它的谐波调制包络特性和非谐波辐射特性来表示谐波干扰模型的乱真干扰模型。

非功能性辐射干扰源模型用来描述各种高频电路、数字开关电路、电感性瞬变电路等所引起的电磁干扰。此类辐射干扰源模型通常有:①电偶极子;②磁偶极子;③各种振荡波(正弦波、脉冲波、阶梯波、指数振荡衰减波等);④各种调制类(调幅、调频、开关键控、频率键控、数字调制等)信号;⑤噪声波。

辐射干扰源模型一般是以电场和磁场源模型来表示的。但要指出的是,由于辐射干扰的随机因素较多,因此要建立准确的辐射干扰源模型是比较困难的。

(2) 传导干扰源模型

传导干扰与辐射干扰的性质是不同的,传导干扰往往用电压源和电流源模型来表示。电压或电流源模型通常有:①单频(连续波)电压或电流;②梯形脉冲序列电压或电流;③斜坡或阶跃电压或电流;④梯形脉冲电压或电流;⑤以频谱密度数据构成的电压或电流。上述 5 种中又以连续干扰源和脉冲(或脉冲串)干扰源最具典型意义。

连续干扰源,如工业加温、高频感应电炉、高频医疗设备、接收机本振等,都可认为能产生连续的干扰。它们的特点是:有比较规律的高频振荡,造成的干扰近似为谐波干扰,其频谱带宽较窄。

脉冲干扰源(单脉冲或脉冲串),如点火系统、点火电路中流动的脉冲电流和瞬变过程、电力线或供电系统偶发脉冲等,都会造成强大的干扰。它们的特点是频谱较宽,可达到 GHz 量级的频带。

5. 耦合通道模型

耦合通道模型主要是传导型耦合模型和辐射型(空间传输)耦合模型。当然它们不是绝对可划分的,因为有时两者交织在一起。归纳起来需要建立的耦合模型主要有:①相距很近的两导线间电容耦合模型;②相距很近的两导线间电感耦合模型;③通过公共阻抗的电路耦合模

型;④电磁场−导线的耦合模型;⑤天线−天线的耦合模型;⑥机壳−机壳的耦合模型;⑦自由空间传输损耗模型;⑧地形地物影响传输损耗模型等。

在涉及天线的耦合模型中,既有电磁波在空间、平滑地面、丘陵、高山地区的传播,也有沿飞机、导弹、舰船等表面的近区场耦合,还要涉及天线附近障碍物(如飞机机身、卫星星体、导弹弹体、舰船高层建筑等)的散射影响,因此建立传输函数模型涉及电磁场数值问题求解、电磁传播理论等,比较复杂和困难。

6. 接受器模型

按评价效应的详细程度,接受器特性有多种不同的模型,所以详细说明接受器特性是一项非常复杂的任务。

接受器模型亦称为敏感器模型,用以描述接受器(敏感器)对输入信号和干扰的响应。在实际电磁兼容工程中,最为常见的敏感器有两类:一类是以接收无线电波为主要功能的接收机;另一类是由模拟、数字电路组成的电子设备。因此从实际情况出发,用于电磁兼容性预测的敏感器模型主要有接收机敏感模型和模拟、数字电路敏感模型。

接收机敏感模型是对各种接收天线的辐射干扰响应特性的描述。常用的接收机敏感模型主要有接收机主通道、附加通道的频率选择性模型,接收机非线性引起的阻塞、交调、互调模型。

模拟、数字电路对电磁干扰的响应一般都用敏感度来描述,如果考虑连续频谱干扰信号作用,则可用电压峰值检波模型来描述,即

$$U = \int_{f_1}^{f_2} P(f) U(f) \, \mathrm{d}f \tag{7-5}$$

式中,f_1、f_2 为频带宽度的起止频率;$P(f)$ 为灵敏度,是频率的函数;$U(f)$ 为接受器接收的电压频谱密度;U 为接受器接收到的电压峰值。

$U(f)$ 通常不带相位信息,所以峰值电压是根据 $U(f)$ 为冲激脉冲的假设得到的,冲激脉冲产生的 $U(f)$ 最大。$P(f)$ 是由两个或多个滤波器的乘积形成的,每一个滤波器可以具有不同级数和不同截止频率的高通、低通或带通性能。由于干扰源模型和耦合模型通常都考虑相位信息(时域参数),因此,接受器模型通常要求输入连续频谱,用一组幅度每变化 6 dB 取一个点连成的折线来描述每个滤波器,点数应给计算程序提供合适的计算分辨率。

7.3　电磁干扰发射机模型

发射机的主要功能是产生电磁能量,这种电磁能量在一个确定的频带内包含着直接的或间接的信息,并且发射到特定的空间区域中。除了在所需的频带范围内的基本辐射,发射机还在一些寄生频率上产生许多不需要的辐射,称之为无用信号。有用信号或无用信号都会在接收机或其他设备中产生电磁干扰(EMI)。因此,从电磁兼容的观点来看,所有的发射机都必须作为潜在的干扰源来加以对待。

当把发射机作为电磁环境的一个元素来描述时,不需要研究它的构造,只需确定所产生能量的时间、频率和空间分布,并建立相关模型。辐射能量的空间分布由发射天线的方向性决定;频谱描述的精确性,取决于电磁干扰预测所需的精确程度。发射机的各项辐射可以在频谱中予以区别,可分为:①基波辐射(基本辐射);②基波的谐波辐射;③非谐波辐射;④噪声。

干扰源模型描述了发射机的输出特点,包括基波辐射、谐波辐射、非谐波辐射及噪声等,同时还须考虑发射机的频带宽度、调制方式等因素。

影响电磁兼容性的发射机参数包括:描述基本辐射功能的参数,如功率(电压)、功率流密度(电场强度)、频移、占用带宽等;描述发射机带外辐射、谐波辐射、分谐波辐射、非谐波辐射和互调辐射的参数,如功率(电压)、功率流密度(电场强度)、频率等。

7.3.1 基波发射模型

1. 基波辐射幅度模型

由于基波有相当高的功率电平,这些发射是潜在的最严重的干扰源,因此需要特别详细的考虑。与基波发射有关的特性通常由设备规格书给出,因而此数据容易得到,不存在复杂的数据采集问题。此外,给定发射机型号的各个设备其基波功率输出变化很大,存在由于设备不同而导致能量输出不同的较复杂的情况。因此,这些发射机的基本辐射只能用统计方法来描述。

对电磁干扰预测来说,假定以 dB 表示的基波功率变化是正态分布的随机变量,则能量分布由基波功率平均值$\overline{P}_{\mathrm{T}}$和标准偏差 σ_{T} 来表示。如果没有现成的具体数据,发射机基波功率应以正态分布表示,其平均值等于发射机额定输出功率,标准偏差等于 2 dB。

当有现成的几种不同编号的发射机工作在不同调谐频率(总采样数为 M)的测量数据时,其功率的分布用平均值及标准偏差表示,基波辐射的平均功率和标准偏差为

$$\overline{P}_{\mathrm{T}}(f_{\mathrm{oT}}) = \frac{1}{M}\sum_{i=1}^{M} P_{\mathrm{T}i}(f_{\mathrm{oT}}) \tag{7-6}$$

$$\sigma_{\mathrm{T}}(f_{\mathrm{oT}}) = \left\{\frac{1}{M-1}\sum_{i=1}^{M}\left[P_{\mathrm{T}i}(f_{\mathrm{oT}}) - \overline{P}_{\mathrm{T}}(f_{\mathrm{oT}})\right]^2\right\}^{1/2} \tag{7-7}$$

式中,f_{oT} 为基波频率;$P_{\mathrm{T}i}$ 为基波输出功率的各个测量值;$\overline{P}_{\mathrm{T}}$ 为工作于不同调谐频率的发射机的基波功率平均值;M 为取样总数。

2. 基波辐射频率特性

当发射机存在调制发射信号时,基波输出功率并不限定在单一频率上,它分布在基波附近的频段内,其频谱特性由基带调制特性决定,并且用基带调制包络函数 $M(\Delta f)$ 来描述。

在电磁干扰预测中,调制包络函数采用折线拟合法,用分段线性函数(频率轴用对数坐标)来近似,表示为

$$M(\Delta f) = M(\Delta f_i) + M_i \lg\frac{\Delta f}{\Delta f_i}, \quad \Delta f_i \leqslant \Delta f \leqslant \Delta f_{i+1} \tag{7-8}$$

式中,$\Delta f = |f - f_{\mathrm{oT}}|$ 为实际频率与基带中心频率的差值;$\Delta f_{i+1} - \Delta f_i$ 为第 i 区的频带;$M(\Delta f_i)$ 为频带 Δf_i 边缘上的带外辐射功率相对于 0 dB 的下降值;M_i 为第 i 频带范围内频谱包络函数之斜率,并由下式决定

$$M_i = \left[M(\Delta f_{i+1}) - M(\Delta f_i)\right] / \left[\lg(\Delta f_{i+1}) - \lg(\Delta f_i)\right] \tag{7-9}$$

Δf_i 取决于近似法要求的准确度。

如果发射机没有已知的调制包络函数的上述参数,则无法获得频率特性,可以根据图 7-1~图 7-4 所示的典型发射机的调制包络曲线来确定,调制包络的具体数据由表 7-1 给出。

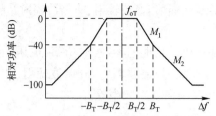

图 7-1 调幅通信和连续波雷达的频谱包络

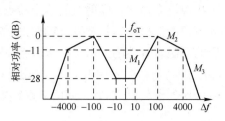

图 7-2 幅度话音调制包络

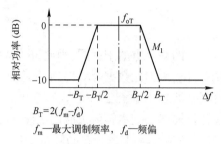

$B_T = 2(f_m - f_d)$

f_m—最大调制频率，f_d—频偏

图 7-3 频率调制包络

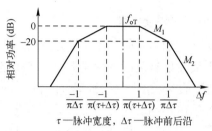

τ—脉冲宽度，$\Delta\tau$—脉冲前后沿

图 7-4 脉冲调制包络

表 7-1 调制包络数据

调制类型	i	Δf_i	$M(\Delta f_i)$	M_i
调幅通信和连续波雷达	0	$0.1B_T$	0	0
	1	$0.5B_T$	0	-133
	2	B_T	-40	-67
幅度话音调制	0	1Hz	-28	0
	1	10Hz	-28	28
	2	100Hz	0	-7
	3	4000Hz	-11	-60
频率调制	0	$0.1B_T$	0	0
	1	$0.5B_T$	0	-333
	2	B_T	-100	0
脉冲调制	0	$\dfrac{1}{10\tau}$	0	0
	1	$\dfrac{1}{\pi(\tau+\Delta\tau)}$	0	-20
	2	$\dfrac{1}{\pi\tau}$	$-20\lg\left(1+\dfrac{\tau}{\Delta\tau}\right)$	-40

7.3.2 谐波发射模型

谐波的幅度在所有发射机输出当中是除了基波以外最大的，所以发射机杂波发射模型以谐波发射模型为基础。据统计，同一型号不同编号的发射机所发射谐波幅度的随机差值可以高达几十 dB，所以限定发射机频谱的确定形状是不现实的，而应以概率来表示。

在确定发射机谐波发射平均电平时，通常假设：①发射机谐波发射的平均电平随谐波数的增加而减小；②每个谐波辐射功率按正态分布，标准偏差与谐波次数无关。因此，谐波发射的平均功率为

$$\overline{P}_T(Nf_{oT}) = \overline{P}_T(f_{oT}) + A\lg N + B, \quad N \geq 2 \tag{7-10}$$

式中，f_{oT} 为基波频率；$\overline{P}_T(Nf_{oT})$ 为第 N 次谐波的平均功率；N 为谐波次数，通常 $N \le 10$；A，B 为由特定发射机所决定的常数，可由测量数据得到。

如果有测量数据，常数 A、B 和 σ 的值可由测量数据得到。在没有现成的具体数据的情况下，可采用表 7-2 给出的统计综合数据。

表 7-2 发射机谐波发射模型中参数 A、B 和 σ 的统计综合数据

按基波频率划分的发射机类别	A [dB/10 倍频]	B [高于基频的 dB]	$\sigma(Nf_{oT})$ [dB]
所有发射机	−70	−30	20
低于 30 MHz 的发射机	−70	−20	10
30～300 MHz 的发射机	−80	−30	15
大于 300 MHz 的发射机	−60	−40	20

表 7-2 的第 1 行给出了由所有发射机数据导出的 A、B 和 σ 值，第 2~4 行给出按基频分类统计的各组发射机的 A、B 和 σ 值。在所指出的每一频段内发射机的平均谐波输出电平见表 7-3。

表 7-3 发射机的平均谐波输出电平的统计综合数据[高于基频的 dB]

谐 波 数	所有发射机 ($\sigma = 20$ dB)	按基波频率划分的发射机类别		
		低于 30 MHz 的发射机 ($\sigma = 10$ dB)	30～300 MHz 的发射机 ($\sigma = 15$ dB)	大于 300 MHz 的发射机 ($\sigma = 20$ dB)
2	−51	−41	−54	−55
3	−64	−53	−68	−64
4	−72	−62	−78	−70
5	−79	−69	−86	−75
6	−85	−74	−92	−79
7	−90	−79	−97	−82
8	−94	−83	−102	−85
9	−97	−87	−106	−88
10	−100	−90	−110	−90

有关的标准和规范是谐波辐射模型的又一个来源。在某些系统规划与设计中，若要求判断该设备是否符合标准和规范而出现电磁干扰问题时，可以通过规定 A 和 σ 为零、B 为规范界限值来得到。国军标 GJB151B-2013 规定：除二次和三次谐波外，所有谐波发射至少应比基波电平低 80 dB；二次和三次谐波应抑制 $50+10\log P$（P 为基波峰值输出功率）或 80 dB，取抑制要求最小者。

在谐波辐射中，假设与载频谐波相关的调制包络与描述基波输出的基带调制包络有同样的形状，所占的带宽对所有谐波都一样，等于基波带宽，即 $B_T(Nf_{oT}) = B_T(f_{oT})$。因此，谐波辐射的调制包络仍按式(7-8)计算，其中 $\Delta f = |f - Nf_{oT}|$。

7.3.3 非谐波发射模型

除了谐波信号，发射机还产生其他的非谐波信号。非谐波信号是发射机内存在寄生耦合

引起的自激结果,这些信号的功率电平通常低于谐波辐射功率电平。然而,在特殊情况下,非谐波辐射可能引起严重干扰,尤其在低于基频的情况下,须考虑非谐波辐射,因为基频谐波在这一频段内并不存在。

发射机非谐波辐射的一般模型可用类似于式(7-10)的公式来表示。唯一的区别是把 Nf_{oT} 用一个连续变量 f 来代替,并设常数 A' 和 B',即

$$\overline{P}_T(f) = \overline{P}_T(f_{oT}) + A' \lg |f/f_{oT}| + B' \tag{7-11}$$

式中,$\overline{P}_T(f)$ 为非谐波辐射平均功率;f 为非谐波辐射频率,由实际测试的功率谱确定;A'、B' 为可由发射机说明书中查询的常数。

某些发射机(例如采用磁控管的发射机),在一些与基波频率为非谐波关系的频率上,有很强的辐射。这种非谐波辐射不能在频率方面有准确的预测,只可能了解在距辐射基频 f_{oT} 有一特定频率间隔 Δf 的频率区间 B 中有辐射输出的概率,这种可能的概率可用下式表示

$$p = HB/f_{oT} \tag{7-12}$$

式中,H 为取决于发射机种类的一个常数;B 为所考虑的频带宽度。

当发射机的功率大于 1000 W 时,宽带噪声的功率值在干扰预测中应予以考虑。噪声的平均功率可加到基频调制包络功率上。对其他各频率,噪声电平可以用与非谐波辐射相同的方法来描述。

7.4　电磁干扰接收机模型

7.4.1　接收机的选择性

理想的无线电接收机应该仅在特定的通带范围内,通过天线输入端接收有用信号。然而,任何实际接收机都不存在理想的通带,都具有接收带外信号的能力。除接收机端口信号或干扰侵入方式,接收质量还与接收机的非线性和类型、信号的调制方式、信号和干扰的频谱有关。

一个理想的接收机的选择性曲线是如图7-5所示的矩形,只有当干扰频率包含在矩形选择曲线的通带内时,干扰才可能达到接收机输出端。实际的接收机的选择性曲线见图7-6,它表明干扰影响程度取决于其频率特性。干扰频率 f 与接收机调谐频率 f_{oR} 间的频率间隔越大,则对接收质量影响越小。

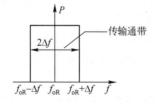

图7-5　理想接收机选择性曲线

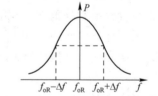

图7-6　实际接收机选择性曲线

由于实际选择性与矩形选择性有很大差别,通常可用一个形状系数 K_x 来评价接收机的实际选择性,它是在 x dB 电平(例如 60 dB 电平)上测量的接收机通带与在 3 dB 电平上测量的接收机通带宽度之比,即

$$K_x = B_{xdB}/B_{3dB} \tag{7-13}$$

相当数量的无线电接收机有很高的 K_x 值,90%的接收机 $K_{60}>2.5$,50%的接收机 $K_{60}>4$,20%的接收机 $K_{60}>8$。

接收机模型用以表征接收机的基频响应、乱真响应、互调、交调等特征。按评价效应的详细程度,接收机模型包括:基本接收通道频率选择性模型、乱真接收通道频率选择性模型、接收机的互调模型、交调模型和减敏模型。

影响电磁兼容性的接收机参数包括:

- 描述主接收通道功能的参数:灵敏度、噪声、通带等;
- 描述附加接收通道的参数:中频谐波、镜频谐波、调谐频率谐波的敏感度电平、频率等;
- 描述接收机阻塞频率选择性的参数:阻塞敏感度电平、阻塞系数、阻塞动态范围;
- 描述接收机交调频率选择性的参数:交调敏感度电平、交调系数、交调动态范围;
- 描述接收机互调频率选择性的参数:互调敏感度电平、互调系数、互调动态范围。

7.4.2 基本接收通道模型

1. 基本接收通道的敏感度门限

基本接收通道的敏感度门限通常由接收机噪声电平来表示,选择此电平是因为它表示需考虑的最小干扰信号电平。对电磁兼容性分析来说,接收机同频道敏感度表示为统计参数,等于接收机标称噪声电平的平均值 $P_R(f_{oR})$。

如果没有现成的接收机同频道敏感度门限 $P_R(f_{oR})$ 的数据(即接收机噪声),则 $P_R(f_{oR})$ 可由接收机带宽和噪声系数计算得到

$$P_R(f_{oR}) = TFkB_R \qquad (7-14)$$

式中,k 为玻尔兹曼常数(1.38×10^{-23} J/K);F 为接收机噪声系数(dB);T 为绝对温度(K);B_R 为接收机带宽(Hz)。

当没有现成测量数据时就采用 2 dB 的标准偏差,它表示现有数据统计综合的结果。

2. 基本接收通道的频率特性

最简单的基本接收通道的频率选择性模型,就是用单信号法或多信号法测得的选择性特性。用几段折线拟合近似,表示为

$$S(\Delta f) = S(\Delta f_i) + S_i \lg(\Delta f / \Delta f_i), \quad \Delta f_i < \Delta f < \Delta f_{i+1} \qquad (7-15)$$

式中,$S(\Delta f)$ 为接收机中频选择性(dB);S_i 为可用区选择性曲线斜率(dB);Δf_i 为可用区带宽(Hz);$S(\Delta f_i)$ 为接收机可用区带宽选择性(dB);$\Delta f = |f - f_{oR}|$ 为偏离调谐频率 f_{oR} 的频率间隔(Hz)。

当有现成的频谱特性数据或其他测量数据时,可通过规定与 3 dB、20 dB 和 60 dB 选择性电平有关的频率偏移来应用上面的模型。

7.4.3 乱真响应模型

1. 接收机乱真响应频率

通常,超外差接收机对带外信号是敏感的,此信号能在接收机内产生乱真响应。分析乱真响应对接收机干扰影响的模型取决于乱真响应的频率。

如果干扰信号频率使得该信号或其谐波能与本振或其谐波混频,以产生接收机中频通带内的输出,则可能产生乱真响应。

为了在超外差接收机内产生乱真响应,需要干扰信号或其谐波与本振或其谐波混频产生中频通带内的输出。对单次变频超外差接收机能产生乱真响应的频率为

$$f_{SR} = \left| \left(pf_{Lo} \pm f_{IF} \right) / q \right| \tag{7-16}$$

或

$$f_{IF} = \left| pf_{Lo} \pm qf_{SR} \right| \tag{7-17}$$

式中,p 为本振谐波次数;q 为干扰信号谐波次数;f_{Lo} 为本振频率(Hz);f_{SR} 为乱真响应频率(Hz);f_{IF} 为中频(Hz)。

可得出结论,式(7-16)形成大部分的超外差接收机的乱真响应频率。测试表明在多级变频接收机中可能出现由第二次或更高次变频过程产生的乱真响应,但不严重。

产生 $q=1$ 响应所需的信号电平(即干扰基波响应)通常在幅度上比产生 q 值大的响应所需的信号电平低。

p 的整数值是本振的谐波数。对于固定的 q,如果中频比本振频率低(通常是这种情况),由式(7-16)带正号和负号产生的响应可能合为一组。

2. 接收机乱真响应敏感度门限

标准偏差是由大量的随机变量导出的一个随机偏差,此随机偏差是正态分布的,标准偏差与响应频率无关。

标准偏差和平均敏感度门限电平作为电磁干扰分析中所用的乱真响应模型基础。接收机乱真响应类似于发射机谐波发射,有

$$P_R(f_{SR}) = P_R(f_{oR}) + I \lg p + J \tag{7-18}$$

式中,$P_R(f_{SR})$ 为对特定 p 的平均乱真响应敏感度门限(dBm);$P_R(f_{oR})$ 为基本接收通道敏感度门限(dBm);I 和 J 为对每一接收机型号确定的常数;p 为本振谐波数。

为了将此模型应用到具体问题,需要确定参数 I 和 J,也要确定标准偏差 σ_R,可通过对现成数据的统计综合、接收机规范或具体测量数据的分析获得。

当没有现成的具体测量数据时,获得乱真响应敏感度门限的另一种方法是由类似的各组接收机数据推导出统计综合值,常数 I、J 和 σ 见表7-4。该表第1行给出了由所有接收机数据导出的 I、J 和 σ 值,第2~4行给出了按基频分类的各组发射机的 I、J 和 σ 值。在所指出的每一频段内接收机的乱真响应平均电平见表7-5。

表7-4　接收机乱真响应幅度模型中参数 I、J 和 σ 的统计综合数据

按基波频率划分的 接收机类别	I [dB/10 倍频]	J [高于基频的 dB]	$\sigma_R(f_{SR})$ [dB]
所有接收机	35	75	20
低于 30 MHz 的接收机	25	85	15
30~300 MHz 的接收机	35	85	15
大于 300 MHz 的接收机	40	60	15

有关的标准和规范是接收机乱真响应电平的又一个来源。在某些系统的规划与设计中,若要求判断该设备是否符合标准和规范而出现的电磁干扰问题时,可以规定 I 和 σ 为零,J 为规范界限值。国军标 GJB151B-2013 规定 $J=80$ dB,即接收机对带外发射的敏感度门限至少高于接收机灵敏度 80 dB。

表 7-5　接收机乱真响应平均电平的统计综合数据[高于基频的 dB]

谐 波 数	所有接收机 $\sigma=20\,dB$	按基波频率划分的发射机类别		
		低于 30 MHz 的发射机	30~300 MHz 的发射机	大于 300 MHz 的发射机
1(镜像)	75	85	85	60
2	85	93	95	72
3	92	97	102	79
4	96	100	106	84
5	99	102	109	88
6	102	104	112	91
7	105	106	115	94
8	107	107	117	96
9	108	109	118	98
10	110	110	120	100

7.4.4　接收机互调

由于接收机内的非线性,两个以上的干扰信号可以混频,即产生互调,形成其他频率的信号。如果这些新频率足够接近接收机调谐频率,则可能被放大和检波,导致性能恶化。

1. 互调频率

产生互调的两个干扰信号的频率 f_1 和 f_2 满足关系

$$|mf_1 \pm nf_2| = |f_{oR} \pm B_R| \tag{7-19}$$

式中,f_{oR} 为接收机调谐频率(Hz);B_R 为接收机中频带宽(Hz);m 和 n 为整数。

在电磁干扰预测中,潜在的互调干扰源信号处在接收机调谐频率附近,并产生互调产物,此产物落在接收机调谐频率 f_{oR} 附近整个 60 dB 带宽内。两个干扰信号导致潜在的严重互调的频率准则为(通常认为七阶以上已不是干扰的重要来源)。

二阶互调:　$|f_N \pm f_F - f_{oR}| \leqslant B_{R,60}$　　三阶互调:　$|2f_N - f_F - f_{oR}| \leqslant B_{R,60}$

五阶互调:　$|3f_N - 2f_F - f_{oR}| \leqslant B_{R,60}$　　七阶互调:　$|4f_N - 3f_F - f_{oR}| \leqslant B_{R,60}$

式中,f_N 为离 f_{oR} 最近的干扰发射频率(Hz);f_F 为离 f_{oR} 最远的干扰发射频率(Hz);$B_{R,60}$ 为接收机整个 60 dB 中频带宽(Hz)。

2. 互调幅度模型

互调幅度模型利用等效输入功率电平来表示,其表达式为

$$P_E = nP_F + mP_N + IMF \tag{7-20}$$

式中,n 为对应于离 f_{oR} 最远的发射频率的谐波次数;m 为对应于离 f_{oR} 最近的发射频率的谐波次数;P_F 为频率 f_F 的干扰信号产生的接收机输入功率(dBm);P_N 为频率 f_N 的干扰信号产生的接收机输入功率(dBm);IMF 为互调系数。

7.4.5　接收机交调

所谓交调干扰是指不希望信号对希望信号的调制,一般由在接收机邻近频道中的强信号产生。交调产生于接收机的非线性效应,并要求干扰源具有幅度变化,即调幅。不是通过调幅来传输信息的接收机不受非线性交调的影响。

形成交调干扰的频率要求不像互调那样严格，在邻近频道内任意频率的单一干扰信号都有可能产生交调，这是比较严重的问题，然而希望信号对交调产物幅度的影响可能抑制信噪比，使交调不如互调那样严重。

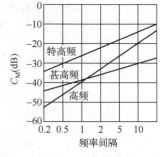

图 7-7　交调参数

由调幅双边带干扰产生的交调可表示为

$$S/I = -2P_A + C_M \tag{7-21}$$

式中，S/I 为输出信干比（dBm）；P_A 为有效干扰信号功率（dBm）；C_M 为交调参数，见图7-7。

7.4.6　接收机减敏

当接收机经受在邻近调谐频率的频道内的一个或多个强干扰信号时，导致接收机前端信号的增益下降，称为减敏效应。减敏信噪比的计算公式为

$$(S/N)' = P_D - P_{REF} - (P_A - P_{SAT})/R + (S/N)_{REF} \tag{7-22}$$

式中，P_D 为希望信号电平（dB）；P_{REF} 为基准信号电平（dB）；$(S/N)_{REF}$ 为基准信号电平信噪比（dB）；P_A 为接收机输入端的干扰信号功率（dBm）；P_{SAT} 为接收机前端饱和电平（dBm）；R 为减敏率，见图7-8。

如果接收机输入端出现多于一个的不希望信号，则式（7-22）中的 $P_A - P_{SAT}$ 应由下式替代

$$P_{EQ} = 10\lg \sum_{K=1}^{N} 10^{(P_{AK} - P_{SATK})/10} \tag{7-23}$$

式中，P_{EQ} 为合成有效干扰功率（dBm）；P_{AK} 为第 K 个发射机在接收机输入端产生的干扰功率（dBm）；P_{SATK} 为在第 K 个发射机频率时接收机前端饱和电平（dBm）；N 为不希望信号总数。

如果设计中不知道接收机前端饱和电平，可用下式进行估算

$$P_{SAT} = P_B + 10\lg(\Delta f / f_{oR}) \tag{7-24}$$

式中，P_B 为饱和基准电平（dBm），见图7-9；Δf 为相对于接收机调谐频率的干扰发射频率间隔。

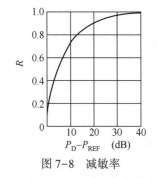

图 7-8　减敏率

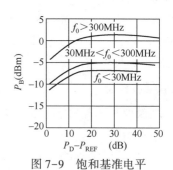

图 7-9　饱和基准电平

7.5　天线模型

7.5.1　天线的方向性

发射天线的功能是把发射机在特定频带中产生的电磁能量辐射到一个特定的空间区域

中,接收天线接收从某个特定方向或几个方向送来的电磁能量。按照互易定理,不论天线用于发射还是接收,其天线各参数保持不变。

干扰源在空间各个方向辐射电磁干扰的能力是不同的,由干扰源天线的方向图确定。天线的方向图是一幅三维空间的图形,为方便起见,通常采用两个截面图(水平的和垂直的,或用 E 面和 H 面两个截面)表示。

天线方向图主波束截面称为主瓣,主瓣部分称为有意辐射区,副波束的截面称为旁瓣,所有非主瓣部分的区域称为非有意辐射区。

天线无论是发射电磁波还是接收电磁波都可分为方向性天线(定向天线)和无方向性天线(全向天线)。

在给定的电磁干扰预测问题中可能有各种不同形式的天线,从基本上是全向辐射的天线到高方向性天线。虽然在干扰预测中也考虑全向型天线,但由于天线增益较低,不致形成严重问题。对于方向性天线,其辐射特性在空域内变化很大,而且方向性天线时常与高功率发射机和灵敏的接收机一起使用,这就增加了干扰的可能性。

方向性天线的特点是十分明显的,如果采用最大功率增益作为标准时,这些天线可以分为 3 种类型:弱方向性天线($G < 10\,\text{dB}$),中等方向性天线($10\,\text{dB} \leqslant G \leqslant 25\,\text{dB}$),强方向性天线($G > 25\,\text{dB}$)。

从电磁兼容性分析来看,天线的主要参数是天线的功率增益系数、天线的方向图、天线的极化关系,以及它们与频率的关系。

电磁兼容性预测中,天线的方向性必须经数值化后,才能用计算机进行处理,通常的数值化方法有两种。第一种是函数拟合法,即根据实测天线方向图,拟合天线增益与方向角关系的经验公式,而后将经验公式编入程序。第二种是折线拟合法,它是从一组天线增益数据及各增益点对应角度值来模拟天线方向图的。

7.5.2　全向天线的方向图

最简单的全向天线就是单根垂直辐射器。例如在通信中应用的鞭天线,稍为复杂的有同轴共轴天线,或全方向性的电视发射天线。

对简单的垂直辐射器,在所设计的频率上,这种天线在水平面上的方向性可以用确定的数学模型来表示:

$$G(\varphi) = G_{\max} \tag{7-25}$$

对全方向的较为复杂的广播天线或通信天线,其数学模型为

$$\left.\begin{array}{l} \overline{G}(\varphi) = \overline{G} \\ \sigma_G = 2 \end{array}\right\} \tag{7-26}$$

式中,$\overline{G}(\varphi)$ 为在方向 φ 处功率增益函数的平均值(dB);$\overline{G}$ 为在水平面上的功率增益的平均值(dB);σ_G 为功率增益的标准偏差(dB)。

当水平方向性为扇形辐射图形(如图 7-10 所示)时,其有意辐射区可用式(7-27)确定,而对非有意辐射区则表示为式(7-28)和式(7-29)。

$$\left.\begin{array}{l} \overline{G}(\varphi) = \overline{G} \\ \sigma_G = 2 \end{array}\right\}, \quad |\varphi| \leqslant \varphi_1 \tag{7-27}$$

$$\left. \begin{array}{l} \overline{G}(\varphi) = \overline{G} - 20\dfrac{\varphi - \varphi_1}{\varphi_2 - \varphi_1} \\[2mm] \sigma_G = 2 + 4\dfrac{\varphi - \varphi_1}{\varphi_2 - \varphi_1} \end{array} \right\}, \quad \varphi_1 \leqslant |\varphi| \leqslant \varphi_2 \qquad (7\text{-}28)$$

$$\left. \begin{array}{l} \overline{G}(\varphi) = \overline{G} - 20 \\[2mm] \sigma_G = 6 \end{array} \right\}, \quad \varphi_2 \leqslant |\varphi| \leqslant \pi \qquad (7\text{-}29)$$

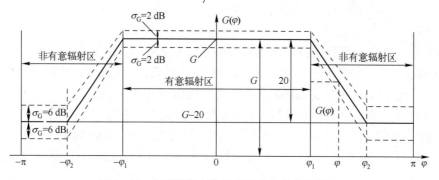

图 7-10　水平扇形有意辐射区和非有意辐射区

7.5.3　定向天线的方向图

最常用的定向天线有抛物面天线、八木天线等。它的有意辐射区是主波束所占据的区域,天线的方向图完全可以精确地用函数表示出来,但为了便于数值计算,仍采用折线模拟法来近似逼近方向图。

1. 有意辐射区

有意辐射区的宽度受方位角 θ 和高低角 φ 限制。在这些角度下,对于所设计的频率和极化,天线增益相对于最大值下降 $10\,\mathrm{dB}$。水平面上有意辐射区的宽度用 α_H 表示,垂直平面上用 α_V 表示。

在有意辐射区,对于所设计的频率和极化,平均增益与方向无关,其数值比最大增益小 $3\,\mathrm{dB}$(相当于半功率角度的增益),即

$$\overline{G}(\theta, \varphi) = G_{\max} - 3 \qquad (7\text{-}30)$$

$$|\theta| \leqslant \alpha_H/2 \quad 和 \quad |\varphi| \leqslant \alpha_V/2 \qquad (7\text{-}31)$$

式中, α_H 为有意辐射区水平面的宽度(°); α_V 为有意辐射区垂直面的宽度(°); $G_{\max}$ 为最大增益,可用理论或实验的方法求得。

按照天线理论, $G_{\max}$ 和半功率角度(用度表示)之间有以下近似关系

$$G_{\max} \approx \frac{30\,000}{\alpha_{3H}\alpha_{3V}} \quad (\mathrm{W/W}) \qquad (7\text{-}32)$$

或

$$G_{\max} \approx 47.7 - 10\lg(\alpha_{3H}\alpha_{3V}) \quad (\mathrm{dB}) \qquad (7\text{-}33)$$

式中, α_{3H} 为水平面上的半功率波瓣宽度(°); α_{3V} 为垂直平面上的半功率波瓣宽度(°)。

对于高增益天线($G_{\max} > 25\,\mathrm{dB}$),其有意辐射区的宽度与半功率波瓣宽度之间有下列近似关系

$$\alpha_H \approx 2\alpha_{3H}, \quad \alpha_V \approx 2\alpha_{3V} \qquad (7\text{-}34)$$

电磁干扰预测中,对所设计的频率和极化下的主瓣的增益服从正态分布,其标准差 $\sigma_G(\theta,\varphi)$ 由实验确定,也可令 $\sigma_G = 2\,\text{dB}$ 作为参考。

当要考虑由正交极化辐射引起的干扰时,天线模型可假设为

$$\overline{G(f_0,p)} = \overline{G(f_0,p_0)} + \Delta G(p) \tag{7-35}$$

式中,$\overline{G(f_0,p_0)}$ 为设计频率 f_0 和设计极化 p_0 下的平均增益(dB);$\overline{G(f_0,p)}$ 为极化失配情况下的增益平均值(dB);$\Delta G(p)$ 为校正系数,取决于天线结构,一般可由实验确定,在缺乏资料时,可从表 7-6 中查出。

在设计频率以外,增益与频率的关系可近似表示为

$$\begin{cases} \overline{G(f)} = \overline{G(f_0)} + C \mid \lg(f/f_0) \mid + D \\ \sigma_G(f) = \sigma_i, \quad f_i \leqslant f \leqslant f_{i+1} \end{cases} \tag{7-36}$$

式中,$\overline{G(f_0)}$ 为设计频率 f_0 处增益平均值;$\overline{G(f)}$ 为其余频率 f 上的增益平均值;$\sigma_G(f)$ 为增益均方差;σ_i 为频带 $f_i \sim f_{i+1}$ 内均方差;C、D 为给定天线型号的系数,一般可由实验确定,在缺乏资料时,可从表 7-6 中查出。

表 7-6 有意辐射区的通用定向天线模式

天线类型	工作条件		有意辐射区的宽度		平均增益[dB]	σ_G [dB]	C [dB/10 倍频]	D [dB]	ΔG [dB]
	频率	极化	α_H	α_V					
高增益 ($G_{max} > 25\,\text{dB}$)	设计	设计	α_{H0}	α_{V0}	$G_{max}-3$	2	0	2	0
	设计	正交	$10\alpha_{H0}$	$10\alpha_{V0}$	$\overline{G}-20$	3	0	0	-20
	非设计	任意	$4\alpha_{H0}$	$4\alpha_{V0}$	$\overline{G}-13$	3	0	-13	0
中增益 ($10\,\text{dB} \leqslant G_{max} \leqslant 25\,\text{dB}$)	设计	设计	α_{H0}	α_{V0}	$G_{max}-3$	2	0	0	0
	设计	正交	$10\alpha_{H0}$	$10\alpha_{V0}$	$\overline{G}-20$	3	0	0	-20
	非设计	任意	$3\alpha_{H0}$	$3\alpha_{V0}$	$\overline{G}-10$	3	0	-10	0
	非设计	任意	α_{H0}	α_{V0}	$\overline{G}$	3	0	0	0
低增益 ($G_{max} < 10\,\text{dB}$)	设计	设计	α_{H0}	α_{V0}	$G_{max}-3$	1	0	0	0
	设计	正交	$6\alpha_{H0}$	$6\alpha_{V0}$	$\overline{G}-16$	2	0	0	-16
	非设计	任意	360°	180°	0	2	0	$-\overline{G}$	0

2. 非有意辐射区

对定向天线的非有意辐射区中进行电磁干扰分析,需规定在偏轴情况下的非有意辐射区中的天线特性。在此区中的辐射,特别是远离天线的地方,是孔径照射的函数,它取决于天线的结构。即使同样的天线型号,样品不同,辐射方向图都有很大的变化。因此在电磁兼容性分析中非有意辐射可以假设是各向同性的。在高增益天线情况下,主瓣的扇形是很窄的,可以忽略不计,这样,非有意辐射区在整个球面 4π 内,可以认为是均匀分布的。例如,假设 90% 或更多的总功率分布在有意辐射区中(对于一个设计得很好的高增益天线来说,这种假设是正确的),那么在非有意辐射区的平均增益为 -10 dB(对于一个各向同性的源而言)。

对高增益天线而言,非有意辐射区的平均增益实际上与频率和极化无关。非有意辐射区的定向天线模式参数,见表 7-7。

表 7-7 非有意辐射区的定向天线模式参数

天线类型	工作条件		平均增益 [dB]	标准偏差 [dB]
	频率	极化		
高增益 ($G_{max}>25\,dB$)	设计 设计 非设计	设计 正交 任意	−10 −10 −10	14 14 14
中增益 ($10\,dB \leqslant G_{max} \leqslant 25\,dB$)	设计 设计 非设计	设计 正交 任意	−10 −10 −10	11 13 10
低增益 ($G_{max}<10\,dB$)	设计 设计 非设计	设计 正交 任意	0 −13 −3	6 8 6

7.5.4 发射天线–接收天线对的极化匹配修正

当发射天线与接收天线的极化不匹配时,应进行极化修正。如果没有现成的具体数据,可利用表 7-8 的极化修正数据。

表 7-8 极化修正数据

接收　　　　发射		水平极化		垂直极化		圆 极 化
		$G<10\,dB$	$G \geqslant 10\,dB$	$G<10\,dB$	$G \geqslant 10\,dB$	
水平极化	$G<10\,dB$	0	0	−16	−16	−3
	$G \geqslant 10\,dB$	0	0	−16	−20	−3
垂直极化	$G<10\,dB$	−16	−16	0	0	−3
	$G \geqslant 10\,dB$	−16	−20	0	0	−3
圆极化		−3	−3	−3	−3	0

7.5.5 近场天线模型

对电磁干扰预测来说,时常需要确定天线近场的辐射特性,这在高增益天线情况下特别必要,因为这些天线的近场可能延伸几千米,加上天线的增益高,它们可能构成严重的辐射危害。在很多情况下,这些天线可能相互处在对方的近场区内。

近场区特性的表示远比远场区要复杂。在理想情况下,近场特性不能由单一方向图表示,这是因为辐射特性是角位置和天线距离两者的函数。在近场区电场与磁场之间存在复杂的关系。

1. 过渡距离

过渡距离是指远场近似不再有效而必须做近场考虑的这一距离。由近场到远场状态的过渡基本上是渐变的,然而通过规定当接近天线时远场方向图的误差,可获得具体的过渡距离关系式。

用于决定过渡距离的一个判据是限定路径误差在 1/8 波长以内,这相应于在任意远场所获增益的 1 dB 左右。现在来考虑图 7-11 的天线,沿天线轴线的法向至场点的距离不同于天线边缘至场点的距离,这将导致空间相位误差。

假定天线尺寸 l 与波长 λ 相比很大(即 $l \gg \lambda$),为将误差限制在 $\lambda/8$ 以内,则图 7-11 上由

天线到场点 P 的距离 R 应满足

$$(R+\lambda/8)^2 = R^2+l^2/4$$

即

$$R\lambda/4+\lambda^2/64 = l^2/4$$

因为 $\lambda^2/64$ 很小,所以

$$R>l^2/\lambda \,, \quad l \gg \lambda \qquad (7\text{-}37)$$

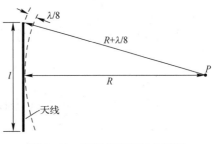

图 7-11　空间相位误差的说明

式(7-37)用于高增益和中增益天线。当此要求不满足时(即对低增益天线,l 不是远大于 λ),该方程不再有效,需要采用判据 $R>3\lambda$,以保证远场条件。因此为保证对电磁干扰预测存在远场条件,要求

$$R>l^2/\lambda \quad 和 \quad R>3\lambda \qquad (7\text{-}38)$$

这两个条件任何时候都应满足。

2. 近场增益的瞄准波瓣近似

当需要考虑轴上近场情况时,可以假设所有的发射功率包含在围绕天线轴线的一个圆柱内,其截面积等于天线口径,这是瞄准波瓣近似。当采用这种保守近似时,合成的天线近场增益为

$$G = 4\pi R^2/A \,, \quad G<G_{EF} \qquad (7\text{-}39)$$

或

$$G_{dB} = 11+20\lg R-10\lg A \qquad (7\text{-}40)$$

式中,G_{EF} 为远场增益(dB),A 为天线口径面积(m^2),R 为离天线的距离(m)。

7.5.6　发射天线–接收天线对的配置

一般情况下,总是存在潜在的发射机–接收机对,或者说干扰源天线–干扰敏感体天线对,它们的配置直接影响系统的电磁兼容性。干扰源对干扰敏感体的影响程度主要取决于方向图宽度、旁瓣电平、主波束相互取向、扫描方式和扫描扇形区范围。如果干扰敏感体配置在干扰源天线的主瓣内(或有意辐射区),且两者的主瓣相互对准,则干扰源对干扰接受器的影响将是最大的。

如图 7-12 为决定天线应用区的发射机–接收机天线配置示意图。

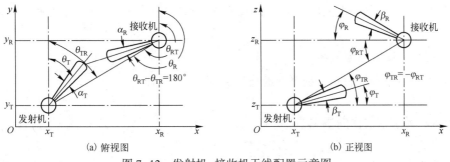

(a) 俯视图　　　　　　　　　　　　　(b) 正视图

图 7-12　发射机–接收机天线配置示意图

1. 发射天线区

发射天线区是指发射机天线有意辐射区,当满足如下条件时,接收机处于发射天线区内:

$$方位角: \; |\theta_T-\theta_{TR}| \leqslant \alpha_T/2 \qquad (7\text{-}41)$$

$$高低角: \; |\varphi_T-\varphi_{TR}| \leqslant \beta_T/2 \qquad (7\text{-}42)$$

式中,θ_T,φ_T 为所希望发射的方位角和高低角中心;θ_{TR},φ_{TR} 为由干扰发射机到接收机的方向角;α_T,β_T 为发射天线的方位角和高低角波束宽度,是所设计频率和极化的 10dB 波束宽度(有

意辐射区波束宽度)。

当式(7-41)和式(7-42)的条件不满足时,接收机会受到发射机天线方向图非有意辐射区的照射。

2. 接收天线区

接收天线区是指接收机天线有意接收区。当满足如下条件时,发射机处在接收天线区内:

$$方位角: |\theta_R - \theta_{RT}| \leqslant \alpha_R/2 \tag{7-43}$$

$$高低角: |\varphi_R - \varphi_{RT}| \leqslant \beta_R/2 \tag{7-44}$$

式中,θ_R,φ_R 为所希望接收的方位角和高低角中心;θ_{RT},φ_{RT} 为由接收机到干扰发射机的方向角;α_R,β_R 为接收天线的方位角和高低角波束宽度,是所设计频率和极化的 10 dB 波束宽度(有意辐射区波束宽度)。

当式(7-43)和式(7-44)的条件不满足时,则发射机不在接收机天线方向图主瓣内,而从接收机天线方向图的旁瓣或后瓣方向上接收到非有意辐射的电磁干扰。

3. 角度确定

如果发射机和接收机的位置是在直角坐标系内规定的,则各个角度可按下式来确定

$$方位角: \theta_{TR} = \arctan\left(\frac{x_R - x_T}{y_R - y_T}\right) \tag{7-45}$$

$$高低角: \varphi_{TR} = \arctan\left(\frac{z_R - z_T}{\sqrt{(x_R - x_T)^2 + (y_R - y_T)^2}}\right) \tag{7-46}$$

式中,x_T,y_T,z_T 为发射机坐标(m);x_R,y_R,z_R 为接收机坐标(m)。

7.5.7 天线扫描

如果在电磁干扰预测问题中发射源和敏感装置的天线在方向上是固定的,则它们的相对方向是一定的,因此对每种应用组合可确定有意或无意辐射区。相反,如果一个或两个天线是自由扫描或变化方向的(参见图 7-13),则需要按一定方式考虑。

假定两个天线在同一平面内以随机方式扫描,则两个天线的相对方向可通过时间(或概率)的百分数来描述。

1. 固定天线指向扫描天线

如图 7-13(a)所示,有意辐射区对有意辐射区的概率为

$$P = \alpha/360° \tag{7-47}$$

有意辐射区对无意辐射区的概率为

$$P = (360° - \alpha)/360° \tag{7-48}$$

无意辐射区对无意辐射区的概率为

$$P = 0 \tag{7-49}$$

式中,α 为扫描天线的 10 dB 方位角波束宽度。

2. 固定天线偏离扫描天线

如图 7-13(b)所示,有意辐射区对有意辐射区的概率为

$$P = 0 \tag{7-50}$$

有意辐射区对无意辐射区的概率为

$$P = \alpha/360° \qquad (7-51)$$

无意辐射区对无意辐射区的概率为

$$P = (360° - \alpha)/360° \qquad (7-52)$$

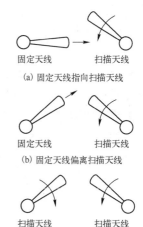

（a）固定天线指向扫描天线

3. 两扫描天线

如图 7-13（c）所示,有意辐射区对有意辐射区的概率为

$$P = \alpha_T \alpha_R/360° \qquad (7-53)$$

有意辐射区对无意辐射区的概率为

$$P = \alpha_T(360° - \alpha_R)/360° \qquad (7-54)$$

无意辐射区对有意辐射区的概率为

$$P = \alpha_R(360° - \alpha_T)/360° \qquad (7-55)$$

无意辐射区对无意辐射区的概率为

$$P = (360° - \alpha_T)(360° - \alpha_R)/360° \qquad (7-56)$$

（b）固定天线偏离扫描天线

（c）两扫描天线

图 7-13　天线相对方向

7.6　电磁干扰预测方法

7.6.1　电磁干扰预测的基本步骤

从电磁干扰预测的角度,无论是简单的或是复杂的系统,都可归结为 3 个要素:干扰源(发射源)、耦合通道和接收器(敏感体)。对于一个复杂的电子系统,干扰源既可能有各种发射机,也可能包括各种自然干扰源和各种人为的无意发射源(如电焊机、计算机等);敏感体也可能有许多个。任何一个发射机除了基波还输出许多杂波,如谐波、非谐波等;接收机也不会只存在基波响应,还存在乱真响应。耦合通道取决于电磁能耦合方式,可以是空间(辐射形式)耦合,也可以通过导线(传导形式)耦合,往往也包括多种通道。在电磁干扰分析预测中,通常采用对干扰源与敏感体之间的逐对分析来进行,即选择一个发射源和一个敏感体,以及一种耦合方式,构成一个"发射-响应对",如图 7-14 所示。

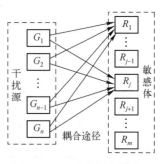

图 7-14　干扰源对敏感体的逐对分析

对设备或系统进行电磁干扰分析预测的基本步骤是:

（1）选择一个敏感体 $R_j(j=1,2,\cdots,m)$；

（2）选择一个干扰源 $G_i(i=1,2,\cdots,n)$；

（3）分析确定干扰源 G_i 对敏感体 R_j 的所有耦合通道；

（4）对所有耦合通道逐个分析计算干扰源 G_i 传输到敏感体 R_j 的电磁干扰能量；

（5）对每个干扰源 G_i 重复第（3）、（4）步,并对敏感体 R_j 接收到的所有电磁干扰能量进行综合处理,判断敏感体 R_j 的电磁兼容性,确定对敏感体 R_j 起决定作用的干扰源；

（6）对每个敏感体 R_j 重复第（2）~（5）步。

（7）对输入的全部数据进行计算。

7.6.2　分级预测方法

含有多个发射源和接收器的系统,对于每个接收器,应考虑所有发射源的合成效应。由于一个发射源与一个接受器可能有多个发射-响应对组合,当存在多台收、发设备时,发射-响应对的数目往往非常大,若采用一种模型去预测,不是精度不够,就是时间太长,所以常常采用分级预测方法。

分级预测方法按幅度剔除(也称为快速剔除)、频率和带宽修正(频率筛选)、详细分析和性能分析预测四级进行,每一级预测可以对整个问题做一次快速"扫描",将明显不可能呈现电磁干扰的发射-响应对剔除。经过分级预测可以将90%以上无干扰情况剔除掉,保留下来的问题就可能存在干扰。

分级预测流程如图7-15所示。

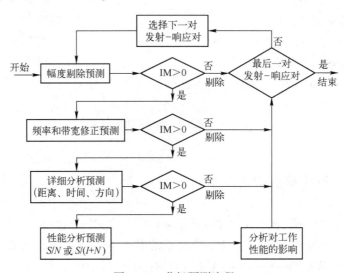

图7-15 分级预测流程

(1) 幅度剔除预测

幅度剔除预测是分级预测的第一级,分析发射-响应对的干扰幅度,此时仅在相当粗略的程度上考虑频率、时间、距离和方向的影响。幅度剔除采用的每个输入函数,尽可能是简单、合理、保守的近似式,在计算中假定干扰源的发射频率与敏感体的响应频率是一致的,这样能把大量微弱的干扰与相当少的强干扰分离开来,将明显的非干扰情况剔除掉,不再做后面各级的预测,缩小预测的范围。

(2) 频率和带宽修正预测

分级预测的第二级是进行频率和带宽修正预测。当敏感体的响应频率与干扰源的发射频率不一致,或敏感体的响应带宽小于干扰源的发射带宽时,敏感体所接收到的干扰能量比干扰源发射的能量小得多。频率和带宽修正预测就是在幅度剔除预测的基础上,通过考虑敏感体的响应频率与干扰源的发射频率之间的间隔和带宽的差异,对保留下来的问题进行修正,进一步剔除非干扰情况。

(3) 详细分析预测

分级预测的第三级是详细分析预测。经频率和带宽修正后保留的发射-响应对存在很大的干扰可能性,为此,必须进一步预测。在详细分析预测中,应考虑那些依赖于时间、距离、方向等的因素,以及确定最终干扰余量的概率分布。

在详细分析预测中,重要的是确定与干扰余量有关的概率分布。干扰余量的概率分布与发射机功率、天线增益、传输损耗和接收机敏感度门限有关。在详细分析预测中需要完成的具体步骤在很大程度上取决于所考虑的特定问题和所需求的结果。如果所有分布均为正态的，则干扰余量的最终概率分布也呈正态分布。

（4）性能分析预测

性能分析预测是分级预测的第四级。考虑周围发射机和接收机的调制特性和响应特性，计算接收机输入端的潜在干扰 I 和信号电平 S，接收机噪声电平 N，从而确定性能 S/N，以及 $S/(I+N)$。在此阶段所测结果将被转换成对用户更有意义的形式。

7.7　系统间电磁干扰预测

通信系统的电磁兼容分析，通常要把系统内部兼容性和系统之间兼容性区分开来，即构成二类预测程序：系统间电磁干扰预测程序和系统内电磁干扰预测程序。在系统之间的 EMC 问题中，关心的是独立系统之间的潜在干扰，尤其重视与本系统工作于同一频段的其他系统。例如，当飞机的无线电接收机（108～135 MHz）经过附近的调频广播电台天线（88～108 MHz）时，或者，当电波传播发生异常，从远处传来的信号正好落在野战指挥系统（VHF 或 UHF）频带内时，就会产生系统之间的干扰。系统之间的干扰常常是难以控制的，因为我们很难甚至不可能去控制或修改他人的系统。虽然在系统之间会出现电源干扰或其他形式的传导干扰，但是典型的系统之间的干扰涉及距离足够远的两个天线之间的辐射场的耦合，因此，分析往往着手于经过空间辐射耦合的电磁波。

7.7.1　干扰预测方程

系统之间的电磁干扰预测可以分两个步骤进行：一是估计发射机对周围接收机的干扰效应；二是确定接收机是否对发射机干扰信号产生响应。

1. 发射机对周围接收机的干扰效应（第一干扰预测方程）

发射机对接收机的干扰，可以通过干扰方程描述，它反映为接收机上的干扰/噪声比

$$I/N = P_T + G_T + G_R - L_P - P_S - \phi(B_T, B_R) - \phi(\Delta f) \tag{7-57}$$

式中，I/N 为接收机输入端的干扰/噪声比（dB）；P_T 为干扰发射机输出功率（dBW）；G_T，G_R 为发射天线与接收天线增益（dB）；L_P 为发射机到接收机传播路径损耗（dB）；P_S 为接收机输入端噪声功率（dBW）；$\phi(B_T, B_R)$ 为发射机与接收机的带宽修正因子（dB）；$\phi(\Delta f)$ 为发射机与接收机频率失谐修正因子（dB）。

式（7-57）反映了接收机输入端干扰电平与系统噪声之间的关系。

对式（7-57）的进一步说明如下：

（1）干扰噪声比（I/N）

干扰对于接收机的作用与信号的作用一样，只是它不包括有用信息。因此，信号所用的分析方法都适用于干扰分析。I/N 大于触发门限时，才能完成干扰检波及其后的处理。为分析方便，可以把末级中放输出 I/N 作为参考值，该值大于 1（0 dB）时，才能保证干扰信号解调。

（2）干扰发射机输出功率 P_T

干扰发射机（干扰源）的输出功率 P_T 是决定被干扰接收机输入端干扰功率的主要因素之一。但是，除主频谱外，干扰源的其他边带频谱的功率输出也会给电磁环境带来污染。因此，

从 EMC 的角度,对每个射频源的频谱纯度应提出较高要求。例如,雷达发射的谐波电平通常在−70 以下。

（3）发射机和接收机天线增益 G_T、G_R

由于天线方向图的复杂性,尤其是后瓣和旁瓣复杂性,加之天线的环境可能影响其后瓣和旁瓣的理论值,所以对天线方向图的确定需要借助实测和统计。经过实测和统计建立的模型称作"多电平综合模型（Multi-level-synthesis model）"。其原理是:根据主波束增益和副波束增益将天线方向图分成若干层,这些层所占的角度大小是天线波束宽度的函数（参见图 7–16）。图 7–16 中给出的例子表明,天线 A 的方向图分为 4 层,天线 B 的方向图分为三层。互增益（mutual gain）是天线 A 第 3 层的增益与天线 B 第 3 层增益的乘积。

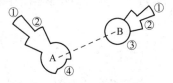

图 7–16　天线方向图分层模型

对于全向天线或旋转天线,所有的方位均用主波束增益。对于扇形扫描天线,在考虑用哪一层增益时,要把扫描极限考虑在内。从 EMC 的角度来看,对雷达天线或其他定向发射天线尽可能采用窄波束并压低副瓣电平。

（4）传播路径损耗 L_P

电磁波通过传播媒质时的衰减,视其频段和媒质特性而异。在讨论干扰时,所用的分析方法与正常信道分析方法相同,在没有折射和反射的无损耗媒质中,相距为 R 的自由空间路径损耗为

$$L_P = 32.44 + 20\lg R(\text{km}) + 20\lg f(\text{MHz}) \tag{7-58}$$

或

$$L_P = 21.98 + 20\lg R(\text{km}) - 20\lg \lambda(\text{m}) \tag{7-59}$$

式中,λ 为干扰信号波长,f 为干扰信号频率。

式（7–58）实际上是 $L_P = (4\pi R/\lambda)^2$,可由雷达方程推出。路径损耗还与天线高度、极化形式、地形绕射和大气散射等因素有关。地波比空间波损耗要大得多,经验数据取 20 dB 左右。

（5）接收机噪声电平 P_N

接收机噪声电平 P_N 即有效热噪声功率电平

$$P_N = kTB \tag{7-60}$$

式中,噪声带宽 B 应为检波器前中放带宽,热力学温度 T 应为接收机输入端总的等效噪声温度。

（6）带宽修正因子 $\phi(B)$

干扰信号出现在接收机输入端时,可有两种情况:

第一种情况是干扰信号带宽大于接收机带宽,此时接收机只接收干扰的一部分,因而可减弱干扰信号的影响。引入修正因子

$$\phi(B) = 10\lg(B_R/B_T)\text{dB} \tag{7-61}$$

式中,B_R 为接收机带宽;B_T 为干扰信号带宽。

第二种情况是干扰信号带宽等于或小于接收机带宽,这时全部干扰能量进入接收机,即

$$\phi(B) = 0 \tag{7-62}$$

$\phi(B)$ 也叫带宽失配因子。

（7）失谐修正因子 $\phi(\Delta f)$

当干扰频率与接收频率相对失谐时,由于干扰辐射频谱与接收机通带相对重叠部分变小,

故干扰能量相对降低。失调修正因子定义为：发射机与接收机之间失谐 Δf 时，在任意观察点（通常在中频输出）出现的干扰功率与共信道时（$\Delta f = 0$）的干扰功率之比，即

$$\phi(\Delta f) = 10\lg\frac{P_{\mathrm{T}}(f_{\mathrm{oT}}+\Delta f)}{P_{\mathrm{T}}(f_{\mathrm{oT}})}\mathrm{dB} \tag{7-63}$$

式中，f_{oT} 为调谐频率，$\Delta f = |f - f_{\mathrm{oT}}|$。

2. 接收机对发射机干扰信号的响应（第二干扰预测方程）

当接收机附近存在干扰信号时，接收的性能主要由干扰噪声比 I/N 和信号与干扰加噪声之比 $S/(I+N)$ 决定。当外来干扰很小或没有时，接收性能主要取决于信噪比 S/N。$S/(I+N)$ 是全面质量性能的量度标准，S/N 是对应于周围环境没有电磁干扰时的功能设计控制参数，I/N 随电磁干扰的出现而产生。在设计与现实情况中，这三者都是重要的，其关系可表示为

$$\frac{S}{I+N} = \frac{S/N}{I/N+1} \tag{7-64}$$

用分贝表示则为

$$\frac{S}{I+N}(\mathrm{dB}) = 10\lg\left(\frac{S}{I+N}\right) = 10\lg\left(\frac{S/N}{I/N+1}\right) = 10\lg\left(\frac{S}{N}\right) - 10\lg\left(1+\frac{I}{N}\right)$$

式中，S/N 为接收机输入端信噪比（dB），是对应于周围环境没有电磁干扰时，功能设计师研究的目标；I/N 为接收机输入端干扰噪声比，是电磁兼容研究的重点，就是要把干扰抑制到足以低于内部噪声或敏感度电平以下；$S/(I+N)$ 为接收机输入端信号与干扰加噪声之比（dB），是全面质量性能指标的量度标准。

当 $I/N \ll 1$ 时，式（7-64）可简化为

$$\frac{S}{I+N} \approx \frac{S}{N} \tag{7-65}$$

当 $I/N \gg 1$ 时，式（7-64）可简化为

$$\frac{S}{I+N} \approx \frac{S/N}{I/N} \tag{7-66}$$

或

$$\frac{S}{I+N}(\mathrm{dB}) \approx 10\lg\left(\frac{S}{N}\right) - 10\lg\left(\frac{I}{N}\right) \tag{7-67}$$

当 $I/N < 0.122$（相应于 -9 dB）时，式（7-65）是近似适用的（误差小于 0.5 dB）。同样当 $I/N > 9$ dB 时，式（7-66）近似适用。

7.7.2　系统间干扰预测实施过程

预测发射机和接收机之间的电磁干扰有 4 种干扰余量：

基波干扰余量（FIM）——当发射机基波输出和接收机基波响应在频率上对准并无抑制时存在的干扰电平。

发射机干扰余量（TIM）——当发射机基波发射与接收机乱真响应对准时存在的干扰电平。

接收机干扰余量（RIM）——当接收机基波响应在频率上与发射机乱真发射输出对准时存在的干扰电平。

乱真干扰余量（SIM）——当发射机乱真输出与接收机乱真响应在频率上对准时存在的干扰电平。

1. 幅度剔除

幅度剔除旨在将大量不产生干扰的信号与少数可能产生干扰的信号分离开来,其主要目的是:①考察发射机输出和接收机敏感响应可能产生干扰的组合;②将尽可能多的、明显的非干扰情况去掉不做进一步考虑。

幅度剔除中只考虑发射、响应的幅度,并采用自由空间传播损耗模型。干扰预测方程为

$$\text{IM}(f,d) = P_T(f) + G_{\text{Tmax}} - L_0(f,d) + G_{\text{Rmax}} - P_S(f) \tag{7-68}$$

式中,$L_0(f,d)$ 为自由空间传播损耗。

在幅度剔除中考虑:①发射机基波发射和乱真发射功率电平;②接收机基波响应和乱真响应敏感度电平;③天线增益和自由空间传播损耗;④采用保守的与简单的近似表示方向、距离和时间的影响;⑤修正系数在幅度剔除中不予考虑。

基波干扰余量: $$\text{FIM}(f_{\text{OT}},d) = P_T(f_{\text{OT}}) + G_{\text{OT}} - L_0(f_{\text{OT}},d) + G_{\text{OR}} - P_R(f_{\text{OR}}) \tag{7-69}$$

发射机干扰余量: $$\text{TIM}(f_{\text{OT}},d) = P_T(f_{\text{OT}}) + G_{\text{OT}} - L_0(f_{\text{OT}},d) + G_{\text{SR}} - P_R(f_{\text{SR}}) \tag{7-70}$$

式中,f_{SR} 为接收机乱真响应频率;$P_R(f_{\text{SR}})$ 为接收机乱真响应敏感度,可按 $P_R(f_{\text{SR}}) = P_R(f_{\text{OR}}) + 80$ 计算。

接收机干扰余量: $$\text{RIM}(f_{\text{OR}},d) = P_T(f_{\text{ST}}) + G_{\text{ST}} - L_0(f_{\text{ST}},d) + G_{\text{OR}} - P_R(f_{\text{OR}}) \tag{7-71}$$

式中,f_{ST} 为发射机乱真发射频率;$P_T(f_{\text{ST}})$ 为发射机乱真发射功率,可按 $P_T(f_{\text{ST}}) = P_T(f_{\text{OT}}) - 80$ 计算。

乱真干扰余量: $$\text{SIM}(f_{\text{ST}},d) = P_T(f_{\text{ST}}) + G_{\text{ST}} - L_0(f_{\text{ST}},d) + G_{\text{SR}} - P_R(f_{\text{SR}}) \tag{7-72}$$

在幅度剔除中,首先计算基波干扰余量电平,如果其值小于规定的剔除电平,则不需要计算其他三种情况,因为它们的余量更小。相反,如果基波干扰余量超过规定的剔除电平,就需往下计算 TIM 和 RIM,如果这两者的任一个产生的干扰余量超过规定的剔除电平,还需要计算 SIM。

如果最终的干扰余量超过规定的剔除电平,则发射-响应组合保留到下一步进行频率间隔和带宽修正。相反,如果干扰余量小于规定的剔除电平,则该发射-响应组合不再做进一步考虑。当剔除电平选择恰当时,被剔除的情况具有很小的干扰概率。

2. 频率间隔与带宽修正

多个发射机-接收机干扰预测的第二步为频率间隔与带宽修正,在此过程中通过考虑发射机带宽和调制特性、每一接收响应的带宽和选择性、发射机发射和接收机响应之间的频率间隔等因素,对幅度剔除阶段所得到的干扰余量进行修正。

频率修正通过修正系数 $\text{CF}(B_T,B_R,\Delta f)$ 来修改幅度剔除结果,如果修正后的干扰余量仍超过筛选电平,则该发射-响应对保留到详细预测中进一步考虑,如果修正后的干扰余量小于筛选电平,则对此发射-响应对不做进一步考虑。

(1) 频率间隔的确定

FIM 的频率间隔: $$\Delta f = |f_{\text{OT}} - f_{\text{OR}}| \tag{7-73}$$

TIM 的频率间隔: $$\Delta f = \min\{|f_{\text{OT}} - f_{\text{IF}} - N f_{\text{LO}}|, |f_{\text{OT}} + f_{\text{IF}} - N f_{\text{LO}}|\} \tag{7-74}$$

式中,N 为与 $(f_{\text{OT}} \pm f_{\text{IF}})/f_{\text{LO}}$ 最接近的整数;f_{LO} 为接收机本振频率;f_{IF} 为接收机中频。

RIM 的频率间隔: $$\Delta f = |N f_{\text{OT}} - f_{\text{OR}}| \tag{7-75}$$

式中,N 为与 $f_{\text{OR}}/f_{\text{OT}}$ 最接近的整数。

SIM 的频率间隔: $$\Delta f = (\Delta P)_{\min} f_{\text{LO}} \tag{7-76}$$

式中,ΔP 为 $(Nf_{\mathrm{OT}} \pm f_{\mathrm{IF}})/f_{\mathrm{LO}}$ 的值与最接近的整数之差;f_{LO} 为接收机本振频率;f_{IF} 为接收机中频。

（2）修正系数 $CF(B_{\mathrm{T}}, B_{\mathrm{R}}, \Delta f)$ 的确定

$CF(B_{\mathrm{T}}, B_{\mathrm{R}}, \Delta f)$ 的确定有两种情况。

① 调谐情况（$\Delta f \leqslant (B_{\mathrm{T}} + B_{\mathrm{R}})/2$）

频率修正考虑在特定发射与响应对之间存在的各种可能性,如图 7-17 所示。如果在同一中心频率发生发射和响应（即 $\Delta f = 0$）,则存在下述两种情况:

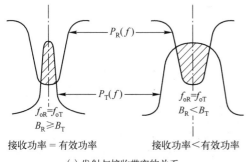

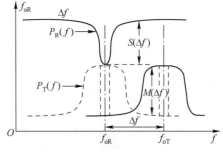

(a) 发射与接收带宽的关系　　　　　　　(b) 发射与接收对频率间隔

图 7-17　发射与接收的频率分析说明

a. 接收机带宽等于或大于发射机带宽（$B_{\mathrm{R}} \geqslant B_{\mathrm{T}}$）,则与发射机输出有关的所有功率被接收,不需修正。

b. 接收机带宽小于发射机带宽（$B_{\mathrm{R}} < B_{\mathrm{T}}$）,则仅接收发射输出的部分功率,修正系数有如下形式

$$CF(B_{\mathrm{T}}, B_{\mathrm{R}}, \Delta f) = K\lg(B_{\mathrm{R}}/B_{\mathrm{T}}) \tag{7-77}$$

式中,K 为发射–接收组合常数,取值为:$K=0$,$B_{\mathrm{R}} \geqslant B_{\mathrm{T}}$,且中心频率对准;$K=10$,采用均方根电平的类似噪声的信号,且 $B_{\mathrm{R}} < B_{\mathrm{T}}$;$K=20$,采用峰值电平的脉冲信号,且 $B_{\mathrm{R}} < B_{\mathrm{T}}$。

② 失谐情况（$\Delta f > (B_{\mathrm{T}} + B_{\mathrm{R}})/2$）

当发射机和接收机中心频率离得较远时,发射的功率可以两种方式进入接收机:

a. 发射机带外发射功率:进入接收机基波响应频带,则修正系数为

$$CF_{\mathrm{R}}(B_{\mathrm{T}}, B_{\mathrm{R}}, \Delta f) = K\lg(B_{\mathrm{R}}/B_{\mathrm{T}}) + M(\Delta f) \tag{7-78}$$

式中,$M(\Delta f)$ 是频率间隔为 Δf 时高于发射机功率的调制边带电平（dB）。

b. 发射机基波输出功率进入接收机乱真响应,则修正系数为

$$CF_{\mathrm{T}}(B_{\mathrm{T}}, B_{\mathrm{R}}, \Delta f) = -S(\Delta f) \tag{7-79}$$

式中,$S(\Delta f)$ 是频率间隔为 Δf 时高于接收机基波敏感度的接收机选择性（dB）。

带宽与频率间隔修正取式（7-78）与式（7-79）中的大者。

假如有一对发射机和接收机,发射机带宽 $B_{\mathrm{T}} = 50\,\mathrm{kHz}$,接收机带宽 $B_{\mathrm{R}} = 10\,\mathrm{kHz}$,收发的中心频率间隔 $\Delta f = 1\,\mathrm{MHz}$。并且还假定发射机调制包络低于基波电平 60dB[即 $M(\Delta f) = -60\,\mathrm{dB}$],在频率间隔为 $\Delta f = 1\,\mathrm{MHz}$ 时接收机选择性提供 80dB 的抑制度[即 $S(\Delta f) = 80\,\mathrm{dB}$]。那么

$$CF_{\mathrm{R}}(B_{\mathrm{T}}, B_{\mathrm{R}}, \Delta f) = 10\lg(10/50) - 60 = -74\,\mathrm{dB}$$
$$CF_{\mathrm{T}}(B_{\mathrm{T}}, B_{\mathrm{R}}, \Delta f) = -S(\Delta f) = -80\,\mathrm{dB}$$

因此带宽与频率间隔修正为 $-74\,\mathrm{dB}$。

3. 详细分析预测

通过幅度剔除可免除大量非干扰情况的进一步预测,并保留几乎所有的潜在干扰情况,幅

度剔除后保留的那些情况在频率筛选中进一步考虑,并排除更多的非干扰情况。频率筛选后剩下来的情况有很大的产生干扰的可能性,对这些情况中的每一个均应进一步预测,详细预测的目的是:①考虑那些依赖于时间、距离、方向的因素;②确定最终干扰余量的概率分布。在详细预测中考虑的某些较重要的因素包括:特定传播方式,极化匹配,近场天线增益修正,多干扰信号效应(互调、交调、减敏),时间相关(如旋转天线引起)的统计特性,干扰余量的概率分布。

详细预测中重要步骤之一是确定与干扰余量有关的概率分布。概率分布与发射机功率、天线增益、传播损耗和接收机敏感度阈值有关,假定所有分布均为正态分布,干扰余量的最终概率分布是对数正态的。干扰余量标准差由下式给出

$$\sigma_{IM} = \sqrt{\sigma_T^2 + \sigma_{TA}^2 + \sigma_L^2 + \sigma_{RA}^2 + \sigma_R^2} \tag{7-80}$$

式中,σ_T 为发射机发射功率的标准差(dB);σ_{TA} 为发射天线增益的标准差(dB);σ_L 为传播损耗的标准差(dB);σ_{RA} 为接收天线增益的标准差(dB);σ_R 为接收机敏感度门限的标准差(dB)。

详细分析预测的具体步骤在很大程度上取决于所考虑的特定问题和所要求的结果。

幅度剔除和频率筛选阶段都采用自由空间传播模型。在详细分析预测阶段,必须根据给定的 EMI 预测状态选择占优势的传播方式。如果预测状态包括两种或多种传播方式,则应先分别计算每种传播方式的传播损耗,然后用提供最小传播损耗的方式作为详细预测阶段的传播模型,对幅度剔除结果进行修正。

对详细分析预测来说,需要考察在幅度剔除和频率筛选后留下的每种潜在干扰情况,以便确定是否存在近场情况。对涉及近场情况的场合,在幅度剔除和频率筛选中采用的天线增益模型应被修改,以计入近场的影响。

4. 性能分析预测

性能分析预测的主要问题是将预测的干扰电平与性能的量度联系起来,即将预测结果转换为描述系统性能恶化的定量表达式。为此,需要建立系统性能的数学模型。由于系统具有很多不同的性能判据,为此,必须确定性能分析指标,通常的基本性能度量包括清晰度计数、误码率、分辨率、检验概率、虚警概率、方位角、距离、经纬度、高度等误差。

评定特定系统的性能有 3 种基本方法:

① 依据工作性能门限进行评定。工作性能门限基于系统所特定的信噪比(S/N),它表示系统的可接受性能和不可接受性能之间的界限。这种方法最为简单,应用最广。

② 依据系统的基本性能指标进行评定,如清晰度计数、误码率、分辨率等的度量。这种方法主要用于对具体信号和干扰状态的分析。

③ 依据系统完成特定任务的能力进行评定,即依据系统的工作效果来评定。

7.8 系统间电磁干扰控制

控制系统间的电磁干扰,保障电磁兼容性是一项复杂的技术任务,必须将组织方法与技术方法结合起来实现。组织方法是在各种类型的发射机和接收机之间划分频带、选择空间位置、发射机功率、接收机灵敏度等;技术方法是为了降低发射机所产生的干扰电平、增加干扰在耦合通道上的衰减、降低接收机对不希望信号的敏感度。

系统间的电磁干扰通常发生在两个或两个以上的分立系统之间,电磁干扰控制主要考虑

频率、时间、空间、地形和设备特性等因素的影响。

7.8.1 频率管理

从电磁兼容设计技术考虑,频率管理包括:
- 限制发射机的频谱带宽,使之等于包含有用信号所需要的最小值,并抑制非谐振辐射;
- 限制接收机的响应带宽,使之等于获取有用信号所需要的最小值,并抑制乱真响应;
- 接收机产生互调干扰的控制。

(1)调制带宽

受调制脉冲的形状能够影响所产生边带的幅度和数量。实际的脉冲不是一个理想的矩形,而常常是一个梯形,脉冲上升时间与下降时间会影响射频输出频谱。边带的数量和幅度可以使用经改变的脉冲形状来减少,脉冲形状应尽可能采用最慢的上升时间和下降时间,并具有最小的幅度。例如,余弦平方形和高斯形脉冲具有较窄的频谱。

(2)发射机谐波、杂波滤波

对于发射机的乱真输出,可以通过在各级放大器之间加入级间滤波器,以削弱它们可能产生的乱真输出成分,限制来自末级功率放大器的乱真输出,将乱真发射电平减小到可接受水平。但是,若发射机各级放大器工作于线性区,则振荡器和调制器将受到损害,并降低功率放大器的工作效率。

(3)频段预选

预选器可以有效地抑制进入接收机的干扰。固定调谐的接收机,其预选器一般是用空腔谐振器制成的。由于空腔谐振器的结构不适于快速调谐,所以在要求能迅速更换工作频率或脉冲基准的接收系统中不宜采用。

(4)接收机滤波

利用滤波器来降低接收机的带外敏感度,常用的方法包括:

① 消除接收机中频工作频率以外的噪声,接收机的中频滤波器既要求有足够的放大倍数,又要求能提供必要的选择性。

② 消除接收机射频端频道选择器工作频率以外的噪声。

③ 消除接收机中各级工作频率选择器以外的噪声。

(5)干扰对消

通过干扰消除电路的应用来解决干扰问题,在采用传统的干扰处理方法(如空间分离、滤波器等)失败或失效时显得特别有优势。

① 单信道干扰消除器

单信道干扰消除器是一种处理接收机输入端有用信号和无用信号的附加混合的设备。最简单的形式通常是靠抽取出组成混合输入信号的无用或干扰信号,再以一定的方式进行处理,使其与混合信号重新组合到一起,消除了无用信号的输出,有效地降低在输出信号中无用信号的比例。

② 多信道干扰消除器

多信道干扰消除器用在每个信道的输入端除有用信号以外,还有一个或几个无用信号同时存在的设备中。在这种情况下,有用信号和一种干扰信号出现在一个输入端,另一种干扰信号出现在另一个输入端。例如,在卫星通信系统中,当使用消除器来保护地球站时,需要辅助的天线和接收机,如果有用和无用信号有相同的载波,干扰会被压缩 $40\sim50$ dB。

当有用信号和无用信号出现在两个输入端,比如出现在无线中继系统的中间站时,建议使用多信道干扰消除器。

③ 正交极化系统

使用正交极化的系统也是一种干扰消除器,在正交信号被单独调制时,需要在接收机中分离出这样的信号。但是,在 4~20 GHz 的频带内,雨水可能会引起正交信号去极化,会带来严重的信道间串扰。使用矩阵型的干扰消除器,可以去除由此引起的串扰。

④ 脉冲干扰消除器

脉冲干扰消除器有两种:一种是使用频谱转换和限幅,另一种是消除器通过外插法和内插法还原信号的受影响部分。

最简单的设备是由在频谱转换器之前和之后的限幅器组成的。输入和输出频谱转换器有相反的特性,分别提供微分和积分功能。限制电平根据脉冲干扰的特性来选择。

对信号受扰部分采用外插法和内插法的干扰消除器尽管相当复杂,但更有效。内插法能够比外插法更加精确地恢复有用信号的受扰部分,但是,只有在干扰信号的重复率较低时,才能以较高的精度还原有用信号。

7.8.2　时间管理

时间因素的应用可归纳如下。

1. 缩短辐射时间

在允许的条件下,利用适当的组织措施和技术措施缩短辐射时间能够改善系统中电子设备的电磁兼容性工作条件。当由于某些原因使总的辐射时间大大超过必需的时间时,这种方式可能是有效的。

2. 时间分隔

当干扰非常强,不易加以控制时,通常采用时间分隔方法,使有用信号的传输设计在干扰停止的时间内进行,或者在强干扰信号发射时,使易受干扰的敏感设备短时间关闭,以避免遭受损害。这种方法称为时间分隔控制或时间回避控制,在许多高精度、高可靠性的系统或设备中经常被采用,是一种行之有效的干扰控制方法。

时间分隔控制有两种形式:一种为主动时间分隔,一种为被动时间分隔。

主动时间分隔是按照干扰时间特性与有用信号时间特性的内在规律设计的干扰控制方式。当有用信号出现时间与干扰信号出现时间有确定的先后关系时,采用主动时间分隔方式。如干扰信号出现在 t_1 至 t_2 时间内,而有用信号在 t_1 时间之前出现,此时应提前发送有用信号,或者加快有用信号的传输速度,使有用信号赶在干扰信号之前尽快传输完毕;如果有用信号出现在干扰信号之后,可采用延迟发射,让干扰信号通过之后再发射有用信号,这样就可以使接收设备在时间上将干扰信号与有用信号区分开来,达到剔除干扰的目的。

被动时间分隔是利用干扰信号或有用信号出现的特征使某一信号迅速关闭,从而达到时间上不重合、不覆盖的控制要求。如果干扰信号是阵发性的,而有用信号出现的时间又不能预先确定,这样就不能确定两个信号的出现时间,只能由其中一个来控制另一个,使之分离。例如,雷达工作时,发射功率很强的电磁波,对其他无线电设备的工作是一个很强的干扰源。为了不使无线电报警装置接收干扰信号而发出警报,可采用被动时间分隔方式,由雷达首先发送一个封锁脉冲,报警器接收到后立即将电源关闭。这样,雷达工作时,报警器就不会发出虚假警报,实现时间分隔。当雷达关闭后,报警器又重新接通电源恢复工作。

3. 工作时间同步

脉冲无线电电子设备的协调同步在于使系统间无线电电子设备的辐射脉冲重复周期和初始相位一致。例如,一组位置靠近的雷达站中所有雷达发射机在同一时间辐射,则当接收机还在被防护装置封闭时,强干扰信号到达接收机,从而排除了干扰的接收以及强干扰对接收机的破坏。在严格同步的情况下,规定"主动"站给出脉冲重复频率和初始相位,而"被动"站应该用这个重复频率或者在其谐波分时工作。

在某些情况下,不用严格规定"主动"设备也可以实现时间同步。例如,接收邻近的同一型号发射机的信号并按振幅和持续时间进行区分,且从所有接收到的、来自同型号的邻近发射机的干扰中选出具有最长重复周期的振荡。将所选出的、对所有通用的这个频率用于同步。这样一来,实现了对"主动"台和"被动"台的自动区分,从而使它们并始用同样的重复周期工作。由于封闭的结果,重复频率不同的信号受到抑制。全部时间同步和封闭相结合能够大大减弱系统间无线电电子设备不希望的相互影响。

4. 时间/距离选通

脉冲无线电发射机的时间分隔可以同空间位置差别的应用成功地配合。假设有一组移动式雷达设备,为了消除干扰,将空间划分成许多区域,并且为在每个区域内工作划出一定的时间间隔。位于该区域范围内的任何一部雷达利用与该区域对应的时间间隔,而相邻的雷达站则利用其他的时间间隔。这样,就可消除来自相邻的雷达站的干扰。

7.8.3 空间管理

空间分离是对空间辐射干扰和感应耦合干扰的有效控制方法,通过加大干扰源和接收设备间的空间距离,使干扰电磁场在到达接收设备时其强度已衰减到最低,从而达到抑制干扰的目的。根据电磁场的特性,在近区感应场中,场强分布按 $1/r^3$ 衰减,远区辐射场的场强分布按 $1/r$ 减小。因此加大干扰源与接收设备间的距离实质上是利用电磁场的特性达到抑制电磁干扰的最有效的基本方法。

空间分离还包括在空间有限的情况下,对辐射方向的方位调整和干扰电场矢量与磁场矢量的相位控制,通常可通过控制天线方向图的方位角来实现空间分离。

1. 干扰协调区

在分析同频道干扰时常采用干扰协调区的概念。若发射机与接收机彼此相距 $d>d_{min}$,在这个距离上,所产生的干扰至少是被允许的,则符合这个条件的最小距离 d_{min} 就称为协调距离。

发射协调区是指发射机周围的一个区域,位于这个区域之外的接收机受到的干扰电平不会超过允许的干扰电平,而位于此区域内的接收机是否由于发射机而受到不可接受的干扰,要经过分析计算后才能确定。

接收协调区是指接收机周围的一个区域,位于这个区域之外的发射机不会对接收机造成不可接受的干扰,而位于此区域内的发射机是否会对接收机造成不可接受的干扰,要经过分析计算后才能确定。

2. 频率间隔-距离

相邻频道干扰造成的基本影响是有用信号、干扰和接收机对不同频率间隔的不同特性之间相互作用的结果,可以用频率-距离(FD)、频率相关抑制(FDR)或相对射频保护比来表示。FD 表示接收机与发射机之间所要求的最小距离间隔随着它们的调谐频率之差的变化而发生变化。FDR 表示接收机选择性对发射机干扰抑制的程度。相邻信道干扰电平取决于干扰预测方程中的 FDR(Δf)值。

接收机输入端的干扰电平可表示为

$$P_I = P_T + G_T + G_R - L(d) - \text{FDR}(\Delta f) \tag{7-81}$$

当规定了可接受的干扰功率最大值 $P_{I\max}$ 后,只有满足下式时接收机性能才可以被接受

$$L(d) + \text{FDR}(\Delta f) \geqslant P_T + G_T + G_R - P_{I\max} \tag{7-82}$$

由此可得到频率间隔-距离曲线方程

$$L(d) + \text{FDR}(\Delta f) = P_T + G_T + G_R - P_{I\max} \tag{7-83}$$

频率间隔-距离曲线和可接受的接收机性能区域示于图 7-18 中,曲线以上部分是可接受的接收机性能区域,曲线以下部分是不可接受的接收机性能区域。

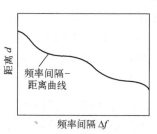

图 7-18 频率间隔-距离曲线

3. 方位角利用准则

为保障在有限的立体角范围内辐射和接收的固定电子设备的电磁兼容性,可采用将主要辐射方向与接收方向分隔的方法。因为在接收天线与发射天线的方向图主瓣取向相对的情况下,呈现最大的干扰电平,所以方向隔离是消除这种情况的有效方法。利用角度的允许值 φ_0 来限制相互作用的天线方向图主瓣可能的角度接近程度,即 $\varphi > \varphi_0$。

4. 扇形匿影

将辐射和接收限定在一定角度的扇形内也是进行方向隔离的方法之一,其实质在于对发射和接收设备的工作进行限制,使其在接收机方向上没有辐射或在发射机方向上没有接收。例如,在方位角范围内做圆形扫描状态的雷达站,当雷达天线转动时,位于附近的通信站会受到干扰。为了消除干扰,可在雷达天线方向图主瓣照射到通信站方向时,中断雷达站的辐射。

5. 自然地形屏蔽

在更复杂的情况下进行区域分布时,可利用地形特点。影响的因素有两种:一是所研究的区域不是自由空间,存在为配置所希望的遮蔽区;二是极其起伏不平的地形导致发射机的辐射场强形成复杂的反射和绕射情况,所研究的场强是原始的场(直射场)与反射和绕射所引起的场相干涉的结果。总之,电磁场在区域上的分布不是一成不变的,而是具有对分布最适合的、最小场强的区域。

6. 天线的极化去耦

天线的极化去耦应用是基于发射和接收采用正交极化的天线对电磁干扰进行抑制的。如干扰源天线是水平极化的,则接受器天线应采用垂直极化。在理想情况下,正交极化波可以提供无限大的去耦,但是由于天线的交叉极化现象和综合系统的环境使场的极化发生畸变及其空间方向发生变化,实际的抑制很难超过 5~25 dB。

7.9 系统内部电磁干扰预测

7.9.1 系统内部电磁干扰预测流程

系统内部的电磁干扰预测有时比系统间电磁干扰预测更为复杂。系统内部电磁干扰,主要关心的是自身干扰所引起的性能恶化。从系统方法出发还需考虑其他的潜在问题:(1)与外部产生的传导和辐射发射有关的敏感度问题;(2)给定系统所产生的传导和辐射发射对邻近系统的有害影响。

由两个单元设备组成的系统内电磁干扰预测问题,通常可归纳为5种耦合通道干扰,即:共地阻抗的共模耦合;场对导线(电缆)的共模耦合;场对导线(电缆)的差模耦合;导线(电缆)对导线(电缆)的电容与电感的差模耦合;电源线与供电电路的耦合。这5个问题的解决,比许多其他因素在本质上更占优势,它解决了系统内部主要的电磁干扰问题。

图7-19所示为系统内部电磁干扰分析预测流程图,下面将对此流程图做简要分析。

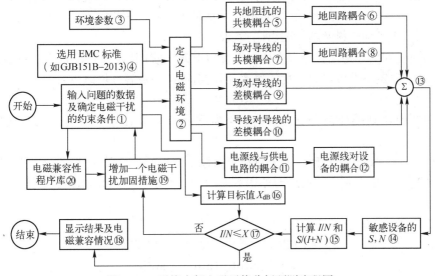

图7-19 系统内部电磁干扰分析预测流程图

第一步: 设计者首先输入有关电磁干扰问题的资料以及防止电磁干扰所采取的步骤可能受到的限制(方块①)。输入的电磁干扰相关资料有干扰信号的强度、受干扰者的特性以及各种可能干扰途径。

干扰信号资料包括干扰的功率或电压大小、频率或脉冲之宽度、脉冲上升时间等;

受干扰者的特性包括响应带内的灵敏度(噪声大小)、通带的截止频率、非通带的最小衰减量;

可能干扰途径主要包括共地阻抗的共模耦合、场对导线(电缆)的共模耦合、场对导线(电缆)的差模耦合、导线(电缆)对导线(电缆)的电容与电感的差模耦合、电源线与供电电路的耦合。

若设计者无法提供类似的资料,可利用标准工作情况的参考资料作为依据。此外,EMC设计也要提出防止电磁干扰可能遭受到的限制。例如,是否需要使用某些特殊的电磁干扰改善元件,或使用哪些防止技巧等。

第二步:确定特定环境下的电磁工作环境(方块②)。包括此工作环境的电场强度、磁通密度、电压或电流,以及对应辐射干扰和传导干扰之各类参数。如无法提供这些参数,则可利用方块③提供的一般参数。

第三步:规定 EMC 有关标准,如方块④选用的是 GJB151B—2013《军用设备和系统电磁发射和敏感度要求与测量》。

第四步:考虑各种可能的干扰途径(方块⑤~⑫)。

第五步:干扰途径不止一种,则被干扰之放大器或接收机输入端之噪声电压为这些干扰信号之合成信号电压(圆圈⑬)。原则上可选择两条或三条干扰较大者的路径。

第六步:合成干扰噪声输入敏感设备中,敏感设备以通带灵敏度 N 和正常信号强度 S 等因素描述其性质(方块⑭)。

第七步:根据干扰信号强度 I、正常信号强度 S 及通带灵敏度 N,即可算出 I/N 和 $S/(I+N)$ 的值(方块⑮)。I/N 的值为电磁干扰的一项定量描述,由此数值可决定该做多少的电磁噪声抑制才能符合 GJB151B—2013 的规格要求。欲决定要抑制多少电磁干扰,必须先定出所需的规格(目标值)X_{dB}(方块⑯)。X_{dB} 是由用户提出或由方块①提出的规格和限制所决定的。

I/N 值与 X_{dB} 相比较(方块⑰),决定电磁干扰是否存在。若 $I/N \leqslant X_{dB}$,表示已达到电磁兼容性要求,则可将各项资料及结果列出(方块⑱)。

更确切地说方块⑰是期望有多少机会不发生电磁干扰问题,或者说希望造成电磁兼容环境为多少,才能决定不发生电磁干扰的概率,因此造成电磁兼容环境时应有

$$X_{dB} = (I/N)_{dB} - k\sigma_{dB}$$

式中,X_{dB} 为所要达到的规格;σ_{dB} 为对数正态概率分布函数之标准偏差;k 为依实际决定的因数。

例如,设干扰的数学预估模式取为对数正态概率分布函数,其标准偏差设为 12 dB,若希望有 90% 的概率不发生电磁干扰问题时的因数 $k=1.28$,要求 $X_{dB} = -10$ dB,试求此时 I/N 应为多少 dB。

将各参数代入上式有

$$-10\,dB = (I/N)_{dB} - 1.28 \times (-12\,dB)$$

即
$$I/N = -10\,dB - 16\,dB = -26\,dB$$

按题意,即要求 $I/N < -26$ dB,才能满足用户提出的要求,才能达到兼容的要求。

I/N 的值符合规格要求,并不代表此设备或系统绝对不会产生电磁干扰,只能说大部分的产品(或系统),目标定于 -26 dB 较之 -10 dB 更容易取得电磁兼容的工作环境。

第八步:若 $I/N > X_{dB}$,则需额外的电磁干扰抑制步骤。方块⑲中每次要求加入一个电磁兼容改善元件,或采取一种措施,需要重新进行整个测试及解决流程,直至求出电磁兼容性之解答,并将改进的合适的电磁干扰防止方式,加入改进程序中,储存于程序库(方块⑳)。

7.9.2 系统内部 EMI 预测实例

由两个单元设备组成的系统如图 7-20 所示,连接两个单元电路的电缆的屏蔽层经同轴连接器在机壳上接地。在干扰频率为 1 MHz、场强为 10 V/m 的电磁环境下,试求此系统的性能,以及为使此系统满足电磁兼容性需采取的有关措施。设计的目标性能要求是 $I/N = -26$ dB。

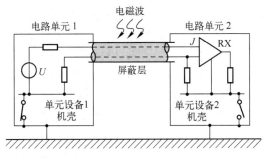

图 7-20 两个单元设备组成的系统

此系统给出的参数如下:

- 信号强度:0.01 mV
- 受干扰者之灵敏度:0.001 mV
- 受干扰者截止带斜率:20 dB/10 倍频
- 受干扰者带宽:200 kHz
- 两个单元设备连接线长:$l=10$ m
- 平均高度:$h=10$ cm

1. 第一次试算运行分析

为说明图 7-20 的实例,将有关参数换算或试算运行结果列于表 7-9 中。

首先做试算运行分析,其结果为:

第①栏将电磁环境场强 10 V/m 换算成 140 dBμV/m。

第②栏将接收机灵敏度 0.001 mV=1 μV,换算成 dBμV,即为 0 dBμV。

第③栏是第①栏与第②栏之比,由第①栏减去第②栏的 dB 数得出。

从第④栏开始,④A~④E 是 5 条耦合通道,可按有关公式计算出结果,总和在第⑤栏中。

此例是场对导线的耦合问题,仅用第④B 与④C 栏,总和选两条通路中较大的一个列于第④栏,放大器对带外调幅台抑制相当于-14 dB。最后,合成的电磁干扰问题相当于+79 dB 的 I/N 比。显然可见,潜在的干扰是十分严重的,离所要达到的预测目标 $I/N=-26$ dB 相差甚远。

表 7-9   第一次试算运行结果

预测流程	①	②	③	④					⑤	⑥	⑦	⑧
				④A	④B	④C	④D	④E				
工作状态	电磁环境(dBμV)	灵敏度(dBμV)	电磁环境/灵敏度(dB)	地共模地环路耦合	场共模地环路耦合	差模耦合	电缆-电线	电线-电源电源-受害者	④A~④E 之和	放大器抑制	干扰噪声比之差	干扰噪声比
目 标												-26
开 始:首次运行	140	0	140	不适用	-47	-86	不适用	不适用	-47	-14		+79
干扰噪声比(dB):⑧=③+⑤+⑥												

2. 电磁兼容性调整措施(多次运行分析)

由以上结果,现需进行电磁兼容性试验性调整,使 I/N 达到预定要求,调整范围共 105 dB [79 dB-(-26)dB]。用户决定采用滤波器的办法,用 5 级低通滤波器的跌落斜率(每 10 倍频

100 dB），使放大器抑制从−14 dB 增至−60 dB，净改善 46 dB（参见表 7−10 的第⑦栏），因此新的 $I/N=+33$ dB。比原来有所改善，但仍未达到要求。

第二次进行电磁兼容性试验调整时，将图 7−20 所示的不平衡系统变换成平衡发射/接受系统，这使地回路耦合从−47 dB 改善（降低）到−106 dB（④B 栏），不过它对差模耦合（④C 栏）没有影响。由于−86 dB 差模耦合通路现在成了较大问题，为此就不能实现全部 59 dB 的改善（106 dB−47 dB）。因此，净改善量是 39 dB（第⑦栏），它相当于地回路耦合的−47 dB（④B 栏），到−86 dB（④C 栏）。合成的 I/N 比为−6 dB，较先前的 33 dB，改善了 39 dB。

用户最后一次进行电磁兼容性调整，将平衡导线改为 40 绞/米的扭绞线。此时，④C 栏中可从差模耦合的−86 dB 改善到−142 dB。比较④B 栏和④C 栏，取其中较大者，即取④B 栏的−106 dB，故第⑤栏总和比上一次调整的总和−86 dB 改善了 20 dB（⑦栏）。最后的 I/N 比示于第⑧栏，等于−26 dB。此时的 I/N 比已达到−26 dB 的目标性能，已满足电磁兼容性设计要求，全部问题到此结束。结果见表 7−10。

表 7−10　多次运行电磁兼容性设计结果显示

预测流程	①	②	③	④					⑤	⑥	⑦	⑧
				④A	④B	④C	④D	④E				
工作状态	电磁环境（dBμV）	灵敏度（dBμV）	电磁环境/灵敏度（dB）	地共模地环路耦合	场共模地环路耦合	差模耦合	电缆-电线	电线-电源电源-受害者	④A～④E 之和	放大器抑制	干扰噪声比之差	干扰噪声比
目标												−26
开始：首次运行	140	0	140	不适用	−47	−86	不适用	不适用	−47	−14		+79
跌落斜率=100dB/10倍频程	140	0	140	不适用	−47	−86	不适用	不适用	−47	−60	46	+33
平衡信号发生器/放大器允差=5%	140	0	140	不适用	−106	−86	不适用	不适用	−86	−60	39	−6
扭绞线40绞/米	140	0	140	不适用	−106	−142	不适用	不适用	−106	−60	20	−26
干扰噪声比（dB）：⑧=③+⑤+⑥												

习题

7.1　什么是发射机的基本辐射和非基本辐射？

7.2　什么是天线的有意辐射区与无意辐射区？

7.3　接收机的非线性会引起哪些干扰？

7.4　阐述电磁干扰预测的重要性。

7.5　阐述建立电磁干扰预测模型的方法与步骤。

7.6　阐述干扰预测"分级预测"的步骤和方法。

7.7　如何理解系统间第一、第二干扰预测方程。

7.8　什么是基波干扰余量、发射机干扰余量、接收机干扰余量、乱真干扰余量？

7.9　简述设备系统内部 EMI 预测并分析流程图中有关方块的含义。

第8章 电磁兼容性测试技术

电磁兼容性测试是验证电子设备电磁兼容性设计的合理性及最终评价电子设备质量的手段。为了科学地评价电子设备的电磁兼容性,必须对各种干扰源的干扰发射量、干扰传递特性以及电子设备的干扰敏感度进行定量测定。通过定量测定,可以鉴别产品是否符合电磁兼容性标准或规范,找出产品设计及生产过程中在电磁兼容性方面的薄弱环节,为用户安装和使用产品提供相关的数据。因此,电磁兼容性测试是电子设备研制、生产过程中不可缺少的重要环节。

电磁兼容性测试是一种比较复杂的测量,它具有一系列特点。其中最具代表性的特点是:进行测量的频率范围宽,按现行标准和规范,频率范围为25 Hz~40 GHz;被测电平范围宽;测量方法和专用设备的多样性。

电磁兼容性测试必须按照有关的标准和规范进行,否则就不可能得到正确的结果。电磁兼容性测试依据标准的不同,有许多种测试项目和测试方法。本章主要以国军标 GJB151B-2013 为例,并结合几个常用的国家标准,介绍电磁兼容的基本测试项目与测试方法。

8.1 电磁兼容性测试项目

电磁兼容性测试可以分为电磁发射测试和电磁敏感度(国标中为抗扰度)测试两大类。电磁发射测试是指测量电子/电气设备系统向外发射的电磁干扰能量。根据电磁干扰信号发射的部位、形式和属性等,电磁发射测试主要分为传导发射测试和辐射发射测试两类。电磁敏感度测试是指测量设备、系统抵抗外界电磁干扰的能力,它包括传导敏感度测试和辐射敏感度测试两类。

传导发射测试主要考察由被测设备在交流或直流电源线上产生的干扰信号,这类信号的频率通常分布在25 Hz~30 MHz之间,信号的形式有连续波、尖峰冲击波等。

辐射发射测试主要考察被测设备经空间发射的电磁信号,这类测试的典型频率范围是10 kHz~1 GHz,但对于磁场发射测试要求低至25 Hz,而对工作在微波频段的设备,频率高端要测到40 GHz。

传导敏感度测试主要考察设备或产品对来自电源线、互连线、机壳等的电磁干扰的承受能力。测试所涉及的干扰信号可能是连续波,也可能是几种规定波形的脉冲信号。

辐射敏感度测试主要考察设备或产品对空间辐射电磁场形成的干扰的承受能力。这些干扰可能是连续波,也可能是脉冲信号等。

四类测试之间的关系如图8-1所示。

国军标 GJB151B-2013 规定了军用设备、分系统电磁发射和敏感度要求项目和测试方法,测试项目按照英文字母和数字混合编号命名:

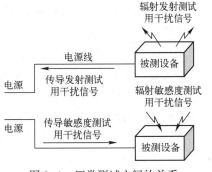

图8-1 四类测试之间的关系

C——传导　　　　　E——发射　　　　　　R——辐射　　　　　S——敏感度

CE——传导发射　CS——传导敏感度　RE——辐射发射　RS——辐射敏感度

GJB151B-2013 共有 21 条测试项目,表 8-1 列出了所要求的测试项目和名称。当然,这些测试项目并非都要进行,而是要根据设备和分系统的电磁环境和电磁兼容性要求来确定。

表 8-1　电磁兼容性测试项目

电磁兼容性测试项目	发射测试	传导发射	CE101	25 Hz~10 kHz 电源线传导发射
			CE102	10 kHz~10 MHz 电源线传导发射
			CE106	10 kHz~40 GHz 天线端子的传导发射
			CE107	电源线尖峰信号(时域)传导发射
		辐射发射	RE101	25 Hz~100 kHz 磁场辐射发射
			RE102	10 kHz~18 GHz 电场辐射发射
			RE103	10 kHz~40 GHz 谐波和乱真辐射发射
	敏感度测试	传导敏感度	CS101	25 Hz~150 kHz 电源线传导敏感度
			CS102	25 Hz~50 kHz 地线传导敏感度
			CS103	15 kHz~10 GHz 天线端子互调传导敏感度
			CS104	25 Hz~20 GHz 天线端子无用信号抑制传导敏感度
			CS105	25 Hz~20 GHz 天线端子交调传导敏感度
			CS106	电源线尖峰信号传导敏感度
			CS109	50 Hz~100 kHz 壳体电流传导敏感度
			CS112	静电放电敏感度
			CS114	4 kHz~400 MHz 电缆束注入传导敏感度
			CS115	电缆束注入脉冲激励传导敏感度
			CS116	10 kHz~100 MHz 电缆和电源线阻尼正弦瞬变传导敏感度
		辐射敏感度	RS101	25 Hz~100 kHz 磁场辐射敏感度
			RS103	10 kHz~40 GHz 电场辐射敏感度
			RS105	瞬变电磁场辐射敏感度

电磁兼容性测试依设备、系统的不同研制阶段和不同测试目的,又可分为兼容测试(也称标准测试)和预兼容与诊断测试两种。

兼容测试通常在设备或系统的完成、验收、定型阶段进行,按照相应的测试标准要求,测量设备或系统的传导和辐射发射是否在标准规定的限值以下,抗干扰能力是否达到标准规定的限值。如果超标,则应给出超标的频率点、超标的项目和超标的数量等。这种测试考核的是设备或系统整体的电磁兼容性指标,旨在达到测量结果的准确性和可重复性,要求使用标准规定的测量环境测量仪以及测量方法进行严格的测试。

预兼容与诊断测试是在设备或系统研制过程中,对产品进行评估,目的在于给出被测设备或系统的大致性能,增强研制完成后通过最后兼容测试的信心。预兼容测试一般可在非规范的实验场地或实验室进行,对被测设备进行定性测试,或在某些频率点上进行定量测试。预兼容测试后往往还要进行故障诊断性测试,进一步确定干扰发射源的位置和了解易受干扰部件周围的电磁环境,以便有针对性地采取电磁兼容措施,选择合适的器件和方法,限制干扰源和保护敏感部件,达到互相之间的电磁兼容。

8.2 测 试 场 地

电磁兼容性测试必须在规定的测试场地进行,测试场地将直接影响测试结果。主要的测试场地有开阔测试场地、屏蔽室、电波暗室和混波室等。

8.2.1 开阔测试场地

电磁兼容测试中,开阔测试场地(OATS,Open Area Test Site)主要用于30~1000 MHz 频率范围内对受试设备(EUT)进行电磁辐射发射测试,通常用于较大型受试设备(EUT)的测试,是电磁兼容测试中非常重要的测试场地。

开阔测试场地应远离建筑物、电线、树林、地下电缆和金属管道等,地面为平坦且电导率均匀的金属接地表面。场地按椭圆形设计,场地长度不小于椭圆焦点之间距离的 2 倍,宽度不小于椭圆焦点之间距离的 1.73 倍,如图 8-2 所示。实际电磁辐射干扰测试时,EUT 和接收天线分别置于椭圆场地的两个焦点位置。

开阔测试场地的具体尺寸一般视测试频率下限的波长而定。如测试频率下限为 30 MHz,波长是 10 m,则选择椭圆焦点之间距离为 10 m。不同的电磁兼容性标准、规范,对开阔测试场地的尺寸要求是不同的,国内外电磁兼容性标准通常将 EUT 与接收天线的距离定为 3 m、10 m、30 m 等,俗称 3 m 法、10 m 法、30 m 法。如满足 3 m 法测量,场地长度不小于 6 m,宽度不小于 5.2 m;如满足 10 m 法测量,场地长度不小于 20 m,宽度不小于 17.3 m。

在国家标准 GB9524—2008《信息技术设备的无线电干扰极限值和测量方法》中规定:若保护距离属 A 级,则受试设备与天线间的距离 $F=30$ m;若保护距离属 B 级,则 $F=10$ m。此外,该标准还规定在受试设备与接收天线之间的地面上,要铺设一层金属板作为接地平面,金属板最小尺寸如图 8-3 所示。在受试设备一端,金属板尺寸至少应超出受试设备周边 1 m。在接收天线一端,金属板至少比天线及其支持结构大 1 m。金属板上不应有尺寸可与最高测试频率对应的波长相比拟的孔洞和缝隙。

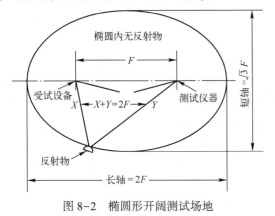

图 8-2 椭圆形开阔测试场地

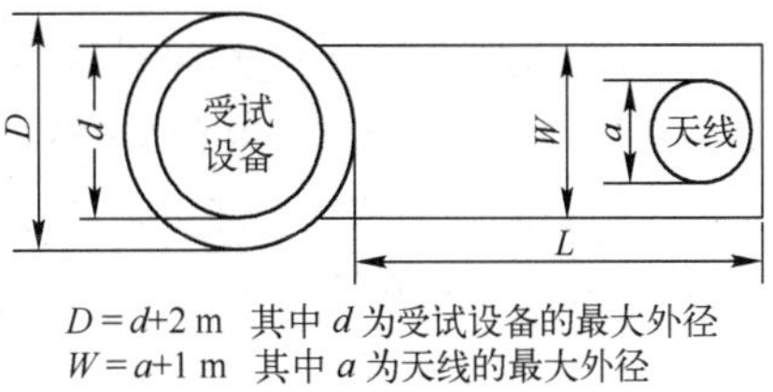

$D=d+2$ m 其中 d 为受试设备的最大外径
$W=a+1$ m 其中 a 为天线的最大外径

图 8-3 金属板最小尺寸

电磁兼容测试用场地的重要性能指标有归一化场地衰减、场强的均匀性和电磁环境噪声电平等,这些性能指标表示实际测试用场地与理想场地的差别程度。

开阔测试场地周围也尽可能不要有强电磁干扰源。根据 GJB151B-2013 规定,要求在受试设备不通电的情况下,在开阔测试场地测得的电磁环境噪声电平至少应比允许的极限值低6 dB。

归一化场地衰减 A_N 的定义为:一对天线分别垂直和平行于地面放置,通过电缆分别与发射源和接收机连接,则发射天线输入电压 U_T(dB)与接收天线输出电压 U_R(dB)之差称为开阔测试场地的场地衰减(dB)。然后,再用场地衰减(dB)减去收、发线的天线系数 AF_T(dB)和 AF_R(dB),所得结果称为归一化场地衰减,即

$$A_N = U_T - U_R - AF_T - AF_R \tag{8-1}$$

式中,U_T 为发射天线输入电压,dBμV;U_R 为接收天线输出电压,dBμV;AF_T 为发射天线系数,dB;AF_R 为接收天线系数,dB。

天线系数 AF 的定义为接收场强 E 与此场强在天线输出端生成的电压 U 之比,即

$$AF = E/U \quad (1/m) \tag{8-2}$$

若用分贝表示则为

$$AF = E - U \quad (dB) \tag{8-3}$$

由式(8-1)可知,场地衰减不仅与场地本身特性(材料、平坦性、结构、布置)及收、发天线的距离、高度有关,还与收、发线的特性有关。而归一化场地衰减只与场地本身特性和测试点几何位置有关,与收、发线的特性无关。

国际电工委员会对场地衰减的要求是:频率为 30 MHz ~ 1 GHz 时,实测归一化场地衰减值与理论值比较,应在 ±4 dB 范围之内。

8.2.2 屏蔽室

电磁屏蔽室是一种防止电磁干扰、净化电磁环境的设施。按照 GJB151B-2013 以及其他电磁兼容性标准的规定,许多测试项目必须在具有一定屏蔽效能和尺寸合适的电磁屏蔽室内进行。

屏蔽室是一个用金属材料(金属板、金属网)制成的大型六面体,它的四壁、天花板和地板均用金属材料制造。这类屏蔽室从其功能上可分为两种,一种是被动屏蔽室,其作用是使外部电磁干扰不能进入室内;另一种是主动屏蔽室,其作用是使室内存在的大功率电磁干扰源的电磁能量不向外泄漏。在电磁兼容试验中使用的屏蔽室多属被动屏蔽室。

电磁屏蔽室除用于电磁兼容性试验外,还广泛用于电子测量仪器和接收机等小信号与高灵敏电路的调试场地、电子计算机房以及电子显微镜室等。

对电磁兼容性测试的屏蔽室的要求较为严格,例如其工作频率范围应很宽(低端在 10 kHz 以下,高端在 10 GHz 以上)、屏蔽效能较好(10 kHz 以上,磁场优于 80 dB;30 MHz 以上,平面波磁场优于 100 dB 等)。

对屏蔽室的最小尺寸也有专门的规定,测试天线的端部离屏蔽室距离应大于 1 m(杆状天线或振子天线的顶端离屏蔽室壁的距离不得小于 30 cm);符合规定的配置,如图 8-4 和图 8-5 所示,它们分别表示在屏蔽室内测试辐射发射和辐射敏感度时的配置。

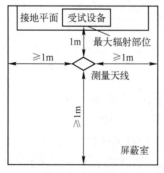

图 8-4　屏蔽室内测量辐射发射的配置

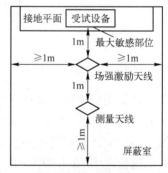

图 8-5　屏蔽室内测量辐射敏感度的配置

在屏蔽室内进行电磁兼容性测试时,还应该注意到屏蔽室的谐振和屏蔽室的反射对测试结果的影响。因为屏蔽室相当于一个封闭的金属空腔,根据波导谐振腔的原理,当屏蔽室受到激励时就会发生谐振现象,从而影响测试结果。例如,在屏蔽室内对电子设备进行辐射发射测试时,一旦受试设备的发射频率和激励方式使屏蔽室产生谐振,将会造成很大的测量误差。为了避免这种误差,必须事先掌握屏蔽室的主要谐振频率点(可以通过理论计算和实际测量获得),并记录在案。在进行电磁兼容测试时,要避开这些谐振频率。

由于受试设备的机箱在各个方向上都可能向外泄漏电磁能量,因此,除在接收天线方向上有直接辐射的电磁场外,还存在其他方向上经屏蔽室各壁面反射的电磁场,从而引起测量误差。为了减少可能影响测量结果的反射,屏蔽室内应尽量少留无关器材和人员。对屏蔽室内部一些有代表性的位置在不同频率上所呈现的电特性要事先掌握,便于在测试中查对。必要时可在屏蔽室内反射较强的壁上敷设吸收材料,可使反射显著减小。

8.2.3 电波暗室

在普通屏蔽室内测量受试设备的辐射发射时,由于反射的影响使得精确测量有一定困难。为此,类似消声室的设计,可在建筑物房间或屏蔽室内壁安装对电磁波有吸收作用的材料,构成电波暗室。

电波暗室又称电波消声室或电波无反射室,它的结构有两种形式,一种是在建筑物房间的四壁、天花板和地板上都装有电波吸收材料,通常只能用作 UHF 波段以上的电波暗室,在短波波段以下的吸收作用很小;另一种是在电磁屏蔽室的各个壁面上加装电波吸收材料,它既是电波暗室,又是电磁屏蔽室,称之为屏蔽暗室。

电波暗室又分为全电波暗室和半电波暗室。全电波暗室是在房间的四壁、天花板和地板上都装有电波吸收材料,用于模拟自由空间。半电波暗室是在房间的四壁、天花板上装有电波吸收材料,在地板上不安装电波吸收材料,用于模拟开阔测试场地。

吸收材料通常做成尖劈状,以保证阻抗的连续渐变,即使其传输阻抗与周围空气介质的阻抗相接近,从而保证对内置发射源的功率吸收而最大限度地减小反射。吸收材料要能在宽频带(例如 300 MHz 至 40 GHz)内吸收较大的功率而且有较好的阻燃性。通常采用介质损耗型吸收材料,例如聚氨酯类的泡沫塑料在碳胶溶液中浸透后即有较好的阻燃特性。

吸收材料的长度与欲吸收的电磁波频率有关,欲吸收的电磁波频率越低,则吸收材料的长度越长,一般吸收材料的长度应大于或等于最低吸收频率相对应波长的四分之一。因此,电波暗室的工作频率下限不能太低,一般在几百兆赫以上,否则由于吸收材料长度太长,使得暗室的有效空间大大减小。典型的屏蔽暗室吸收材料放置结构如图 8-6 所示。

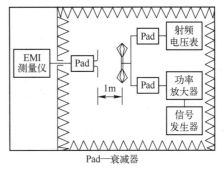

Pad—衰减器

图 8-6 屏蔽暗室吸收材料放置结构

电波暗室是电磁兼容性较理想的测试场地,其优点是它可以模拟无反射和无电磁污染的自由空间条件,其缺点是它的工作频率下限很难做到米波以下,且造价十分昂贵。

8.2.4 混波室

混波室是一种新的 EMC/EMI 测试手段,它是在屏蔽室的一些壁面上安装若干个尺寸和形状适当的模搅扰器构成的。这样就在室内一个局部区域内产生均匀和各向同性的场,这个场的极化方向是随机变化的,这给测试带来了方便。

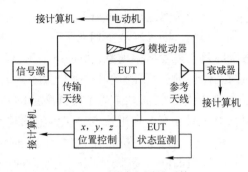

图 8-7 混波室测量系统

混波器尤其适用于高频率(例如微波波段)的测量,它的典型工作频率是从几兆赫至 20 GHz。

混波室测量系统如图 8-7 所示。利用混波室测量辐射敏感度(RS)的基本步骤是:首先把受试设备放在混波室的测试区域内,并通过传输天线向室内发送电磁场;逐步增加馈入功率以达到所需的电平,同时缓慢转动模搅扰器并监测 EUT 的工作状态。当 EUT 出现故障时,停止转动模搅扰器并减小馈入功率,直至 EUT 恢复正常工作,通过计算机处理测量结果。

混波室也可用于测量受试设备的辐射发射(RE)。

8.2.5 平行板线

在进行电子设备的电场辐射敏感度测试时,需要一个类似于远区场的均匀横电磁波的测试环境。根据传输线原理可制成如图 8-8 所示的平行板线,图中平板两端呈锥形平滑过渡到同轴插座,有良好的阻抗匹配性能。

在利用平行板线进行电磁兼容性测试时,平行板线的一端接功率信号源,另一端接匹配负载。这样在两平行板间基本上是 TEM 波的行波状态,平行板间的电场为

$$E = U/d \tag{8-4}$$

式中,d 为两板间的距离(m),U 为所加的电压(V)。

平行板线的上限工作频率不仅与终端负载的匹配情况有关,而且与两板间的距离 d 有关。d 越大,上限工作频率越低。当 d 与传输信号的 $\lambda/4$ 可比拟时,平行板在其敞开的侧面将产生强烈辐射,以至于影响周围其他测量设备的工作,甚至危害测试人员的健康。因此应将平行板线放在电磁屏蔽室内,且周围放置吸收板,以减少辐射。图 8-9 所示为放置吸收板的一个例子。

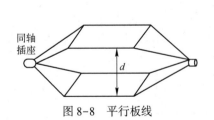

图 8-8 平行板线

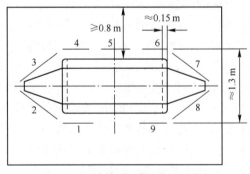

图 8-9 平行板线周围放置吸收板

当频率进一步增大时,两板之间将出现高次模,导致板间电磁场发生畸变。通常把出现高次模的频率定为平行板线的上限工作频率。

与采用辐射天线对受试设备进行电场辐射敏感度试验相比,平行板线有下列优点:

① 可以在很宽的频率范围内建立平面波场;

② 电磁能量的利用率较高(例如建立的场强可达 10 V/m 以上);

③ 平行板线的特性阻抗是可以控制的,只要终端负载匹配良好,就可获得行波工作状态。

平行板线的主要缺点是,受上限工作频率限制,平行板线只适用小型设备的 EMC 测试;对周围的辐射较严重。

从 20 世纪 80 年代起平行板线已逐渐被横电磁波传输室(TEM Cell)所取代,但在电磁脉冲的研究中,仍采用平行板线作为场模拟装置。

8.2.6 横电磁波传输室

横电磁波传输室(TEM Transmission Cell,简称 TEM Cell),其实质是一种同轴线的变形,即将同轴线外导体扩展为矩形箱体,内导体渐变为扁平芯板,如图 8-10 所示。它包括主段、锥形过渡段和同轴插座等,主段横截面呈正方形或矩形,两端逐渐减小形成锥形过渡段,过渡到标准同轴插座。主段和锥形过渡段均具有 50 Ω 的特性阻抗以保证传输室内处处有良好的匹配,其电压驻波比(VSWR)很小。这样,当其终端接宽带匹配负载、始端馈入高频电磁能量时,室内就能建立起均匀的横电磁波(见图 8-11)。这种电磁波的电场和磁场强度不但存在固定的比例,而且与馈入传输室的射频功率或端电压也有固定的关系,很容易计算并进行控制。

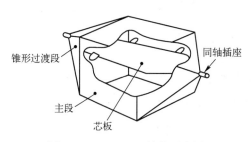

图 8-10 TEM Cell 结构示意图

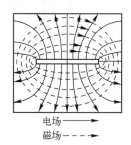

图 8-11 TEM Cell 内部场分布

TEM 传输室具有以下优点:

① 工作频带宽,可从极低频到数百兆赫;激励效率高,容易获得较高的场强。

② 有效工作区一般可取相应结构尺寸的 1/3(即 1/3 准则)。在有效工作区域内,场强值的不均匀度不超过±2 dB。

③ 传输的横电磁波阻抗为 377 Ω,与自由空间远区场的电磁波特性相同,而且受试设备被"淹没"在电磁波中,较好地模拟了自由场环境。

④ 能量受外围壁板屏蔽,不会散失,可大大降低对功率信号源的功率要求。与天线照射法或平行板法相比,避免了在试验现场产生电磁污染,极大地简化了对参试设备(包括监测设备)的屏蔽防护措施,也使测试人员免受辐射危害。

⑤ 同轴线属于宽带传输线,无色散效应,进行 EMC 测试时,可免除常规辐射测试中需随频率变化不断更换天线的麻烦。利用传输室这一特性,可对受试设备做脉冲辐射试验而保证试验脉冲不失真。若用天线照射法,由于天线频率限制,波形失真往往不可避免,低频段尤为明显。

TEM 传输室的最高使用频率与受试设备的尺寸有矛盾,这是因为同轴线内形成的高次模与其结构尺寸有关,传输室内一旦出现高次模传输,主模场分布会被扰乱。随着传输室尺寸加大,允许的受试设备(EUT)尺寸虽可加大,但传输室的工作频率上限却下降了。为扩展传输室使用频率上限,可在传输室内加装吸收材料来抑制高次模,不过这样会增加主模传输的插入损耗。

传输室内放入受试设备后对传输室有容性负载效应,使传输室的特性阻抗下降。采取的措施通常是将传输室空载特性阻抗设计为 $51 \sim 52\,\Omega$。根据实测,正常使用引起的特性阻抗下降不大于 $1\,\Omega$。

8.2.7 吉赫兹横电磁波传输室

吉赫兹横电磁波(GTEM)传输室克服了 TEM 传输室上限频率不高和受试设备太小的缺点,它具有很宽的工作频率范围和较大的工作空间,但室内场强的均匀性和测量精度不如 TEM 传输室。

GTEM 传输室的结构形状与非对称 TEM 传输室的锥形部分相似,是一个 $50\,\Omega$ 的锥状矩形同轴传输线,内部有一个偏置的中心导体(隔板),如图 8-12 所示。矩形段的一端与 $50\,\Omega$ 同轴导体耦合,中心导体的截面由平、宽的带状结构逐渐过渡到圆形。锥形段的远端接有由吸波材料构成的分布式匹配负载,矩形传输线也端接由碳质电阻构成的 $50\,\Omega$ 负载,电阻值的分布与中心导体上的电流分布是匹配的。当 GTEM 传输室终端负载匹配良好时,信号通过传输室,在其内外导体之间激励起横电磁波,在中心部分形成一个比较均匀的可用的场。

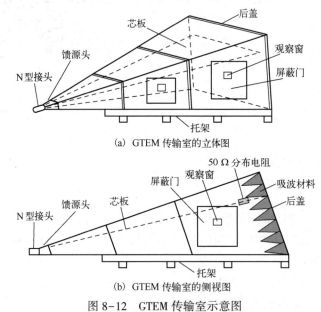

(a) GTEM 传输室的立体图

(b) GTEM 传输室的侧视图

图 8-12　GTEM 传输室示意图

对于实际测量,GTEM 传输室中传播的电磁波可以近似为平面波,锥形段的长度决定了可用的测量空间尺寸。GTEM 传输室中的场强与输入功率有关,也与纵轴的位置和隔板的高度有关。

GTEM 传输室的工作频带宽,模拟入射平面波,可以产生强的场强,而对周围的人员或设备没有危害或干扰。装置易于使用,便于进行辐射敏感度及发射测试,以及精密测量,可用于时域、核电磁脉冲、雷电、其他脉冲波及连续波的测量。国家军标 GJB151B-2013 推荐使用 GTEM 传输室进行瞬变电磁场辐射敏感度测试。

8.3　常用测试仪器与设备

在电磁兼容性测试中,除通用测量仪器外,还需要很多专用仪器或装置。为了使测量结果统一,有的标准或规范对一部分仪器和装置的性能、规格做了规定,但大多数未做统一规定。

● EMI 测试通常配置下列基本仪器与设备:

① 电磁干扰测量仪;

② 频谱分析仪;

③ 各种天线(含天线控制单元)及天线转台;

④ EMI 功率吸收钳、电流探头、电压探头、隔离变压器、穿心电容、存储示波器、各式滤波器、定向耦合器等;

⑤ 计算机及测试软件(自动测试时)。

● EMS 测试通常配置下列基本仪器与设备:

① 模拟干扰源(连续波信号源、尖峰信号产生器、浪涌模拟器、电快速瞬变脉冲产生器、静电放电模拟器等);

② 功率放大器;

③ 频谱分析仪;

④ 各式发射、接收天线;

⑤ 场传感器(电流注入探头、电场探头等)、射频抑制滤波器和隔离网络;

⑥ 功率计和功率定向耦合器;

⑦ 计算机及测试软件(自动测试时)。

下面介绍一些主要仪器、设备的工作原理和使用特点。

8.3.1　电磁干扰测量仪

电磁干扰测量仪又称为电磁干扰接收机、测量接收机,是一种按专门要求设计的超外差接收机,用来测量电磁干扰电压、场强、电流及功率。

1. 电磁干扰测量仪的组成和特点

电磁干扰测量仪的基本功能是测量加在其输入端的干扰电压。由于电磁干扰的允许值一般都很低,电磁干扰测量仪就必须有很高的灵敏度,所以大多采用超外差接收机的方式,其组成框图如图 8-13 所示。

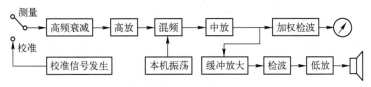

图 8-13　电磁干扰测量仪组成框图

与普通接收机相比,电磁干扰测量仪具有以下特点:

① 带有校准信号发生器,目的是通过对比确定被测信号强度。这里的校准信号是一种具有特殊形状的窄脉冲,能保证在电磁干扰测量仪工作频段内有均匀的频谱密度。

② 无自动增益控制功能,用宽带衰减器改变量程。

③ 有多种接收带宽。除标准带宽外,往往还备有几种带宽供选择,以便扩大使用范围或用于判别信号特性。

④ 有多种检波功能。为了适应不同对象的测量,按 CISPR 规定有四种检波方式:平均值检波(主要用于连续波测量)、准峰值检波和峰值检波(这两种主要用于脉冲干扰测量),以及

均方根值检波(用于随机干扰测量)。

⑤ 带有输出接口。电磁干扰测量仪除了音响及表针指示外,还在检波器前后都有输出接口。中频输出接口用于信号分析,直流输出接口用于记录及统计。

⑥ 机箱具有完善的屏蔽性能。电磁干扰测量仪要在高电平的电磁环境中工作,要求其自身的屏蔽效能不低于 60 dB,以确保在 3 V/m 的环境场中的附加误差小于 1 dB。这一要求在 10 kHz 附近和 1 GHz 以上是难以达到的。

2. 检波器

如前所述,电磁干扰测量的检波方式有平均值检波、准峰值检波、峰值检波,以及均方根值检波,选用哪种检波器取决于被测干扰源的性质以及所要保护的对象。由于大多数电磁干扰是脉冲干扰,它们对响应的影响是随着重复频率的增高而增大的。具有特定时间常数的准峰值检波器的输出特性,就可近似反映这种影响。因此在无线电广播业务中,广泛应用具有准峰值检波器的电磁干扰测量仪。

随着科学技术的发展,瞬变脉冲及重复频率很低的脉冲成为主要干扰源之一,且对这种干扰源有响应的敏感设备(例如数控设备、计算机、电视、雷达等)的应用越来越广泛,采用峰值检波器对这种瞬变脉冲或重复频率很低的脉冲进行检测是一种理想的方式。

在电磁环境探测中,干扰经常由许多独立的脉冲源产生,且往往是随机的。如果干扰源的频谱是均匀宽带的,产生的时间响应在中频放大器中重叠,则测得的有效值和平均值电平近似地随带宽平方根的变化而变化。若时间响应不重叠,则平均值不受带宽影响,而有效值仍随带宽的平方根变化。所以在测量电磁干扰对通信的影响时,最好采用具有均方根值检波器的电磁干扰测量仪。

具有平均值检波器的干扰测量仪主要是用来测量连续波、调幅波干扰。

对于同一干扰用不同的检波器测得的值是不同的。图 8-14 所示为不同检波器对脉冲干扰的响应曲线。由图可看出,准峰值检波器的响应随着脉冲重复频率的增高而增大,当重复频率达 10 kHz 时它就接近峰值检波器的响应。显然对同一干扰用不同检波器测得的结果不同,但可将测量数据进行转换从而得到一致的结果。

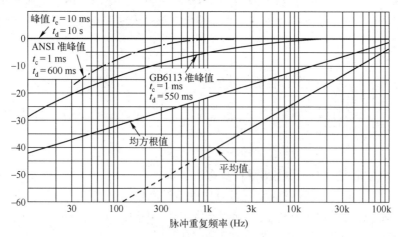

图 8-14　不同检波器对脉冲干扰的响应曲线

在我国现行的电磁兼容性标准、规范中,凡是参照 CISPR 规定制定的,都是以准峰值作为电磁发射的极限值的。例如,国家标准 GB4824-2019《工业、科学和医疗设备射频骚扰特性限值和测量方法》就是采用准峰值检波器作为基本测量手段的。而在我国的军标中,例如

GJB151B—2013《军用设备和分系统电磁发射和敏感度要求与测量》,则是以峰值规定极限值,把峰值检波器作为基本测量手段的。

3. 电磁干扰测量仪的基本特性

电磁干扰可分为平滑干扰和脉冲干扰。若在接收机输入端产生的电压或电流的最大值与平均值之比不超过3时,称为平滑干扰;若远大于3,则称为脉冲干扰。工业干扰大部分属于脉冲干扰,而采用准峰值检波最能反映脉冲干扰的特征。为了能准确地测量脉冲干扰,应对准峰值电磁干扰测量仪的下列基本特性做出统一规定:① 指示表头的机械时间常数;② 通频带;③ 能承受的过载系数;④ 检波器充、放电时间常数。这些特性中的通频带和过载系数会影响到脉冲干扰被接收和放大后的波形,而检波器的时间常数和表头机械时间常数又取决于干扰读数的大小。CISPR对这些基本特性都做了明确规定,表8-2是GB6113—1995《无线电干扰和抗扰度测量设备规范》规定的准峰值测量接收机的基本特性参数。因此在进行电磁兼容性测试之前,应该选用符合规定的测量仪器,否则还需通过一些换算来处理测量结果。

表 8-2　GB6113—1995 规定的准峰值测量接收机基本特性参数

基 本 特 性	频 率 范 围		
	9 ~ 150 kHz	0. 15 ~ 30 MHz	30 ~ 1000 MHz
6 dB 带宽(B_6)	200 Hz	9 kHz	120 kHz
准峰值电压表的充电时间常数	45 ms	1 ms	1 ms
准峰值电压表的放电时间常数	500 ms	160 ms	550 ms
临界阻尼指示器的机械时间常数	160 ms	160 ms	100 ms
检波器前电路的过载系数	24 dB	30 dB	43. 5 dB
检波器与指示器之间直流放大电路的过载系数	6 dB	12 dB	6 dB

4. 测量接收机的技术要求

① 幅度精度:±2 dB

② 6 dB 带宽:

国标 EMI 测试　　　9 ~ 150 kHz　　　　200 Hz

　　　　　　　　　150 kHz ~ 30 MHz　　9 kHz

　　　　　　　　　30 ~ 1030 MHz　　　120 kHz

国军标 EMI 测试　　25 Hz ~ 1 kHz　　　10 Hz

　　　　　　　　　1 ~ 10 kHz　　　　　100 Hz

　　　　　　　　　10 ~ 250 kHz　　　　1 kHz

　　　　　　　　　250 kHz ~ 30 MHz　　10 kHz

　　　　　　　　　30 MHz ~ 1 GHz　　　100 kHz

　　　　　　　　　>1 GHz　　　　　　　1 MHz

③ 检波器:峰值、准峰值和平均值检波器

④ 输入阻抗:50 Ω

⑤ 灵敏度:优于 −30 dBμV(典型值)

8.3.2　频谱分析仪/电磁干扰接收机

频谱分析仪(频谱仪)是一种自动调谐的外差式波形分析仪,基本组成框图如图8-15所示。频谱分析仪能够非常直观而又迅速地对被测信号进行频谱分析和幅值测量。但在电磁兼容性测试中，由于电磁干扰信号电平的强弱差别很大，容易使频谱分析仪的输入级过载。此外，频谱仪采用峰值检波方式，因而只能满足军标要求，不能适应 CISPR 标准以及参照它制定的我国有关 EMC 国家标准规定的极限值测量。频谱分析仪 FSV3000 见图 8-16。

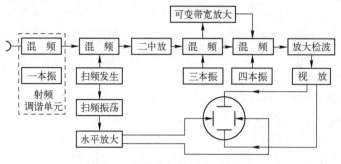

图 8-15　频谱分析仪基本组成框图

图 8-16　频谱分析仪 FSV3000

为使频谱分析仪适应于电磁兼容性要求，还需在其输入端配置射频预选器，在其中频输出端配置准峰值转换器。这些附加单元与频谱分析仪组合在一起，就构成了频谱分析仪/电磁干扰接收机，其组成框图如图 8-17 所示。下面分别介绍射频预选器和准峰值转换器的功能。电磁干扰接收机 ESR 见图 8-18。

图 8-17　频谱分析仪/电磁干扰接收机组成框图

图 8-18　电磁干扰接收机 ESR

1. 射频预选器

频谱分析仪只要配以相应的宽带天线，就可用来测量设备或系统的电磁发射。但一般频谱分析仪的输入级没有选择性，在强信号作用下混频器较易饱和，导致信号幅度被压缩，或产生乱真响应，这就难以对受试设备的电磁发射进行准确测试。

射频预选器由射频衰减器、预选滤波器及前置放大器组成。接在预选滤波器之前的射频衰减器，保证了输入信号不致使混频器饱和，从而在被测的功率极限内可保持线性。此外，射频预选器还可改善频谱分析仪/电磁干扰接收机的信噪比，显著地提高了整机灵敏度。

2. 准峰值转换器

CISPR 以及我国有关电磁兼容性国家标准所规定的电磁发射极限值均以准峰值计量，因而必须附加一个准峰值转换器，才能适应上述标准的电磁发射测量。这样组合的系统既适用于各种电磁兼容性标准的电磁发射和敏感度测试，也适用于设备研制阶段和使用过程中进行电磁兼容性的故障实时诊断。

频谱分析仪与准峰值转换器的连接框图如图 8-19 所示，将频谱分析仪的中频输出和视频输出连接到准峰值转换器中频输入和视频输入端，准峰值转换器就把来自频谱分析仪的中频信号按电磁干扰测量仪对中频带宽的要求进行滤波，把视频信号按准峰值检波器的要求进行检波后再送回到频谱分析仪进行显示和测量，这样测得的结果符合 CISPR 标准。

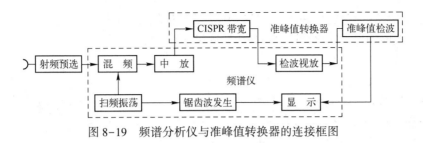

图 8-19　频谱分析仪与准峰值转换器的连接框图

利用频谱分析仪/电磁干扰接收机进行电磁干扰测量与一般电磁干扰测量仪相比,具有下列优点:

① 频谱分析仪能在很宽的频率范围内扫描,故能迅速发现干扰,便于进行电磁干扰的实时测量;

② 频谱分析仪将频率和幅度用 CRT 显示,便于直观地分辨出信号的类型;

③ 频谱分析仪还可进行常规测试,包括电子、电气设备等研制过程中的电磁干扰的诊断测试,周围环境和开阔场地电磁干扰监测,以及一般的频谱分析。

8.3.3　线路阻抗稳定网络(LISN)

在设备电源线上进行 EMC 测试时,需要一系列辅助器件,线路阻抗稳定网络(LISN)就是其中之一。这是由于各种使用场合的电子电气设备的供电体制往往是不同的,电网在设备电源输入端呈现的高频阻抗也各不相同。进行传导发射试验时,为使测量结果反映真实情况,必须在受试设备与其电源端子间接入合乎要求的线路阻抗稳定网络。该网络既能使受试设备与电网间实现射频隔离,又能为受试设备提供稳定的高频阻抗。线路阻抗稳定网络在 CISPR 的出版物中定名为"人工电源网络"。

图 8-20 所示为线路阻抗稳定网络的一般形式,试验中,受试设备发射的电磁干扰在网络上形成的干扰电压经过 C_1 和 R_1 送到电磁干扰测量仪。无论是哪种类型的电源,线路阻抗稳定网络的支路数都应与供电电源的线路数相同,网络与电磁干扰测量仪之间的连接应保持阻抗匹配。人工电源网络 ENV216 见图 8-21。

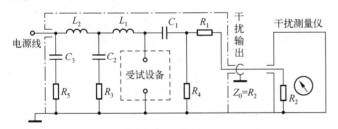

图 8-20　线路阻抗稳定网络的一般形式

图 8-21　人工电源网络 ENV216

8.3.4　亥姆霍兹线圈

亥姆霍兹线圈是一对同轴放置的平行线圈,间距等于单个线圈的半径,如图 8-22 所示。图中的间距 $d=b$,根据电磁场理论得知此时在两个线圈中产生的轴向磁场同向叠加,在中心点 O 附近产生一个相当均匀的磁场。磁场的磁感应强度可用下式计算

$$B_0 = \frac{8.99nI}{b} \times 10^5 \quad (\text{pT}) \tag{8-5}$$

式中,n 为单个线圈的匝数,I 为单个线圈的电流(A),b 为线圈半径(m)。

亥姆霍兹线圈的尺寸应比受试设备最大轮廓尺寸大 2~3 倍以上。

现举一个亥姆霍兹线圈的实例:

线圈直径:$2b = 1.5\,\text{m}$

单个线圈匝数:$n = 10+20+20+20+20$ 匝

线圈导线直径:$\phi = 1.62\,\text{mm}$ 漆包线

中心附近均匀磁场区域:$0.5\,\text{m} \times 0.50\,\text{m} \times 0.5\,\text{m}$

磁场起伏:不大于 $0.5\,\text{dB}$

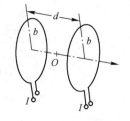

图 8-22 亥姆霍兹线圈

为防止绕组导线电位对受试设备产生电场影响,对线圈绕组加有电屏蔽;各绕组全部独立,可根据激励源阻抗改变绕组接法,对激励功率源适应性强,使用上限频率高。

8.3.5 电流探头

电流探头是一种将流过导线的电流成比例地转换为电压的耦合装置,用来测量一定频率的干扰电流。电流探头的结构如图 8-23(a)所示,其核心部分是一个分成两个半环的高磁导率磁芯,在磁芯上绕有 n 匝线圈。

当把电流探头套在被测导线上时,被测导线相当于 1 匝初级绕组,并与环上的 n 匝次级绕组构成一个互感器,如图 8-23(b)所示。显然,若把电流探头看成一个二端网络,则其传输阻抗表征了被测电流 I 与输出电压 U_o 之间的关系

$$Z_t = U_o / I \tag{8-6}$$

也可表示为

$$I_{\text{dBμA}} = U_{o\text{dBμV}} - Z_{t\text{dBΩ}} \tag{8-7}$$

显然,若预先知道电流探头的传输阻抗 Z_t,就可由式(8-7)很方便地将电磁干扰测量仪上测得的干扰电压 $U_{o\text{dBμV}}$ 换算成被测的干扰电流 $I_{\text{dBμA}}$。Z_t 可准确测定。

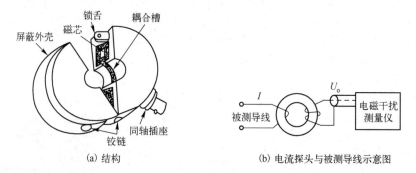

(a) 结构

(b) 电流探头与被测导线示意图

图 8-23 电流探头

除了测量导线中干扰电流的钳形电流探头外,还有一种专门用以测量金属件表面干扰电流的探头,它实际上是钳形电流探头的变形,称为表面电流探头。测量时应使探头内磁芯的磁路与被测磁力线取向一致,得到最大读数。

8.3.6 功率吸收钳

功率吸收钳适用于 $30 \sim 1000\,\text{MHz}$ 频段传导发射功率的测量。对于带有电源线或引线的设备,其干扰能力可以用起辐射天线作用的电源线(指机箱外部分)或引线所提供的能量来衡量。当功率吸收钳卡在电源线或引线上时,环绕引线放置的吸收装置能吸收到的最大功率,近

似等于电源线或引线所提供的干扰能量。

功率吸收钳由 3 部分组成:射频电流变换器、射频功率吸收体和阻抗稳定器,以及吸收套筒(铁氧体环),如图 8-24 所示。射频电流变换器与电流探头的作用相当,射频功率吸收体用于隔离电源与被测设备之间的功率传递,吸收套筒则防止被测设备与接收设备之间发生能量传递。

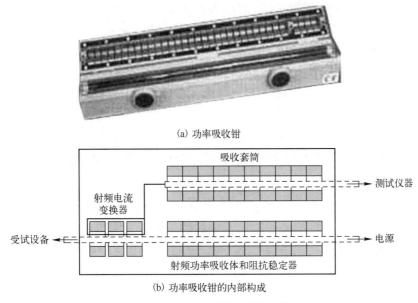

(a) 功率吸收钳

(b) 功率吸收钳的内部构成

图 8-24　功率吸收钳及其内部构成

功率吸收钳使用一些铁氧体环来吸收(测量)电流辐射出来的功率,射频电流变换器、射频功率吸收体等做成可分开的两半,并带有锁紧装置,既便于被测导线卡在其中,又保证磁环的磁路紧密闭合。这样功率吸收钳不仅可以卡在导线上,还可以沿着导线滑动。当功率吸收钳在导线上滑动时,EMI 接收机上可能会显示多个读数,在确定 EMI 源时,需要功率吸收钳在有最高的读数的位置处测量。尽管功率吸收钳是在导线上测量的,但衡量的却是设备的辐射能力。

8.3.7　信号发生器

在电磁兼容测量中,需要用各种连续波信号发生器(包括正弦波、AM 信号、FM 信号、脉冲调制信号等)和脉冲信号发生器,还有用来模拟静电、电快速瞬变脉冲、浪涌、尖峰、阻尼正弦瞬变信号等的信号发生器。

1. 连续波信号发生器

连续波信号发生器是场强测试系统校准和敏感度测试所需要的仪器,前者的信号源要求频率范围宽、频率稳定度和幅度稳定度高,后者的信号源要求频率范围宽、幅度尽量平坦。

电磁兼容测试对信号发生器的型号未做具体规定,性能不一定是高精度、高稳定度的,只要它能提供敏感度试验所需要的已调制或未调制的功率,输出幅度稳定,并满足以下要求即可:

频率精度:不低于 $\pm 2\%$;

谐波分量:谐波和非谐波输出应低于基波 30 dBc;

调制方式:具备调幅、调频功能,并且对调制类型、调制度、调制频率、调制波形可选择和控制。

2. 尖峰信号发生器

尖峰信号发生器是对设备或分系统电源线进行瞬变尖峰传导敏感度试验所必备的信号发生器,其测量对象是所有从外部给被测设备供电的不接地的交流或直流电源线,模拟受试设备工作时开关闭合或故障引起的瞬变尖峰干扰。

测试标准对尖峰信号发生器的输出波形做了规定,GJB151B—2013规定的波形如图8-25所示,其中波形上升沿小于等于1 μs,下降时间约10 μs。标准波形在0.5 Ω校准电阻上产生,接入测试电路之后,由于负载的影响,实际波形会发生变化,一般以尖峰信号发生器面板幅度指示为准。

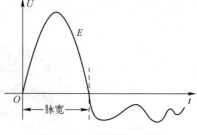

图 8-25　尖峰信号波形

尖峰信号发生器的输出有并联和串联两种方式。串联方式用于直流或交流电源线的尖峰信号注入,并联方式则只适用于直流电源线。

3. 静电放电信号发生器

静电放电信号发生器的主要部件包括供电单元、充电电阻 R_c、储能电容 C_c、放电电阻 R_d,此外,在发生器与受试设备、接地参考平面及耦合板之间存在有电容分布 C_d,其原理电路如图8-26所示。静电放电信号发生器输出脉冲电流波形如图8-27所示。

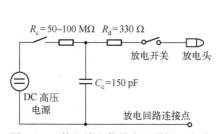

图 8-26　静电放电信号发生器原理电路

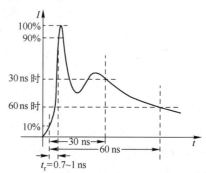

图 8-27　静电放电信号发生器输出脉冲电流波形

4. 电快速瞬变脉冲群信号发生器

电路中机械开关对电感性负载的切换,如继电器、接触器、马达、定时器等断开时,经常会对同一电路中的其他电气和电子设备产生干扰。这种干扰的特点是脉冲成群出现、脉冲重复频率较高、脉冲波形的上升时间短暂。由于单个脉冲的能量较小,一般不会造成设备故障,但脉冲群使设备产生误动作的情况经常可见。

电快速瞬变脉冲群信号是模拟感性负载在其机械触点断开处产生的瞬变干扰脉冲。电快速瞬变脉冲群信号发生器的原理电路如图8-28所示,储能电容 C_c 上的充电电荷由半导体开关进行放电,电荷经 R_s 和 R_m、C_d 到负载两条路放电。C_c 的大小决定了单个脉冲的能量,R_s 与 C_c 的配合,决定了脉冲波的形状,R_m 决定了脉冲群发生器的输出阻抗,隔直电容 C_d 则隔离了脉冲群发生器输出波形中的直流成分,避免了负载对脉冲群发生器工作的影响。

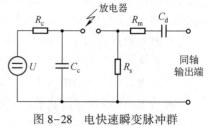

图 8-28　电快速瞬变脉冲群
信号发生器原理电路

电快速瞬变脉冲群信号发生器的波形如图 8-29 所示。图（a）示出了单个脉冲波形，其上升沿为 5(1±30%) ns、脉宽为 50(1±30%) ns。图（b）示出了一群脉冲中的重复频率，其重复频率为 5 kHz 或 2.5 kHz，取决于试验电压的等级。图（c）示出了一群脉冲与另一群脉冲之间的重复周期，脉冲群持续时间为 15(1±20%) ms，脉冲群周期为 300(1±20%) ms。

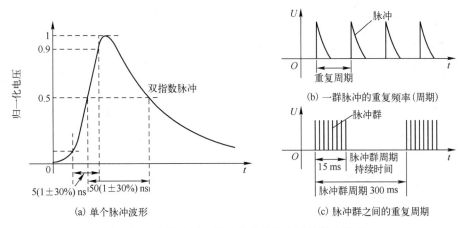

图 8-29　电快速瞬态脉冲群信号发生器的输出波形

5. 浪涌信号发生器

浪涌信号是模拟开关动作（如电容组切换、可控硅、电源短路或电弧、负载变化等）和雷电引起的干扰信号。

有两种不同浪涌信号发生器，一种用于电源线试验，另一种用于信号线路试验。这是由于两种线路阻抗明显不同，电源线的阻抗低，信号线的阻抗高。因此，在电源线上的浪涌波形要窄一些，前沿要陡一些；而信号线上的浪涌波形要宽一些，前沿要缓一些。

用于电源线路试验的浪涌信号发生器在输出开路的时候提供电压波，而在输出短路的时候提供电流波。由于将两个波形"综合"在一个发生器里发生，所以这种发生器又称为"综合波发生器"。

浪涌信号发生器原理电路如图 8-30 所示。图中 C_c 是储能电容，其实际容量在 10 μF 左右；电压波的宽度主要由波形形成电阻 R_{s1} 决定；阻抗匹配电阻 R_m 则决定发生器的开路电压峰值与短路电流峰值的比例；电流波的上升与持续时间主要由波形形成电感 L_s 来决定。

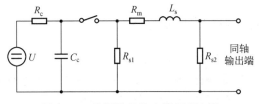

图 8-30　浪涌信号发生器原理电路

GB/T17626.5 要求开路电压不低于 4 kV，短路电流的最大峰值不低于 2 kA，要求浪涌信号在供电电压波上注入角度在 0°~360° 连续可调，且正、负极性可变。

选择 R_c、R_m、R_{s1}、R_{s2}、C_c 和 L_s，可使发生器在高电阻负载上产生一个波前时间 $T_1 = 1.2(1±30\%)$ μs、半峰值时间（又称为半宽时间或脉冲持续时间）$T_2 = 50(1±20\%)$ μs 的电压浪涌波，开路电压波形如图 8-31 所示。短路电流波形如图 8-32 所示，其波前时间 $T_1 = 8(1±30\%)$ μs，半峰值时间 $T_2 = 20(1±20\%)$ μs。

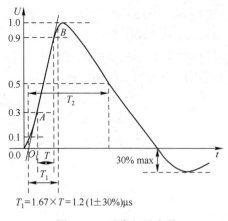

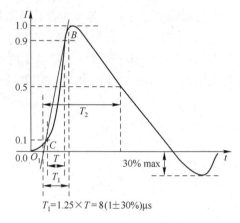

$$T_1=1.67\times T=1.2(1\pm30\%)\mu s$$

图 8-31　开路电压波形

$$T_1=1.25\times T=8(1\pm30\%)\mu s$$

图 8-32　短路电流波形

8.3.8　功率放大器

敏感度测试一般需要很强的信号以产生从 1 V/m 到几百 V/m 的场强,因此要用功率放大器把信号放大。功率放大器是能量转换器,即把电源的能量转换为由信号控制的能量。输出的能量不是管子本身给的,而是由电源通过管子给的。管子所起的作用只是把电源的能量按输入信号的变化规律转送给负载,以输入信号的较小能量来控制电源流到负载的电流,使负载得到较大的能量。

功率放大器分为固态放大器、速调管放大器、磁控管放大器和行波管放大器等。固态放大器不但增益高、噪声系数小,而且频带宽,所以在 EMC 测量中用得最多。一般在 4 kHz ~ 1 GHz 频段用固态放大器,大于 1 GHz 的频段用行波管放大器。

电磁兼容测量放大器需要用宽带大功率放大器。

8.4　电磁兼容性测试用天线

用电磁干扰测量仪、测量接收机或频谱分析仪/电磁干扰接收机测量场强时,必须借助各种探测天线把被测场强转换成电压。

8.4.1　电磁兼容性测试用天线的特点

电磁兼容性试验频率从几十赫兹到几十吉赫兹,在这么宽的频率范围内做辐射发射试验,涉及的天线种类繁多。另外,电磁兼容性测试中关心的是各种场强产生的电磁效应,测量值大部分是视在场强,对其绝对值并不如场强计量或天线理论研究那么注重,干扰场的测量精度有±3 dB 误差已足够。

用于电磁兼容性测试的天线具有下列特点:

(1) 广泛使用宽带天线。电磁兼容性测试频率范围宽,为了提高测量速度,不得不采用宽带天线,除非只对少数已知的干扰频率点进行测量。由于大部分干扰的频率和幅度都具有随机性,若采用窄带的调谐式天线,往往要先在失谐情况下找出干扰频率,然后按干扰频率调谐天线重新测试,最后才能用调谐天线的校准曲线换算出场强值。有时重新调谐测试,干扰情况却变了。宽带天线在出厂前已给出了校准曲线,使用时不必调谐,而且为自动测试提供了方便。

（2）天线的增益低，方向性弱。在通信、雷达中应用的天线要求有高增益和高定向性，而电磁兼容性测试用天线则不然，一般不考虑效率，有时反而要限制其增益，展宽波束主瓣张角，以便照射整个试样。

（3）不少测试用天线都工作在近场区，测试结果对测试距离很敏感，因此测试中必须严格按标准规定进行。其次，在近场区电场与磁场之比（波阻抗）不再是一个常数，比如电场为主的高阻场和磁场为主的低阻场。所以，有些天线虽已给出了电场和磁场的校准系数，但只有当这些天线用作远场测试时才有效。测近场干扰时，电场和磁场测试结果不能再按此换算，必须分别测出电场、磁场以及它们的夹角，最后得出的是坡印廷矢量。

（4）天线的场强测量动态范围宽，应根据测量对象正确选用。电磁兼容性测试的场强电平大小相差很大，对强场虽然可用衰减器扩大天线量程，但不能损坏天线变换器。反之，为提高天线测试灵敏度，特别是在30 MHz以下，需用有源天线，不过这种天线不能用于强场测试。

（5）收发天线有时不能互易。如同为双锥天线，收、发不同，后者更多地考虑了敏感度测试中辐射大功率和降低天线输入端的反射，在结构上做了改变。同样在低频场测试中，收、发环天线也不同，使用时不能互换。

表8-3列出了电磁兼容性测试中各频段优先选用的天线。

表8-3　各频段优先选用的天线

天线形式＼频段	0.15~150 kHz	0.15~30 MHz	30~300 MHz	0.3~1 GHz	1~12 GHz	12~40 GHz
杆状天线	√	√	×	×	×	×
环形天线	√	√	×	×	×	×
对称振子天线	×	×	√	√	×	×
双锥天线	×	×	√	×	×	×
对数周期天线	×	×	×	√	√	×
圆锥对数螺旋天线	×	×	×	√	√	×
背腔平面螺旋天线	×	×	×	√	√	×
微波天线	×	×	×	×	√	√

8.4.2　各种天线简介

下面对表8-3中所列各种形式的天线做简要介绍。

（1）杆状天线

这是一种最常见的天线，常用于9 kHz~30 MHz辐射发射电磁干扰测试，典型的1 m无源杆状天线结构如图8-33所示。

在实际电磁兼容测试中，常采用带耦合匹配器的1 m无源杆状天线和带前置放大器的1 m有源杆状天线。前者使用时要注意查校准曲线，在室外场测试、环境场不易控制时，常用其进行预先测量；后者的频带较宽，使用中无须转换波段，且在整个波段内增益基本固定不变，可免除查天线校准曲线的麻烦，但要注意防止在强信号下天线出现过载。

（2）环形天线

环线天线主要用于30 MHz以下的磁场辐射发射和敏感度测试。由于电气性能或结构安装上的特殊性，电磁兼容性测试标准对某些环形天线做出了明确的规定。典型的30 Hz~

30 kHz频段内的环形天线结构如图8-34所示,这是一种用于磁场测试的标准探测环。

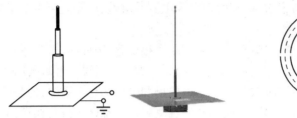

图 8-33　典型的1m无源杆状天线结构

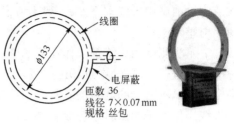

匝数　36
线径　7×0.07 mm
规格　丝包

图 8-34　环形天线结构

（3）对称振子天线

进行较高频率的电磁兼容测试时,可以使用可调谐的对称振子天线。从35 MHz到1 GHz,可调谐对称振子天线是杰出的标准增益天线,得到了广泛应用。但由于它的窄频带性质,限制了它在自动测试系统中的应用。

图 8-35　双锥天线结构

（4）双锥天线

双锥天线是在20～200 MHz频段内(上限频率可扩展到300 MHz)电磁干扰辐射发射和敏感度测试中用得最广泛的天线。这种天线的结构基本上是宽带对称振子的进一步发展,因其覆盖频带宽,很适合于电磁兼容性自动测试系统使用,其结构如图8-35所示。

（5）对数周期天线

在电磁兼容性试验中使用的对数周期天线实际是对数周期振子天线,其结构如图8-36所示。这是一种宽频带天线,在宽的频率范围内,天线的输入阻抗、增益和辐射方向图基本保持不变,因而在电磁干扰测试中起重要作用。这种天线是线极化天线,通常将其安装在天线杆上,能上下移动以测得最大场强,且能旋转以测量垂直和水平极化。

图 8-36　对数周期天线结构

（6）圆锥对数螺旋天线和背腔平面螺旋天线

螺旋天线是一种宽频带圆极化天线,其覆盖频率范围为0.2～12 GHz。在电磁兼容性测试中,常采用圆锥对数螺旋天线和背腔平面螺旋天线,其结构如图8-37所示。

锥形对数螺旋天线的物理尺寸较小且能覆盖近10个倍频程,这对于在屏蔽室内进行发射和敏感度测试来说是非常方便的。

背腔平面螺旋天线的主体是阿基米德螺旋天线。在电磁兼容性测试中,为了得到单方向辐射和改善阻抗特性,在螺旋天线背后加反射腔,并在其内表面敷上吸收材料,就构成背腔平面螺旋天线。

（7）微波天线

在微波波段的电磁兼容性测试中,广泛使用的天线有喇叭天线、双脊波导喇叭天线及抛物面天线等。例如,覆盖1～12 GHz的双脊波导喇叭天线(如图8-38所示),是锥形对数螺旋天线的合适代用品,且由于天线本身不存在电缆损失,因而效率较高。在12～40 GHz频段,则使用由喇叭照射的抛物面天线。

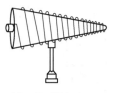

(a) 圆锥对数螺旋天线

(b) 背腔平面螺旋天线

图 8-37　螺旋天线结构

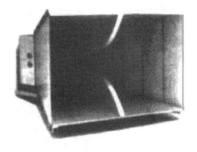

图 8-38　双脊波导喇叭天线

8.5　电磁发射测试与电磁敏感度测试

电子设备或系统的电磁兼容性测试包括电磁发射测试和电磁敏感度测试。测试必须按照有关的标准、规范进行,否则就不可能得到正确的结果,甚至会把假象误认为是真象,从而得出错误的结论。本节根据国军标 GJB151B-2013 和几个常用的国家标准,介绍一些典型的测试方法。

8.5.1　一般要求

1. 测量容差

除非对特定的测试另有说明,容差如下:

a. 距离:±5%;

b. 频率:±2%;

c. 幅度:测量接收机,±2 dB;测量系统(包括测量接收机、传感器、电缆等),±3 dB;

d. 时间(波形):±5%。

2. 电磁环境电平

当在屏蔽室内进行测试时,EUT 断电和所有辅助设备通电时测得的电磁环境电平应至少比规定的极限值低 6 dB。电源线上的传导环境电平应在断开 EUT 但连接一个电阻负载情况下测试,该电阻负载应流过与 EUT 相同的额定电流。

3. EUT 测试配置

受试设备放在离地面 80~90 cm 高的实验台上,实验台面有铺金属接地板的导电平面或非导电平面,一般以受试设备实际环境、地点选择导电的或非导电的实验台,比如便携式设备可置于非导电实验台上,安装在船舱内的设备需在金属导电实验台上测试。被测电源线通过电源阻抗稳定网络接到电网上,受试设备的电缆可按所依据标准的要求摆放,选择不同的长度进行敷设。EMC 国军标要求的测试配置见图 8-39。

4. 发射测试带宽和测量时间

发射测试应采用表 8-4 中列出的测量接收机带宽,该带宽是接收机总选择性曲线的 6 dB 带宽,不应使用视频滤波器限制接收机响应。如果接收机有可控的视频带宽,则应将它调到最大值。若测量接收机没有表 8-4 规定的带宽,测试时应使用与表 8-4 尽量接近的带宽,并对测试数据加以分析说明,不得使用理论上的带宽修正系数。

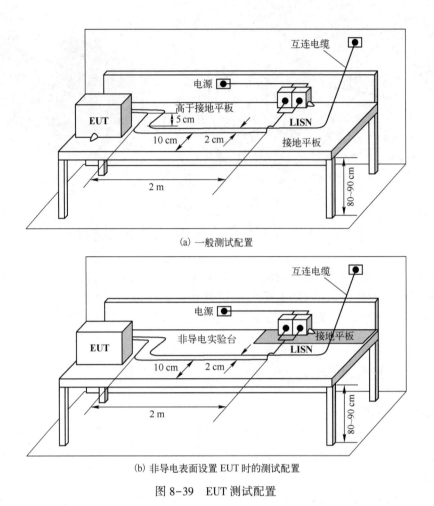

(a) 一般测试配置

(b) 非导电表面设置 EUT 时的测试配置

图 8-39 EUT 测试配置

所有的发射不管其特性如何,都应采用表 8-4 中规定的测量接收机带宽进行测量,不鉴别宽、窄带发射。

发射测试时,应在整个频率范围内进行扫描,模拟式测量接收机的最小测量时间如表 8-4 所示。数字式接收机扫频步长应小于或等于半个带宽,且驻留时间应符合表 8-4 的规定。如果表 8-4 的规定不足以捕捉 EUT 最大发射幅度和满足频率分辨率要求,则应采用更长的测量时间和更低的扫描速率。

发射数据的幅度与频率曲线应自动和连续地绘制,并在该曲线上显示相应的极限值。绘制的发射测量数据应具有 1% 频率分辨率或两倍于测量接收机带宽(取较宽的),最小幅度分辨率为 1 dB。

5. 敏感度测试扫描参数

敏感度测试时,应在整个频率范围内进行扫描,信号源的扫频速率和频率步长不应超过表 8-5 的值。该速率和步长由信号源调谐频率(f_0)和倍乘因子确定。模拟式扫描是指连续调谐的信号源,而步进式扫描是指相继调谐在离散频率点上的频率合成信号源。步进式扫描在每一调谐频率上至少驻留 1s。对某些 EUT,为可靠观察响应,必要时应降低扫描速率和减小步长。

表 8-4　带宽和测量时间

频率范围	6 dB 带宽	驻留时间	模拟式接收机最小测量时间
25 Hz ~ 1 kHz	10 Hz	0.15 s	0.015 s/Hz
1 ~ 10 kHz	100 Hz	0.02 s	0.2 s/Hz
10 ~ 150 kHz	1 kHz	0.02 s	0.02 s/kHz
150 kHz ~ 30 MHz	10 kHz	0.02 s	2 s/MHz
30 MHz ~ 1 GHz	100 kHz	0.02 s	0.2 s/MHz
> 1 GHz	1 MHz	0.02 s	20 s/GHz

表 8-5　敏感度扫描参数

频率范围	模拟式扫描最大扫描速率	步进式扫描最大步长
25 Hz ~ 1 MHz	$0.0333 f_0 / s$	$0.05 f_0$
1 ~ 30 MHz	$0.000667 f_0 / s$	$0.01 f_0$
30 MHz ~ 1 GHz	$0.00333 f_0 / s$	$0.005 f_0$
1 ~ 40 GHz	$0.00167 f_0 / s$	$0.0025 f_0$

10 kHz 以上的敏感度测试信号,除非在单项测试方法里另有说明,应用 1 kHz 的速率、50% 的占空比进行脉冲调制。

在敏感度测试期间应监测 EUT 是否有性能降低或误动作,通常使用机内自检(BIT)、图像和字符显示、音响输出以及其他信号输出和接口的测量来实现。在 EUT 中安装专门电路来监测 EUT 性能是允许的,但这些改动不应影响测试结果。

当 EUT 在测试中出现敏感现象时,应在敏感现象刚好不出现的情况下确定敏感度门限电平。

敏感度门限电平应按下列步骤确定:

① 当敏感现象存在时,降低干扰信号直到 EUT 恢复正常;

② 在第①步基础上再降低干扰信号电平 6 dB;

③ 逐渐增加干扰信号电平直到敏感现象刚好重复出现,此时干扰信号电平即为敏感度门限电平;

④ 记下第③步的门限电平、频率范围、最敏感的频率和电平以及其他适用的测试参数。

8.5.2　传导发射测试

传导发射测试用于被测设备通过电源线或信号线向外发射的干扰。因此,测试对象为设备的输入电源线、互连线,以及天线端子传导发射等。

根据干扰的性质,传导发射测试的可能是连续波干扰电压、连续波干扰电流,也可能是尖峰干扰信号。依测试频段和被测对象的不同,可采用以下几种测试方法:

1. 电流探头法

电流探头法主要测试受试设备沿电源线向供电电网发射的干扰电流。测试在屏蔽室内进行,测试频率在 25 Hz ~ 10 kHz 范围内。

电流探头法传导发射测试系统配置如图 8-40 所示。电源阻抗稳定网络的作用是隔离电网和受试设备,使测量到的干扰电流仅仅由受试设备产生,不会有来自电网的干扰混入,并为测量提供一个稳定的阻抗(规定的统一阻抗通常为 50 Ω),使测得的干扰电流有统一的基准。电流探头用于传导受试设备电源线上的电流,一般呈环状。测量时要注意将被测导线放在环形的中心位置。电流探头输出端与测量接收机的输入端相连,通过电流探头转换系数将接收到的电压转换为电流,从而得到不同频率上干扰电流的幅度值。

此方法测试时,还要注意阻抗稳定网络与受试设备之间的连接线可能产生天线效应,导致虚假信号。此时,应切断受试设备的电源,检查环境电平是否有较大信号,如有,一般应保证它小于极限值 6 dB。为了防止被测干扰损坏测量接收机,可以在电流探头与测量接收机之间加一个抑制滤波器。

2. 电源阻抗稳定网络法

电源阻抗稳定网络法主要测试受试设备沿电源线向供电电网发射的干扰电压。测试在屏蔽室内进行,测量频率为 $10\,kHz \sim 30\,MHz$。其传导发射测试系统配置如图 8-41 所示。电源阻抗稳定网络不仅隔离电网与受试设备,而且提供一个稳定的 $50\,\Omega$ 阻抗,为测量干扰电压提供一个统一标准。

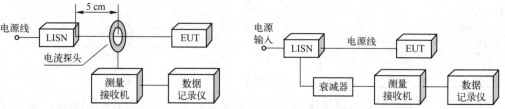

图 8-40 电流探头法传导发射测试系统配置　　图 8-41 电源阻抗稳定网络法传导发射测试系统配置

测试直接通过电源阻抗稳定网络上的监视端进行。此端口通过电容耦合的形式,将受试设备在电源线上产生的干扰电压引出。测试连续波干扰电压由测量接收机接收,并通过阻抗稳定网络的转换系数将接收到的电压转换为线上的实际电压,得到不同频率上干扰电压的幅度。

如果测试尖峰传导干扰信号,则不能直接使用测量接收机测量,因为一般的瞬态尖峰干扰信号幅度远远超出测量接收机测量范围。

3. 功率吸收钳法

它用于测试被测设备通过电源线辐射的干扰功率。对于带有电源线的设备,其干扰能力可以用起辐射天线作用的电源线所提供的能量来衡量。该功率近似等于功率吸收钳环绕引线放置时能吸收到的最大功率。除电源线外的其他引线也可能以与电源线同样的方式辐射能量,功率吸收钳也能对这些引线进行测量。测量频段为 $30 \sim 1000\,MHz$。测试系统配置如图 8-42 所示。

4. 定向耦合器法

当测试发射机或接收机天线端子的传导发射时,采用定向耦合器法测量。通过定向耦合器将大功率发射机天线的输出接至模拟负载,通过定向耦合器的耦合端测量天线端子的传导发射。由于耦合出的载波功率仍很大,超出了接收机的幅度测试范围,而所测的传导发射值则远小于载波功率,因此需要将发射机的载波频率抑制掉,即在测量接收机和定向耦合器的耦合输出端之间接入抑制网络,其功能类似带阻滤波器(将载频抑制掉)。测试过程可由自动测试系统完成,并给出测试的幅频特性曲线,测量频段为 $10\,kHz \sim 40\,GHz$。测试系统配置见图 8-43。

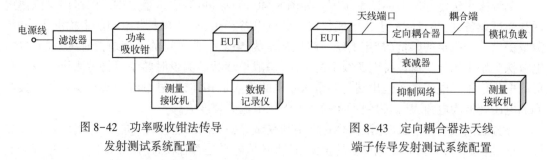

图 8-42 功率吸收钳法传导
发射测试系统配置

图 8-43 定向耦合器法天线
端子传导发射测试系统配置

8.5.3 传导敏感度测试

传导干扰有两种来源,一种由空间电磁场在敏感设备的各种连接电缆上产生感应电流

(或电压),作用于设备易敏感的部分,对设备产生影响;另一种由各种干扰源通过连接到设备上的电缆(如电源线)直接对设备产生影响。

传导敏感度测试反映了受试设备对耦合到其输入电源线、互连线及机壳上的干扰信号的承受能力。施加的干扰信号类型主要有连续波干扰和脉冲类干扰,干扰的施加方式因测试频段和测试对象的不同而不同。

传导敏感度测试中,通常对测试装置的布局无特殊规定。测试时,受试设备的故障形式包括:设备的完全失效、性能降低或功能失效。为保证所观察的现象确实是敏感度测试的结果而不是其他的随机现象,应该重复进行测试并证实此现象确实与外加敏感度测试信号幅度直接有关。通常,在记录前要重复 3 次,并确定敏感度测试的门限值。

传导敏感度测试所需设备主要包括 3 部分:

① 信号发生器:为被测设备提供测量标准所规定的极限值电平。在低频段可采用功率源或信号源加宽带功率放大器的方式得到所需电平。在需要调制信号输出时,可采用带调制的信号源加宽带功率放大器。频率范围为 25 Hz ~ 400 MHz,一般需分频段由两台信号发生器覆盖。

② 干扰注入装置:有注入变压器、电流注入探头、耦合网络等形式,依测试频段、测试对象和注入的干扰形式确定,一般测试标准会规定具体的干扰注入方式,以便保证测试结果的一致性。

③ 监测设备:用于测试所施加的干扰信号是否达到标准极限值,通常采用示波器监测干扰电压,测量接收机加电流测量探头监测干扰电流。

1. 连续波传导敏感度测试方法

施加的模拟干扰信号为正弦波。对电源线进行测试时,50 kHz 以下考核来自电源的高次谐波传导敏感度;4 kHz ~ 400 MHz 考核电缆束对电磁场感应电流的传导敏感度。干扰信号的注入方法与测试的频段及测试对象有关。

(1) 变压器注入法

该方法适用于 50 kHz 以下频段电源线的连续波干扰注入,测试配置见图 8-44。

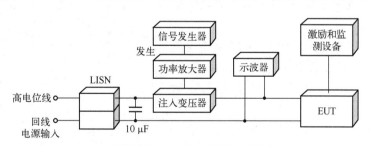

图 8-44 变压器注入法测试传导敏感度系统配置

测试时,先截断靠 EUT 端的一根被测电源线,将注入变压器的次级串入,信号发生器接在注入变压器的初级。因需要监测的是干扰电压,故采用示波器直接测试。

将信号发生器幅度调至极限值,慢慢调谐信号源,在整个频率范围内保持电压不变,观察试样是否出现故障、性能降低以及偏离试验计划规定的允许误差。

调谐信号发生器回到所发现故障、性能下降或允许误差的频率点上,将信号发生器电平调到敏感状态以下,然后逐渐增加信号发生器电平直到敏感现象刚好重复出现,此时注入电平即为敏感度门限电平。如果在一个或几个频率点上超过敏感度极限值,则应采取抗干扰措施,并在测试装置维持原状下重测,以观察 EMC 提升。

（2）电流探头注入法

该方法用于 4 kHz ~ 400 MHz 频段电缆线束的连续波干扰注入,测试系统配置见图 8-45。测试时,直接将电流注入探头卡在靠 EUT 端的一束被测电缆上,信号发生器与电流注入探头相连。因需要监测的是干扰电流,故采用接收机或频谱仪加电流测量探头的方法进行监测。

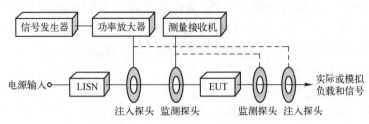

图 8-45　电流探头注入法传导敏感度测试系统配置

测试中,在信号发生器的每一个输出频率上分别调节输出幅度,使之达到标准规定的极限电平,保持输出不变,观察受试设备是否有工作失常、性能下降或出现故障的现象。

如发生敏感现象,则将信号发生器调到发生敏感的频率点上,降低信号发生器输出幅度到敏感状态以下,然后再上升至敏感状态,刚好重复出现,此时注入电平即为敏感度门限水平。

2. 脉冲信号的传导敏感度测试方法

施加的模拟干扰信号为各种脉冲信号,考核被测设备电源线对尖峰信号的传导敏感度或电缆束对脉冲干扰产生的感应电流的传导敏感度。脉冲型干扰的注入方法有注入变压器法、并联注入法和电流探头法。

（1）电源线尖峰信号传导敏感度测试方法

电源线尖峰信号传导敏感度模拟设备开关或因故障产生的电源瞬变所引起的瞬变尖峰信号,测试对象是从外部给受试设备供电的不接地的交流和直流引线,特别针对采用脉冲和数字电路的设备电源线。

对使用交流供电的受试设备,采用串联注入法,尖峰信号发生器接到注入变压器初级,变压器次级与被测电源线串联,测试系统配置如图 8-46(a)所示。而使用直流供电的设备则比较简单,尖峰信号发生器直接与被测电源线并联,测试系统配置如图 8-46(b)所示。

需要说明的是,为将电源线与受试设备电源输入端隔离,使尖峰信号主要加在受试设备上,不至分压在电源线上或加载到电源干线上,并联注入法需在变压器靠近交流电源端串联一个 20 μH 的电感。串联注入时,需在受试设备直流电源端并联一个 10 μF 的电容。测试前,先在一个 50 Ω 无感电阻上校准输出的波形和幅度,如图 8-43(c)

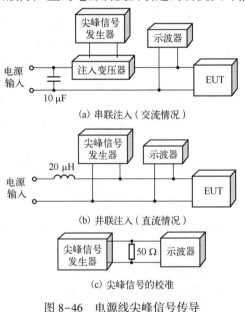

(a) 串联注入（交流情况）

(b) 并联注入（直流情况）

(c) 尖峰信号的校准

图 8-46　电源线尖峰信号传导
敏感度测试系统配置

所示。

测试中,将正的、负的、单个的及重复的(6~10个脉冲/秒)尖峰信号加到受试设备不接地的电源输入线上,持续时间不超过30分钟,尖峰信号应与电源频率同步,并在90°、180°、270°及360°的相位上注入,时间不少于5分钟。此外,还要求调节尖峰信号触发相位,使其分别在电源频率的0°~360°相位范围内出现。改变尖峰信号同步频率(50~100 Hz)并注意它对设备敏感度的影响。对使用数字电路的设备,触发尖峰信号应在逻辑电路产生的任何开门时间和脉冲时间内出现。

观察受试设备是否有工作失常、性能下降或故障。如发生敏感现象,则降低尖峰幅度到敏感门限,并确定尖峰在交流电源波形上的位置和重复频率。

（2）电缆束脉冲激励传导敏感度测试方法

模拟干扰信号由脉冲发生器产生,测试对象为电源线和互连电缆束,考核受试设备的电源线或电缆束对脉冲干扰的承受能力。干扰脉冲的注入方式采用电流探头法,测试系统配置见图8-47。

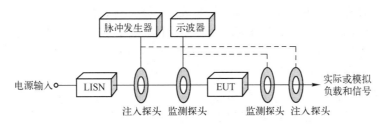

图8-47　电流探头注入法脉冲传导敏感度测试系统配置

图8-47中监测探头距受试设备电缆连接器5 cm,注入探头距监测探头也为5 cm。脉冲信号通过注入探头施加到被测电缆上,由监测探头和示波器测量所加脉冲幅度的大小。调节脉冲信号的频率或幅度,观察受试设备是否有敏感现象出现,对每一个连接器和电源线提供所确定的敏感门限数值。

（3）电快速瞬变脉冲群抗扰度测试方法

电快速瞬变脉冲群抗扰度测试模拟了现实环境中电感性负载接通或断开时在电网上产生的干扰。通过这个测试,可以减少设备在实际使用中由于公用电网的其他电感性负载接通或断开而发生故障的概率。

电快速瞬变脉冲群抗扰度测试针对设备的供电电源端口、保护地、信号和控制端口。电源线上的测试代表了电网上直接传导过来的干扰。由于设备上的电源线与信号线往往相距很近,因此电源线上传播的干扰会串扰到信号线上。针对信号线的测试就代表了这种现象。

电快速瞬变脉冲群通过特殊的耦合/去耦网络加到设备的电源线上,或通过专门设计制作的电容耦合钳加到互连线上,测试系统配置见图8-48。

测试要求具备接地参考平面,其尺寸至少为1 m×1 m,厚度不小于0.25 mm,并且每边要比受试设备外延出至少10 cm,铜板、铝板均可。脉冲发生器通过

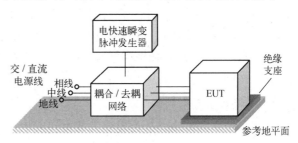

图8-48　电快速瞬变脉冲群抗扰度测试系统配置

短铜片与地线面连接起来。这意味着,脉冲发生器要直接放在地线面上,而不是桌子上。如果受试设备是落地式的,可直接放在地线面上,距离地线面 10 cm;如果是台式的,可放在 80 cm 高的非金属试验台上。

受试设备周围的 0.5 m 内不能有金属物件,包括脉冲发生器和电容耦合钳。受试设备与电容耦合钳或脉冲发生器之间的电缆长度应小于 1 m。如果实际使用的电缆较长,要将电缆以 40 cm 直径盘起来,并且与地线面之间的距离为 10 cm。最好将受试电缆以外的其他电缆也放在距离地线面上方 10 cm 处。

测试时从脉冲幅度最低的等级施加电快速瞬变脉冲群,观察被测设备的工作状态,若无影响则一直加到所选定的试验等级。

(4) 浪涌抗扰度测试方法

浪涌抗扰度测试用于评估被测设备对大能量的浪涌干扰的承受能力,测试的对象为设备的电源端口和互连电缆端口,一些防雷系统所用的器件也做此类测试。为防止过压或过流发生爆炸,通常将被测器件放在防爆箱中。

浪涌测试包括两个波形,一个是浪涌信号发生器输出端开路状态时的电压波形(参见图 8-31),另一个是浪涌信号发生器输出端短路时的电流波形(参见图 8-32)。这两个波形分别检验受试设备的不同指标,电压波形检验受试设备的电源线和信号线与外壳之间的绝缘程度,电流波形检验受试设备电源线入口处的浪涌防护器件对浪涌的承受能力。

电压的浪涌可以通过耦合/去耦网络注入到电源线和信号线上,见图 8-49。对于不同位置注入的浪涌能量是不同的:对信号线通过一个 40 Ω 的串联电阻注入;电源的相线之间,通过一只 18 pF 电容注入;而相线对地之间,通过一只 1 Ω 电阻和一只 9 pF 电容注入。

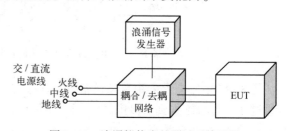

图 8-49　浪涌抗扰度的测试系统配置

在选定的测试点上施加浪涌可以有多种组合:对电源线进行测试时,需要在过零点、峰值点分别施加浪涌;在所有的线与地之间施加浪涌;在所有的去线与回线之间施加浪涌。每种测试组合至少加 5 次正极性和 5 次负极性,浪涌之间间隔 1 min。浪涌的幅度从低到高逐级测试,确保较低幅度的浪涌测试也能通过。

8.5.4　辐射发射测试

辐射发射测试用于检测受试设备通过空间传播的干扰辐射场强,标准要求在开阔场地或屏蔽暗室中进行测试。由于符合要求的开阔场地不易得到,现在大多在屏蔽暗室中测试。干扰信号通过测量天线接收,由同轴电缆传送到测量接收机测出干扰电压,再加上天线系数,即得到所测量的场强值。辐射发射分磁场辐射发射和电场辐射发射,两者测试的频段不同,所用天线也不相同。

1. 磁场辐射发射测试

该测试用来检验来自受试设备及其电线和电缆的磁场发射,测试频率为 25 Hz～100 kHz,采用环形磁场接收天线,测试系统配置如图 8-50 所示。

测试时,将磁场探测环放在距受试设备表面 7 cm 处,使环平面平行于受测表面。测试部位一般应选在信号泄漏点,如接缝、接头、连接插座及电缆等附近。对电缆测试时,环平面应与电缆在同一平面上,环平面中心与电缆距离约为 7 cm,并将环天线屏蔽管开口槽口对准电缆,以减小分布电容 C_0 不平衡所引起的附加测试误差。

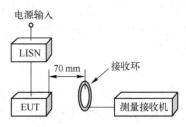

图 8-50　磁场辐射发射
测试系统配置

将测量接收机在 25 Hz～100 kHz 频率范围内扫描,找出最大辐射频率并加以记录。须特别注意那些由于设计方面原因可能产生的临界频率,如电源频率及其谐波等。

沿受试设备的整个受试面移动探测环,并监测干扰接收机的输出,记下最大辐射点。在最大辐射点移动探测环,转动探测环的平面,使接收机给出最大读数并记录该读数,给出所测频点和磁场强度的测试曲线。

2. 电场辐射发射测试

电场辐射发射测试用于检验来自受试设备及电源线和互连线的电场泄漏,包括来自所有单元、电缆及连接线上的发射。本方法适用于发射机的基波发射、乱真发射、振荡器发射及宽带发射。但不包括天线的辐射发射。测试要求在半电波暗室中进行,测试频段为 10 kHz～18 GHz。

测试系统配置如图 8-51 所示。

对不同的频率,选择相应的测试天线,在整个测试频段,需由四副天线覆盖,分别为杆天线（10 kHz～30 MHz）、双锥天线（30～200 MHz）、双脊喇叭天线或对数周期天线（200～1000 MHz）、双脊喇叭天线（1～18 GHz）。在 30 MHz 以上的频率,要分别测试垂直和水平极化分量,为此需要调节测量天线的姿态。

正式测试前,应对环境电磁场进行测量,先切断受试设备电源,对所关心的频段进行扫描,检查环境电平是否在极限值以下,一般要求环境电平低于极限值6dB,若有超出,则应予以记录,以便在正式测试时剔除。

国军标电场辐射发射测试要求发射天线距离受试

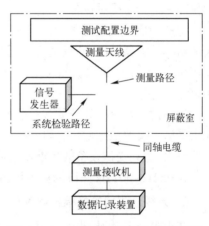

图 8-51　电场辐射发射测试系统配置

设备 1 m,发射天线中心离地面 1.2 m;其他测量标准则要求测试天线距受试设备 3 m、10 m 或 30 m 等,并与相应的极限值对应。测试天线在 1～4 m 的范围内扫描,受试设备在转台上旋转,以便寻找辐射的最大场强。

8.5.5　辐射敏感度测试

任何电子设备在足够高的场强照射下都可能出现故障或性能降低,而辐射敏感度测试用于确定在典型工作环境中可能遇到的辐射场照射下受试设备是否出现敏感的条件。测试对象包括电子系统、设备及其互连电缆。干扰场强分为磁场、电场和瞬变电磁场,干扰信号可以是连续波、加调制的连续波及瞬变脉冲。

测试所需设备主要包括3部分:

① 信号发生器:为被测设备提供测试标准规定的极限值电平,可以是一台具有一定功率

输出的信号发生器,也可用信号源加宽带功率放大器得到所需功率输出;在需要加调制时,可采用带调制的信号源;频率范围为25 Hz~18 GHz(或40 GHz),一般需分频段由多台信号发生器覆盖。

② 场强辐射装置:有天线、TEM传输室和GTEM传输室等形式。天线发射可覆盖全频段,为多数测量标准推荐的方法;TEM传输室和GTEM传输室频率高端受其本身的尺寸限制,一般TEM传输室的辐射敏感度测试最高可用到500 MHz,GTEM传输室可用到6 GHz(理论上可达18 GHz,但随频率的升高,衰减增大及受驻波影响,1 GHz以上频段不推荐使用)。

③ 场强监测设备:用于测量所施加的场强是否达到标准极限值,通常采用带光纤传输线的全向电场探头监测。

辐射电磁场的施加方式有电波暗室中的天线法、TEM传输室法和GTEM传输室法等。测试在半电波暗室、TEM传输室或GTEM传输室这样的带屏蔽的环境中进行,可以防止很强的辐射电磁场对周围环境及测量仪器、测试人员造成不必要的影响。

1. 天线法测试磁场辐射敏感度

该方法用于检验电子电气设备对磁场辐射的敏感度,测试系统配置如图8-52所示。将辐射环置于离受试设备表面50 mm的地方,并使环面平行于受试设备表面。

将低频信号发生器调为25 Hz正弦波,并改变功率放大器输出,使辐射环在受试设备表面产生的磁场至少比标准规定的极限值高10 dB。

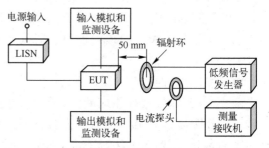

图8-52 磁场辐射敏感度测试系统配置(天线法)

将辐射环在受试设备的各个表面(包括底部)及信号输入、输出端的电缆等处平行移动,找出受试设备的敏感部位。将辐射环置于上述最敏感的部位,调节低频信号发生器及功率放大器输出,直到受试设备的性能不受所加磁场的影响为止。

在25 Hz~50 kHz频段内更换测试频率,重复上述过程。

2. 天线法测试电场辐射敏感度

在半电波暗室中进行天线法辐射抗扰度测试时,标准规定电场发射天线距受试设备1 m,磁场天线距受试设备表面5 cm。发射的干扰电磁场应对准受试设备最敏感的部位照射,如有接缝的面板、电缆连接、通风窗、显示面板等处。天线法电场辐射敏感度测试系统配置见图8-53。

用于敏感度测试的发射天线通常是宽带天线,可承受大功率。一般电场辐射敏感度测试在10 kHz~30 MHz用平行单元天线、30~200 MHz用双锥形天线、200~1000 MHz用对数周期天线、1 GHz以上采用双脊喇叭或角锥喇叭天线。

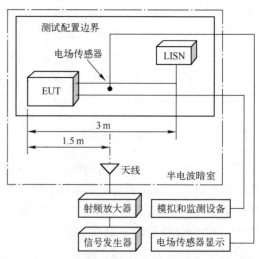

图8-53 电场辐射敏感度测试系统配置(天线法)

辐射所需的宽带功率放大器的最大输出功率由辐射的场强来确定,一般辐射 20 V/m 场强,10 kHz ~ 200 MHz 需 1000 W 功率的放大器、200 ~ 1000 MHz 需 75 W 功率的放大器即可。因为在低频段发射天线的尺寸远小于工作波长,辐射效率很低,必须用大功率推动,才能达到要求的场强值。

测试通常由自动测试系统及测量软件来完成,通过软件可以控制和调节测量仪器、处理测试数据,如通过电场探头监测被测设备处的场强大小,并调节信号源使之达到标准要求的值等。测试在测量软件控制下,以一定的步长进行辐射场的频率扫描,由监测设备或视频监视器观测受试设备在辐射电场中的工作情况。

3. TEM 传输室法和 GTEM 传输室法测试辐射敏感度

使用 TEM 传输室的好处是可以不必占用大的试验空间,用较小的功率放大器即可得到所需的场强。缺点是受试设备的尺寸受均匀场大小的限制,不能超过隔板和底板之间距离的 1/3。TEM 传输室的尺寸也决定了测试的上限频率,TEM 传输室尺寸越大,最高使用频率就越低。TEM 传输室法辐射敏感度测试的系统配置见图 8-54。

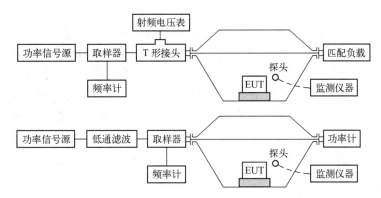

图 8-54　电场辐射敏感度测试系统配置(TEM 传输室法)

受试设备应在其直立位置的两个方向上进行测试,一是使设备前面板沿着 TEM 传输室长度方向,另一个是使设备的前面板对着锥形过渡段方向。具有电源线出口、轴端引出孔、通风孔等的那些面应朝上对着 TEM 传输室的芯板。测定对受试设备敏感的频率和最小场强或按规定的极限值做敏感度测试,测试频率不应超出 TEM 传输室的正常工作频率范围。

GTEM 传输室是在 TEM 传输室的基础上发展起来的。与 TEM 传输室一样,GTEM 传输室是一个扩展了的传输线,其中心导体展平为隔板,其后壁用锥形吸波材料覆盖,隔板和分布式电阻器端接在一起,成为无反射终端。产生均匀场强的测试区域在隔板和底板之间,测试时,受试设备置于均匀场中,受试设备尺寸的最大值应小于内部隔板和底板之间距离的 1/3。GTEM 传输室的优点与 TEM 传输室相似,且使用频率上限有所扩展,可达几个 GHz。测试系统配置见图 8-55。

在 TEM 传输室和传输 GTEM 室内进行辐射敏感度测试,同样可采用自动测试系统及测量软件完成。通过电场探头监测受试设备处场强,或由计算公式得到输入功率值,直接调节信号源使之达到要求的场强。测量软件控制信号发生器以一定的步长进行辐射场的频率扫描,由监测设备或视频监视器观测受试设备在干扰场辐射下的工作情况。

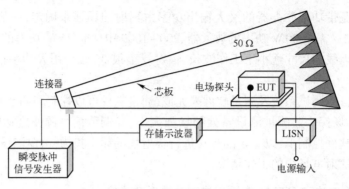

图 8-55 瞬变电磁场辐射敏感度测试系统配置(GTEM 传输室法)

4. 静电放电敏感测试方法

本项测试用于评估电子电气设备遭受直接来自操作者和邻近物体的静电放电抗扰度。放电的部位应是被测设备上人体能正常接触到的地方,如面板、键盘、旋钮等,但不能对插座进行放电,以免损坏设备。

静电放电有两种形式:接触放电和空气放电。接触放电是指放电枪的电极直接与被测设备接触,然后按下放电枪开关控制放电。它一般用在对被测设备的导电表面和耦合板的放电。空气放电是指放电枪的放电开关已处于开启状态,将放电枪电极逐渐移近测试点,从而产生火花放电。空气放电一般用在被测设备的孔、缝隙和绝缘处。除对设备进行直接放电外,有时还需施加间接放电。模拟放置或安装在被测设备附近的物体对被测设备的放电,采用放电枪对耦合板接触放电的方法进行测试。

实验室地面应设置至少 1 m² 的接地参考平面,每边至少比被测设备多出 0.5 m。台式设备可放在一个位于接地参考平面上高 0.8 m 的木桌上,桌面上的水平耦合板面积为 1.6 m× 0.8 m,并用一个厚 0.5 mm 的绝缘衬垫将受试设备和电缆与耦合板隔离;落地式设备与电缆用厚约 0.5 mm 的绝缘衬垫与接地参考平面隔开。

为确定故障的临界值,放电电压应从最小值逐渐增加到选定的测试电压值。测试以单次放电的方式进行,在选定的测试点上,至少施加 10 次单次放电,放电间隔至少 1 s。测试系统配置见图 8-56。

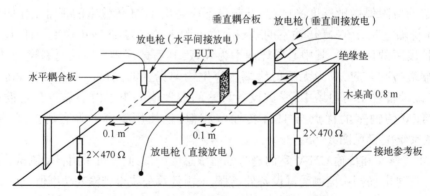

图 8-56 台式设备静电放电敏感测试系统配置

8.6　电磁兼容的自动测试技术简介

前面介绍的各种测试方法,一般是由手工操作电磁兼容测试仪器来完成测试的。在测试过程中,需要手动调谐、逐个频点校准测试并鉴别宽、窄带;在敏感度测试时仍是逐频点调谐、确定施加信号强度、人为观察鉴别敏感响应。这种方法速度慢,测试时间长,工作量大,容易引入测试误差,且难以进行实时测试。

随着对 EMI 和 EMS 测试需求的日益增多,实现测试自动化已势在必行。计算机技术的发展和基于计算机技术的测试仪器大量涌现,为实现自动化测试提供了方便。根据电磁兼容的标准和规范,设计自动控制和测试软件,将计算机和现代测试仪器组合成自动测试系统,已成为电磁兼容测试的一种发展趋势。近年来,在许多行业内产品电磁兼容测试需求的推动下,研制和开发出许多适合特种要求的自动测试设备,有效地提高了行业产品的测试效率。下面对几种电磁兼容自动测试系统做简要介绍。

8.6.1　电磁干扰自动测试系统

20 世纪 60 年代中期开始出现了电磁干扰和电磁敏感度自动测试系统。20 世纪 80 年代以来,由于计算机技术的飞速发展,又推出了许多种用计算机控制的电磁发射和电磁敏感度测试系统。由频谱分析仪/电磁干扰接收机与计算机自动控制构成的测试系统,使电磁干扰自动测试的研究开发进入了一个新阶段。

电磁干扰自动测试系统的基本组成如图 8-57 所示。在计算机上增设 GPIB 接口,计算机与测试仪器之间就可通过 GPIB 电缆相连接,通过赋予每台设备不同的控制地址,系统可以扩展到有多台频谱分析仪/EMI 接收机及其他系统控制设备。通过 GPIB 接口互连和通信,实现遥控命令的发布和数据的自动采集,所有遥控参数和实时测量结果都在计算机屏幕上显示出来。系统内可设置增益校准源,供 20 Hz ~ 18 GHz 频率范围内自动采集数据时,做增益校准用。数据图表的

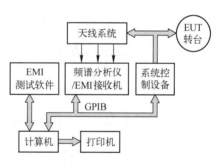

图 8-57　电磁干扰自动测试系统的基本组成

描绘由程序控制,自动进行,并可以编辑和打印输出。天线等传感器的修正系数可预先计算得出,标准或规范的极限值曲线也可由程序调出或存入。整个测试系统可以布置于符合要求的电波暗室和控制室中。

(1) 天线系统的一般配置

天线系统中包含不同频段的宽带天线,如 10 kHz ~ 30 MHz 杆天线,分为有源和无源两种,有源天线可提高接收机灵敏度 20 ~ 30 dB;1 ~ 18 GHz 频率范围的天线,除宽带的对数周期天线外,还应配有高增益的喇叭天线。天线系统还可以包括调整天线极化、高度和方向控制的机械伺服系统(天线定位塔)。

(2) 测试软件功能

电磁干扰自动测量系统通常为频域测试,计算机可进行如下操作:①控制全部试验参数;②记录试验数据;③加入各种校准因子,如天线及其馈线因子、接收机因子,以及与计算机操作有关的各种可能的附加因子;④以图形或列表方式显示试验结果;⑤将数据按宽带测量和窄带测量分类。

（3）频谱分析仪/EMI 接收机选用要求

自动测试系统对频谱分析仪/EMI 接收机的选择有一定的要求，即应具有 IEEE488 GPIB 接口总线，可通过该接口对仪器进行控制和数据采集。还应具有的其他功能包括：①覆盖各频段连续扫描或分段扫描；②高速数据采集和传输；③中频增益控制。

图 8-58 所示为典型的辐射发射自动测试系统记录的测试结果曲线，折线是机载设备电场辐射发射（宽带）极限值，曲线是被测设备的辐射发射自动测试结果，可以看出，在 20 MHz 附近超出极限值的要求。除测试结果曲线外，计算机还可以方便地定位超出极限值的准确频率，并以列表形式给出测试报告。此外，电磁干扰测试系统还可配备用计算机控制的试样转台，自动测量受试设备不同方向的辐射发射。

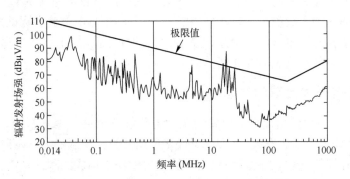

图 8-58　辐射发射（宽带）自动测试结果曲线

8.6.2　电流传导敏感度自动测试系统

1. 系统配置

采用计算机控制的电流传导敏感度自动测试系统框图如图 8-59 所示。计算机命令信号

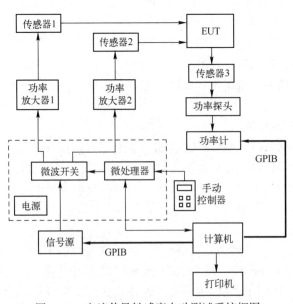

图 8-59　电流传导敏感度自动测试系统框图

源产生测试所需的工作频率信号和相应的幅度电平,同时,计算机根据工作频段的不同切换微波开关,经功率放大器1或2放大后产生敏感度电平,通过传感器1或传感器2注入EUT,传感器3负责监视注入信号电平强度,通过功率检测仪器采集数据并送回计算机处理,从而调整信号源输出电平使之符合要求,形成一个闭环控制的负反馈回路。其中功率放大器除具有频率范围宽、输出功率均匀等特点外,还具有过载保护功能。手动控制器则用于人工监测EUT是否敏感时,人为干预和设置信号电平等系统参数,中断可能发生危险的测试过程。

2. 程序说明

程序流程图如图8-60所示,在测试期间,将被监视的敏感度参数(序号、形式和极限值)编入程序。程序可以根据用户的要求决定采用连续频率或步进频率。如果采用连续式,则要求用户输入信号频率、幅度和调制方式;如果采用步进式,则要求用户输入起始频率、终止频率、步长和在几个不同的频率范围内幅度步进形式(线性或对数)。

一旦设置了频率后,计算机控制信号源就推动功率放大器产生规定电平值的测试信号,通过传感器注入被测设备,如果被测设备不敏感,在连续波情况下,要求用户输入下一个频率。在步进情况下,自动步进到下一个频率。反之,如果被测设备敏感,则减小输出电平,直到获得敏感度门限或最小可编程功率电平为止。全部敏感度状态用计算机记录、显示和打印输出。

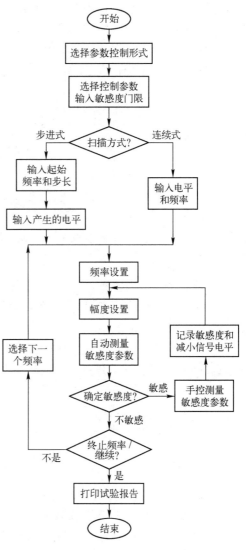

图8-60 电流传导敏感度自动
测试系统程序流程图

电流传导敏感度自动测试系统的优点是:有自动补偿测量误差的能力;精确产生确定频率的电平值;检验敏感度参数时,减小操作者的人为误差;测试结果复现好;测试速度快。

8.7　电磁干扰扫描装置

电磁干扰扫描装置是一种借助计算机控制,实现传感器在一个平面(或曲面)机械运动或电子扫描干扰测试的特种测量装置。其主要用于测量、扫描复杂电子设备的电磁辐射和泄漏;测量测试PCB板的电磁辐射,为设计和改进提供可靠数据;还可以用于正式电磁兼容鉴定测试前的摸底测试、分析测试、预评估测试,提高正式鉴定测试的成功率,缩短产品的研制周期。

电磁干扰扫描装置采用伺服电机机械扫描方式和多探头电子扫描方式。前者由伺服机构带动单一探头(或线阵列探头)机械运动扫描整个测试区域,其结构复杂、故障率较高、测试速度慢,但成本较低。后者采用多个探头组成阵列,探头之间可自动切换,以实现高速电子扫描,测试速度成倍提高,但相应成本会提高很多。

图 8-61 所示为一种多探头阵列电磁干扰扫描系统,除多探头扫描装置外,系统还必须包括频谱分析仪/EMI 接收机、控制器、计算机等。

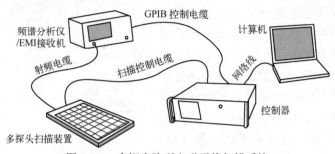

图 8-61　多探头阵列电磁干扰扫描系统

（1）主要功能

① 具有频域扫描功能,测量被测设备产生电磁干扰的频谱图;

② 具有空间扫描功能,测量某个频率的电磁干扰的空间分布图,可以看出各个频点在被测设备上的干扰分布情况;

③ 在进行频域扫描和空间扫描时,可以选择单次扫描(扫描一次)、连续扫描(扫描次数任意选择)、同步扫描(与外部事件同步),具有峰值保持功能,可捕捉不明位置点的瞬态干扰;

④ 具有频谱对比功能,空间对比功能,可对修改前后的产品进行对比,也可用于生产线产品,进行产品一致性测试;

⑤ 可调用 PCB 的光绘文件,测试结果可重叠显示;

⑥ 可三维显示电磁场分布图,用地形图等方式显示被测结果。

（2）扫描参数

① 扫描器特征:采用阵列式近场探头,以电子扫描方式进行电磁场空间扫描,阵列式扫描器内具有 1000 个以上的近场磁场探头;

② 测量速度:空间扫描时,扫描 1000 个空间点的时间小于 0.5 s;

③ 一次扫描的面积:大于 300 mm×210 mm;

④ 带有 30 dB 前置放大器,频率覆盖为 100 kHz～3 GHz,配合近场探头使用。

（3）测试软件

测试软件可以根据用户的要求设置测试标准,具有网络支持功能,系统软件可完成电磁干扰扫描装置、频谱分析仪/EMI 接收机的控制,能够自动完成测试,进行电磁干扰定量分析,测试图形输出等。

8.8　移动电话比吸收率(SAR)测试系统

随着信息技术的发展,人们在享受无线通信设备带来的各种便利时,也日益关注无线通信终端的电磁辐射对人体健康的影响。越来越多的国家政府部门、电信法规机构等要求将电磁波辐射降低至一个合适的水平,通过对移动电话(手机)电磁辐射的测量和研究,制定了一些减少对人体伤害的标准。规定一定数值的比吸收率(SAR),是通常采用的控制移动电话电磁辐射的方法。

SAR 是英文 Specific Absorption Rate 的缩写,是表征多少无线电频率辐射能量被身体所实际吸收的物理量,称为特殊吸收比率(或比吸收率),以瓦特每千克 (W/kg)或毫瓦每克 (mW/g)来表示。下面介绍比吸收率(SAR)的测量方法和测量要求。

图 8-62 是移动电话 SAR 测试系统的框图。SAR 测试系统主要包括:人体模型(含人体组织模拟液)、被测物夹具、扫描定位系统、SAR 测试装置、测试仪器和控制设备等。测试方法所参照的标准是 IEEE1528(2003)《确定人体内由于无线通信设备引起大的比吸收率(SAR)的峰值空间平均值的实验技术》。

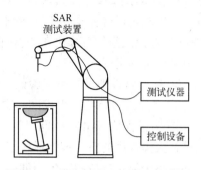

图 8-62　移动电话 SAR 测试系统框图

测试方法为 SAR 对比测试,即分别测试辅助样品(移动电话)使用和不使用被测样品时的 SAR 值,通过两次结果的对比来观察被测样品对手机在人体模型内产生的 SAR 的影响。在测试过程中,辅助样品均遵守上述测试标准的规定,处于完全相同的测试状态下。辅助样品位于人体模型紧贴脸颊位置,在 GSM 900 MHz 频段下,绝对射频信道号(ARFCN)为 62。

1. 测试步骤

① 在人体模型内表面 10 mm 范围内的某一点测量局部 SAR 值,测量点应当靠近耳部。

② 持续步骤①的测试 3 min,验证该点 SAR 值的变化在-5%~+5%的范围内,以确保移动电话本身的电子线路指标没有漂移。

③ 测量人体模型内 SAR 分布。空间步长应小于 20 mm,如果用表面扫描,则探针几何中心和人体模型内表面的距离应小于 8 mm,并保持恒定(误差在-5%~+5%内)。如果用体积扫描,则扫描的体积应尽可能接近人体模型内表面(小于 8 mm),步长应小于或等于 5 mm。扫描深度应达到 25 mm。然后进行步骤④。

④ 从扫描的 SAR 分布图,找到最大 SAR 值的位置,并找到超过最大 SAR 值 50%的局部 SAR 值的位置。

⑤ 以小于 5 mm 的步长,30 mm×30 mm×25 mm 的最小体积测量 SAR 值,分离的网格测试点应集中在 SAR 最大值处。

⑥ 用标准定义的插值法和外推法,在质量平均所需的空间分辨率下确定局部 SAR 值。

⑦ 重复步骤①中在起始测试点的测试,如果在步骤②中的最终测试值和步骤①中的测试值相差大于 5%,则用充满电的电池重新进行测试,或者将漂移值计入不确定度评估里。

2. 测试环境的要求

① 环境温度 18~25℃,温度变化不超过±2℃;避免射频噪声、ELF 噪声(照明系统、探头定位系统、实验室电源接地等)、静电效应(探头移动、人的走动等)对 SAR 测试值的影响;环境噪声(EUT 不发射信号时)小于 0.4 W/kg 的 3%,也就是 12 mW/kg。

② 如果测量在射频受控环境中进行,如电波暗室,应定期进行射频环境检查。

③ 避免环境反射对 SAR 测试值的影响(例如线缆、地板、墙壁、被测物定位器等),反射信号应小于 EUT 的 SAR 的 3%。

④ 任何物质、干扰源应距离待测物 50 cm 以上。

3. 测试系统的要求

① SAR 测试系统的总扩展不确定度应当小于±30%（-1.55 dB，+1.14 dB）；如果不确定度较高，对测试实验室需要进行评估，可以减小某一个不确定度因素以实现±30%的目标，并且采取措施实现这种改进；当扩展不确定度大于±30%时，测试结果需要考虑真实不确定度和±30%目标值之间的百分比误差；在任何情形下，测试报告中给出 SAR 测量结果后必须同时给出测量的不确定度。

② 应经常性地进行系统验证。

③ 系统应该每年至少校准一次。

④ 为了评估 SAR 的空间三维分布，对扫描定位系统的一般要求是，应能够使固定其上的探针在人体模型的整个被照射区域进行扫描。扫描系统的机械结构不得影响 SAR 测量，探针尖端在整个测量区域的定位精度应优于±0.2 mm。

⑤ 空间分辨率即系统能够进行测量的最小步长，抽样分辨率应为 1 mm 或更小。

习题

8.1　简述电磁兼容性测试在实施电磁兼容中的重要作用。

8.2　横电磁波传输室（TEM Cell）是如何构成的？它有哪些特点？有哪些主要用途？

8.3　电磁兼容测试用的天线有什么特点？有哪几种常用的天线形式？

8.4　在进行电磁兼容性测试时，为什么要接入线路阻抗稳定网络？试举例说明。

8.5　用亥姆霍兹线圈进行电源频率的磁场辐射敏感度测试时，若要求磁场的峰-峰值为 10^{-4} T，试设计一个适合的亥姆霍兹线圈。

8.6　简述电磁干扰自动测试系统的基本组成，组建一个自动测试系统对各部分设备有什么要求？

第9章　电磁兼容性教学实验

在本书前八章中,全面讲述了电磁兼容原理、实施电磁兼容三大技术、电磁干扰预测与电磁兼容性测试技术。本章中设计了关于滤波、屏蔽、接地技术的电磁兼容教学实验,以加深对电磁兼容理论的理解。完成前三个实验需要使用专门的微波测量仪器设备,实验者应完成了微波测量等课程的学习,掌握微波频率、微波功率、微波散射参数等基本参量测量原理,熟悉微波信号源、频谱分析仪、矢量网络分析仪等现代微波仪器的使用方法和操作规程。同时,本章还设计了一些生活中的电磁兼容性实验,不需要专业的微波测试仪器,实验方案选取灵活,实验取材容易且成本低廉,对于理解电磁兼容原理也十分有益。

实验一　传导干扰抑制与滤波实验

一、预习内容

1. 了解传导干扰的特性和传导干扰的抑制方法;
2. 了解滤波器的分类和滤波器的主要特性参数;
3. 了解几种带通滤波器的形式和设计方法。

二、实验目的

1. 熟悉微波信号源、矢量网络分析仪和频谱分析仪的使用方法;
2. 掌握滤波器参数的调试和测量方法;
3. 掌握传导干扰的抑制原理和测量方法。

三、实验原理

传导干扰是主要的电磁干扰耦合通道之一,干扰能量通过电源线、信号线、接地线或其他金属导体传播,并以导体上的电压和电流形式产生干扰作用。当工作波长远大于传输线路的几何长度时,可以按照集中参数电路进行分析处理。当工作波长与传输线路的几何长度相近时,传输线路将被看作分布参数电路,其上的电压波、电流波的传播特性由传输线路的分布电容、分布电感、分布电导决定。抑制电磁干扰必须考虑不同的传输线路特性。

1. 传导干扰抑制与滤波

电磁兼容中对传导干扰进行抑制和消减的手段是采用滤波技术,通过滤波器来实现。滤波器的技术指标有插入损耗、阻抗特性、频率特性、额定电压、额定电流等。根据滤波器的频率特性,可以分为高通滤波器、低通滤波器、带通滤波器和带阻滤波器。带通滤波器的频率特性曲线可以视为低通滤波器和高通滤波器频率特性曲线的综合,高于中心频率的部分为低通滤波器的频率特性曲线,低于中心频率的部分为高通滤波器的频率特性曲线。

2. 滤波器测量原理

将滤波器看作一个二端口微波网络,通过散射参数测量获得滤波器的性能指标。微波散射参数表征网络端口入射波和出射波之间的关系。对于如图 9-1 所示的线性二端口网络,a_1、b_1、a_2、b_2 分别为 1 端口和 2 端口的入射波和出射波,出射波与入射波之间的关系可用一次线性方程组表示为

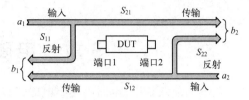

图 9-1 线性二端口网络示意图

$$b_1 = S_{11}a_1 + S_{12}a_2$$
$$b_2 = S_{21}a_1 + S_{22}a_2 \tag{9-1}$$

S_{11} 是端口 1 在端口 2 接匹配负载条件下的反射系数,即

$$S_{11} = \frac{b_1}{a_1}\bigg|_{a_2=0} \tag{9-2}$$

S_{12} 是端口 1 接匹配负载,端口 2 接信号源时,端口 1 的出射波与端口 2 的入射波之比,又称为端口 2 到端口 1 的传输系数,即

$$S_{12} = \frac{b_1}{a_2}\bigg|_{a_1=0} \tag{9-3}$$

S_{21} 是端口 2 接匹配负载,端口 1 接信号源时,端口 2 的出射波与端口 1 的入射波之比,又称为端口 1 到端口 2 的传输系数,即

$$S_{21} = \frac{b_2}{a_1}\bigg|_{a_2=0} \tag{9-4}$$

S_{22} 是端口 2 在端口 1 接匹配负载条件下的反射系数,即

$$S_{22} = \frac{b_2}{a_2}\bigg|_{a_1=0} \tag{9-5}$$

从上面定义可以看出,四个散射参数 S_{11}、S_{12}、S_{21}、S_{22} 在测量时一定要注意条件,即一个端口在接信号源时,另一个端口一定要接匹配负载,否则测量的数值不符合散射参数的定义,会带来较大的测量误差甚至错误。

测量散射参数工程上常采用网络分析仪,如图 9-2 所示为目前大多数网络分析仪的原理框图。

网络分析仪内置的信号源为被测器件提供激励信号,由于网络分析仪要测量被测器件传输/反射特性与工作频率和功率的关系,所以信号源通常需要具备频率扫描和功率扫描功能。为保证测试精度,现在网络分析仪大都内置频率合成信号源。

网络分析仪的信号分离装置,其作用是将入

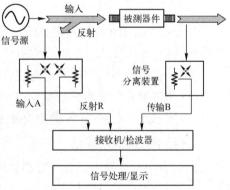

图 9-2 网络分析仪原理框图

射波、反射波、传输波信号分离开,送到不同的处理电路。分离信号的方法较多,所用器件主要包括功分器、定向耦合器、电桥等,其关键技术是实现宽带信号分离和分离通道的高隔离度。

网络分析仪的接收机一般采用幅相接收机,对于标量网络分析仪,也可采用检波器检测各路信号的幅度(没有相位)。幅相接收机的主要作用是测量入射波、反射波、传输波的幅度和相位,由于微波信号的矢量测量比较困难,通常的做法是将微波信号下变频到中频,然后测量中频信号的幅度和相位。

网络分析仪的信号处理/显示部分通常和一些功能相结合,使得测试更加方便快捷。现代的矢量网络分析仪是高度智能化的一体化测试系统,以嵌入式计算机甚至 Windows 操作系统为核心,集系统的自动测试、测量控制、误差修正、时域和频域转换、信号分析与处理功能于一体。

本实验中使用分布参数的腔体结构,组成一个带通滤波器,如图9-3所示。其中,构成分布电容和分布电感的金属杆和螺钉可以手动调节,使滤波器的频率特性可以在一定范围内变化,以适应对规定频率的电磁干扰进行抑制的需要。

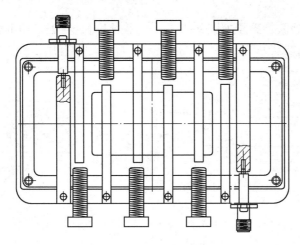

图9-3　带通滤波器

四、实验内容与步骤

实验的具体步骤如下,也可以根据实际情况适当调整。

(1)将矢量网络分析仪开机,预热15~30分钟。对矢量网络分析仪的端口1和端口2进行直通校准。

(2)按照实验规定的工作频率和干扰频率,分析和设计滤波器截止频率,带外和带内的插入损耗范围,并按图9-4所示连接好实验系统。

(3)安装滤波器金属杆,将螺钉大致固定于某一位置,组装好滤波器,设置矢量网络分析仪,选择S21测试功能(Measure-NA-S21),在显示屏上利用标志(Marker)标注出工作频率和干扰频率的位置。

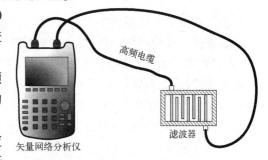

图9-4　实验系统

(4)逐一调整滤波器的金属杆和螺钉的间距,同时观察矢量网络分析仪显示的滤波器频率特性曲线,使规定频率的抑制度达到要求,且带内插入损耗最小,旋紧固定螺母,在表9-1中记录各频率的插入损耗。

表 9-1　各频率的插入损耗

频率(MHz)	1500	1510	1520	1530	1540	1550	1560	1570	1580	1590
插入损耗(dB)										
频率(MHz)	1600	1610	1620	1630	1640	1650	1660	1670	1680	1690
插入损耗(dB)										
频率(MHz)	1700	1710	1720	1730	1740	1750	1760	1770	1780	1790
插入损耗(dB)										
频率(MHz)	1800	1810	1820	1830	1840	1850	1860	1870	1880	1890
插入损耗(dB)										

（5）根据记录数据,在坐标纸上绘出滤波器插入损耗的频率特性曲线,同时在曲线上标记出截止频率。

（6）将调整好的滤波器置于如图 9-5 所示的验证平台中,记录插入滤波器前的干扰信号相对强度,以及插入滤波器后的干扰信号相对强度,同时记录有用信号的插入损耗。

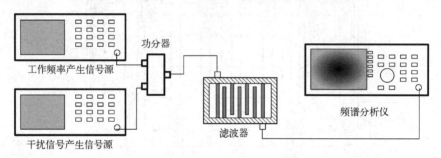

图 9-5　传导干扰抑制验证平台

（7）根据实验安排,更换工作频率,重新调整滤波器,重复前面的步骤,绘出滤波器的频率特性曲线。并记录对验证平台的传导干扰抑制程度。

五、注意事项

实验过程中需要注意的事项如下：

（1）在使用矢量网络分析仪、微波信号源、频谱分析仪等微波仪器时,高频接头应沿直线对准,先轻轻旋转接头,感觉平顺旋入后,再略用力旋紧,不能在有阻力情况下用力旋转。

（2）实验器材、高频接头等部件应小心轻放,避免滚动和跌落,以防止部件摔坏变形。松开螺钉或旋钮前,用手扶住测试仪器或滤波器腔体,以免腔体滑落,或发生碰撞。

（3）操作微波测量仪器时,应轻按轻旋,操作速度不要过快,应比仪器反应时间略慢,不可连续快速触碰按键。

（4）操作和组装滤波器腔体时,应对齐金属杆再插入调节孔,调节螺钉和锁紧螺钉旋转力度应适当,屏蔽盖安装时应注意腔体内有无掉落元件,金属杆是否固定良好。

六、实验报告要求

1. 按照标准实验报告的格式和内容完成实验报告；

2. 完成实验数据处理,绘制出滤波器频率特性曲线;
3. 对实验中的现象和结果进行分析讨论。

实验二　频谱分析仪测量小信号实验

一、预习内容

1. 了解电磁屏蔽的原理和用途;
2. 了解频谱分析仪的原理及特点;
3. 了解微波信号源的工作原理。

二、实验目的

1. 熟悉微波信号源的使用;
2. 熟悉频谱分析仪的使用;
3. 掌握频谱分析仪测量小信号的方法;
4. 了解用屏蔽产生小信号的原理和方法。

三、实验原理

本实验是为完成实验三的电磁屏蔽效能实验,而做的准备实验,由于屏蔽体的屏蔽效能会对电磁波产生很大的衰减作用,实验中需要准确测量微小信号的电平值。为此,必须对频谱分析仪的工作原理和测量方法有所了解。

1. 频谱分析仪原理

频谱分析仪是一种多用途的电子测量仪器,又可称为频域示波器、跟踪示波器、分析示波器、谐波分析器、频率特性分析器或傅里叶分析器等。频谱分析仪是主要用于分析微波信号频谱结构的仪器,可以在频域上同时测量多个微波信号的频率和幅度,因此可进行信号失真度、调制度、频率稳定度和频谱纯度等信号参数的测量。与微波信号源配合,还可测量放大器增益和滤波器通带特性等。现代频谱分析仪能以模拟方式或数字方式显示分析结果,能分析甚低频到毫米波频段的无线电信号。

频谱分析仪内部采用微处理器和数字电路,具有存储和运算功能;配置了标准接口,容易与计算机和其他仪器一起构成自动测试系统。

频谱分析仪按照信号处理方式的不同,一般分为实时频谱分析仪和扫描调谐频谱分析仪两种类型。实时频谱分析仪可以在同一时刻显示频域内各个信号的振幅,其基本工作原理是,针对不同频率信号有相对应的滤波器与检波器,再经由同步的多工扫描器将信号传送到显示设备上进行显示。其优点是能显示周期性信号的瞬间反应,但是价格昂贵且性能受限于频带范围、滤波器的数目和最大多工交换时间。最常用的频谱分析仪是扫描调谐频谱分析仪,其基本工作原理类似于超外差式接收器,如图 9-6 所示,输入信号经衰减器直接外加到混频器,可变本振与示波器的水平扫描信号发生器同步,产生随时间线性变化的振荡频率,混频器将输入信号混合降频为中频信号,再经放大、滤波和检波传送到示波器的垂直方向电路,在示波器上显示信号振幅与频率的对应关系。

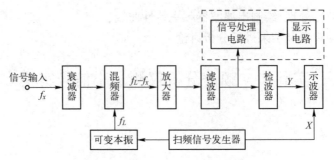

图 9-6　扫描调谐频谱分析仪原理框图

2. 影响频谱分析仪频率分辨率的因素

频谱分析仪的频率分辨率是最重要指标之一,反映了其区分临近频率分量的能力。很多信号测试要求频谱分析仪具有较高的频率分辨率,只有当频率分辨率足够高时,才会在屏幕上正确反映信号的特性。频谱分析仪的频率分辨率与其内部的中频滤波器和本地振荡器的性能有关。中频滤波器的类型、3 dB 带宽、频率选择性和本地振荡器的本振残余调频和本振相位噪声都会影响频谱分析仪的频率分辨率。

分辨率带宽(RBW)是中频滤波器的 3 dB 带宽,反映了频谱分析仪分辨等幅信号的能力。两个等幅信号之间频率差为中频滤波器的 3 dB 带宽时,合成响应曲线仍有两个峰值,中间下沉大约 3 dB,认为它们是可分辨的,因此称中频滤波器的 3 dB 带宽为频谱分析仪的分辨率带宽(RBW)。频谱分析仪的最小分辨率带宽反映出频谱分析仪的档次高低,经济型的为 1 kHz ~ 5 MHz,多功能中档型的为 30 Hz ~ 5 MHz,高档型的为 1 Hz ~ 5 MHz。

如图 9-7 所示,可以看到 RBW = 10 kHz 时不能辨别出载波形状,RBW = 1 kHz 时可以清楚地辨别出载波形状。可见,如果两信号的间隔大于或等于所设置的 RBW,两个等幅信号就可以分辨出来;如果小于所选用的 RBW,这两个信号是无法分辨的。频谱分析仪的 RBW 越小,其频率分辨率越高。同时,由于中频滤波器带宽减小,进入后级的噪声也相应减少,噪声水平可以降低,易于测量幅度很小甚至接近噪声水平的信号。

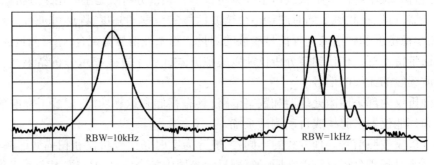

图 9-7　RBW 对频谱的影响

中频滤波器的功能是分辨不同频率的信号,是中心频率固定的窄带滤波器,只有通过改变本振的扫频信号频率才能达到选频的目的。频谱分析仪混频后的频率如果落在中频滤波器通带内,显示器就会显示该频率;如果混频后频率不等于中频,则被中频滤波器滤除,不能传递到后级。理想单载波信号在扫描调谐频谱分析仪中显示的波形是中频滤波器的频响形状。中频滤波器的频响形状通过其带宽和频率选择性得到定义,其 3 dB 带宽和矩形系数会影响频谱分析仪的许多关键指标,例如测量分辨率、测量灵敏度、测量速度以及测量精度等。

中频滤波器的频率选择性用中频滤波器的
60 dB 带宽与 3 dB 带宽之比表征,如图 9-8 所示。它
反映了频谱分析仪分辨不等幅信号的能力,对于幅
度相差 60 dB 的两个信号,其间隔至少是 60 dB 带宽
的一半,才可以分辨出两个信号,否则小信号可能被
淹没在大信号的裙边中。用数字化技术实现的窄带
带通滤波器的频率选择性可达到 5:1,模拟滤波器的
频率选择性则可达到 15:1 或 11:1。

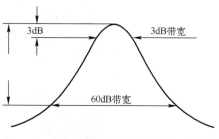

图 9-8　中频滤波器的频率选择性示意图

不同频率分辨率和频率选择性对分辨不等幅信号的影响也不同。如果 RBW 为 3 kHz 的
滤波器的频率选择性为 15:1,于是滤波器下降 60 dB 的带宽是 45 kHz,60 dB 带宽的一半是
22.5 kHz,那么距离大信号 22.5 kHz 以外-60 dBc 的信号可以检测。如果换成一个 RBW 为
1 kHz、频率选择性为 15:1 窄带滤波器,则滤波器下降 60 dB 的带宽是 15 kHz,60 dB 带宽的一半
是 7.5 kHz,那么距离大信号 7.5 kHz 以外-60 dBc 的信号可以检测。

频谱分析仪的频率选择性越小,其对不等幅信号的分辨能力越强,但一台频谱分析仪的频
率选择性是固定不变的,而分辨率带宽是可变的,所以在测量微小信号时,可通过尽可能将分
辨率带宽减小,减小平均显示噪声电平,达到综合的测量效果。

频谱分析仪的最小分辨率带宽,在一定程度上是由本振的稳定性决定的,低成本的本振
RBW 可达到 1kHz,中等性能(稳频)的本振 RBW 可达到 100Hz,高性能(频率合成技术)的本
振 RBW 可达到 1Hz。由于频谱分析仪的本振信号频率不可能绝对稳定,总是有一定的频率抖
动,这种随机的频率变化称为相位噪声。相位噪声是由本振频率不稳定引起的,其值是本振频
率稳定度的函数,本振频率越稳定相位噪声越小,当频谱分析仪的 RBW 设置较宽时,相位噪
声信号将隐藏在滤波器的响应带宽曲线之下。因此,测量频谱分析仪的相位噪声一般在中频
滤波器的 RBW 设置为最窄的条件下进行。本振相位噪声主要影响不同幅度的频率分量之间
是否可分辨,要分辨两个频率相近信号,前提是相位噪声不能淹没小信号。相位噪声显示和
RBW 相关,降低 RBW,可降低相位噪声显示值。由于相位噪声的影响,频率相近的信号,特别
是幅度远小于另一信号的频率相近的信号将隐藏在大信号的响应曲线之内,使其无法分辨,只
有将 RBW 设置得足够小,降低相位噪声显示值,才能分辨出小信号。

信号在频谱分析仪屏幕上显示的噪声边带来源于本振的频率不稳定性,这个噪声可能掩
盖靠近载波的低电平信号。剩余调频和中频滤波器带宽等对非等幅信号的频率分辨率也是有
影响的,但频谱分析仪的相位噪声是其所能测量非等幅信号频率分辨率的极限值。在实际测
量中可以通过调整 RBW 取得科学测试结果,两个等幅信号的间隔大于或等于所选用分辨率
滤波器的宽度,两个等幅信号就可以分辨出来了。对于测量幅度不等而频率又比较靠近的信
号,在具体测试时除了考虑 RBW,还需考虑频率选择性,频率选择性越小,对不等幅信号的分
辨能力越强。

四、实验内容与步骤

实验的具体步骤如下:

(1) 按图 9-9 所示的电磁屏蔽实验测试系统示意图,组装好实验系统,电磁屏蔽测试装
置距离仪器一定距离,安放于符合测试环境要求的空间。

(2) 将微波信号源和频谱分析仪开机,预热 15~30 分钟。

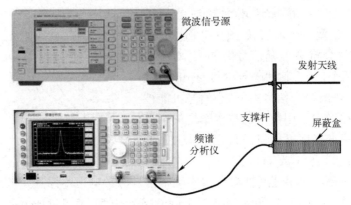

微波信号源

发射天线

支撑杆

屏蔽盒

频谱
分析仪

图 9-9　电磁屏蔽实验测试系统示意图

（3）按照实验要求设置微波信号源工作频率和发射信号功率电平，开启微波信号源的射频发射（RF ON）按键；在频谱分析仪上设置对应的中心频率，将频率宽度设置为 1 MHz，设置合适的幅度坐标，以便合理显示信号。此时，将全屏蔽盖板取下，不安装在屏蔽盒上。使用峰值跟踪功能（peak）指示信号顶部位置幅度，并使最大值在屏幕上居中。记录下此时的信号幅度值和噪声幅度值。

（4）将全屏蔽盖板安装到屏蔽盒上，若信号淹没在噪声中，则逐步减小观察窗口频率宽度，改变分辨率带宽参数，以及使用平均等功能，捕捉信号，记录信号幅度值和噪声幅度值。

（5）改变微波信号源工作频率，重复第 3、4 步，当信号电平无法读取时，可以适当增大微波信号源的发射功率，但必须在测试信号电平数据中相应扣减，将测试数据记录到表 9-2 中。

表 9-2　屏蔽效能测试数据

工作频率（MHz）		1000	800	600	400	200	100	80	60	40	20
无全屏蔽盖	信号电平										
	噪声电平										
加全屏蔽盖	信号电平										
	噪声电平										

（6）根据测试数据，在坐标纸上绘出频率与信号电平的关系曲线。

五、注意事项

1. 用高频电缆接头连接电磁屏蔽装置、微波信号源和微波频谱分析仪等实验设备时，应沿直线对准，先轻轻旋转接头，感觉平顺旋入后，再略用力旋紧。不可在有阻力情况下用力旋转。

2. 实验用螺丝刀、全屏蔽盖板、高频接头等部件应小心轻放，避免滚动跌落，防止部件摔坏变形，拧动高频接头前用手扶住仪器或实验装置，以免设备滑落，或发生碰撞。

3. 操作微波信号源和频谱分析仪时，应轻按轻旋，操作速度应与仪器反应时间配合适当或略慢，不可连续快速触碰按键。

4. 测试时,各实验小组保持一定的距离,并采用频率不同的交错布局,尽量避免人员走动,实验平台应与仪器和操作人员有一定距离,以免影响测量准试性。

5. 用螺丝刀安装和拆卸全屏蔽盖板时,用力应适度和保持平稳,以免破坏铝制螺纹,影响屏蔽盒的屏蔽效能。

六、实验报告要求

1. 按照标准实验报告的格式和内容完成实验报告;
2. 完成数据整理和图表绘制;
3. 对实验中的现象进行分析讨论。

实验三　电磁屏蔽效能测量实验

一、预习内容

1. 什么是电磁屏蔽?它主要有哪些应用领域?
2. 电磁屏蔽效能是如何定义的?
3. 电磁屏蔽体如何处理通风孔等电磁泄漏?

二、实验目的

1. 掌握电磁屏蔽效能的测量方法;
2. 了解影响屏蔽效能的主要因素;
3. 了解屏蔽效能与电磁波频率的关系。

三、实验原理

1. 电磁屏蔽测量原理

屏蔽的目的,是限制某区域内部辐射的电磁能量泄漏,或是防止外来的辐射干扰进入某区域。屏蔽一般通过将上述区域封闭起来的壳体实现,用屏蔽效能来定量评价屏蔽体的性能。屏蔽效能定义为空间某点上未加屏蔽时的电场强度 E_0(或磁场强度 H_0)与加屏蔽后该点的电场强度 E_1(或磁场强度 H_1)的比值,分别称为电屏蔽效能和磁屏蔽效能。其中,电屏蔽效能可表示为

$$SE = E_0/E_1$$

用分贝表示,可写为

$$SE = 20 \lg \frac{E_0}{E_1} (dB) \tag{9-6}$$

但在实际工程中测量屏蔽效能,难以做到去掉屏蔽体和加上屏蔽体而完成两次场强测量。只能利用屏蔽体的某些门窗等开口,通过关门和开门来进行两次测量,从而近似得到屏蔽体的屏蔽效能。如图 9-10 所示,利用可以开关的屏蔽门,在打开屏蔽门时获得 E_0,关闭屏蔽门时获得 E_1。

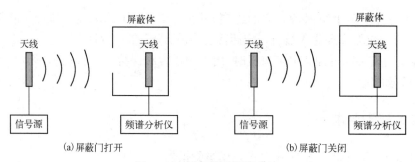

(a)屏蔽门打开   (b)屏蔽门关闭

图 9-10　屏蔽效能测量方法

对于使用微波频谱分析仪来测量屏蔽门关闭前后场强的情况,读数为功率的分贝值,则屏蔽效能直接由下式得到

$$\text{SE}(\text{dB}) = P_0(\text{dB}) - P_1(\text{dB}) \tag{9-7}$$

2. 屏蔽测量实验装置

为了在较宽的频率范围内开展屏蔽效能测量实验,将测量用的收发天线设计为超宽带天线,如图 9-11 所示,天线采用单面印制板制作,相当于领结天线的一半,天线贴片呈三角形布局,输入端接高频插座内导体,末端用分布电阻加载(四只 200Ω 的贴片电阻)。金属边框与高频插座外导体相连,作为电阻加载的地回路。

为方便实验,提高屏蔽效能的测量准确性,将收发天线和屏蔽盒设计为一体化的屏蔽效能实验装置,如图 9-12 所示,发射天线通过屏蔽盒上方的支架支撑于屏蔽盖正上方,支撑高度可以在一定范围内调节,接收天线安装于屏蔽盒内部,屏蔽盖可以打开和关闭,或者换成含有不同开孔和缝隙的屏蔽盖。

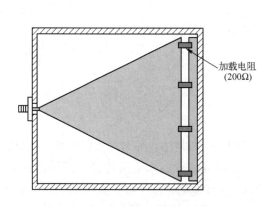

图 9-11　电阻加载超宽带天线

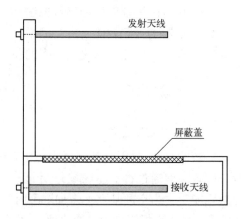

图 9-12　屏蔽测量实验装置

3. 通风孔和缝隙

仪器设备实际使用的机箱总是存在通风散热、测试与观察需求,需要在机箱表面打孔或开缝,电磁能量就会通过孔洞、缝隙泄漏,从而导致屏蔽效能的降低。孔洞的大小、缝隙的长度,以及电磁能量频率的不同,会影响电磁能量泄漏情况,从而影响屏蔽效能。屏蔽效能实验装置设计了多种不同的屏蔽盖,以测量含有通风孔和缝隙的屏蔽体,在不同工作频率下的屏蔽效能,见图 9-13。

(a) 带缝屏蔽盖

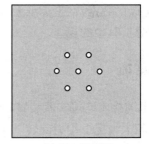

(b) 通风孔屏蔽盖

图 9-13 可替换屏蔽盖

四、实验内容及步骤

电磁屏蔽效能实验测试平台的结构如图 9-14 所示。

它主要由发射天线、支撑杆、屏蔽盒（内装接收天线）三部分构成。屏蔽盒同时作为底座，起到支撑发射天线的作用，通过支撑杆使发射天线固定和悬空，支撑杆上有多个安装位置，可以达到调节收发距离的目的。收发天线由印制电路板制作，为电阻加载超宽带天线，可以适应较大的测试频率范围。

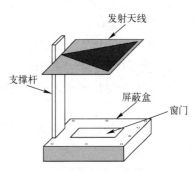

图 9-14 电磁屏蔽效能
实验测试平台结构

按以下步骤进行电磁屏蔽效能的测试实验：

（1）按实验二的图 9-9 组装好实验系统，电磁屏蔽测试装置应与仪器保持一定距离，安放于符合测量环境要求的空间中。

（2）将微波信号源和频谱分析仪开机，预热 15~30 分钟。

（3）按照实验要求设置微波信号源工作频率和发射信号功率电平，开启微波信号源的射频发射（RF ON）按键；在频谱分析仪上设置对应的中心频率，将频率宽度设置为 1MHz，设置合适的幅度坐标，使频谱分析仪能合理显示信号。此时，屏蔽盒窗口上不安装任何屏蔽盖。使用峰值跟踪功能（peak）指示信号顶部位置幅度，并使最大值在屏幕上居中。记录下此时的信号幅度值。

（4）改变信号源工作频率，重复第 3 步。当信号电平无法读取时，可以适当增大信号源发射功率，但必须在测试信号电平数据中相应扣减。将测试数据记录在表 9-3 中。

（5）在屏蔽盒窗口上安装通风孔屏蔽盖，重复第 3、4 步。

（6）在屏蔽盒窗口上安装带缝隙的屏蔽盖，重复第 3、4 步。

（7）计算出不同频率、安装不同屏蔽盖时屏蔽盒的屏蔽效能，填入表 9-3 中。

表 9-3 通风孔和缝隙的屏蔽效能测量数据

工作频率									
无屏蔽盖信号电平									
通风孔	信号电平								
	屏蔽效能								
缝隙	信号电平								
	屏蔽效能								

（8）根据记录的数据，在坐标纸上分别画出安装两种不同屏蔽盖时，工作频率和屏蔽效能的关系曲线，并分析其中的规律。

五、注意事项

1. 用高频电缆接头连接实验装置和实验仪器端口时，应沿直线对准，平顺旋入，略用力旋紧，不能在阻力较大情况下用力旋转。实验器材和部件应小心轻放，避免跌落，防止高频部件摔坏变形。

2. 操作微波仪器时，应轻按轻旋，操作速度应与仪器反应时间配合适当或略慢，连续快速按压按键将导致仪器死机。

3. 各实验小组在测试时应保持一定的距离，相邻组采用不同频率。测量中尽量避免人员走动，实验平台与操作人员保持一定距离，避免环境影响。

4. 安装和更换屏蔽盖时旋转螺钉应保持适当力度，以免破坏铝制螺纹，影响屏蔽盒的屏蔽效能。

5. 对于屏蔽盖和屏蔽盒窗口之间的安装缝隙，还可以采用金属贴纸等方式进一步减少屏蔽泄漏。

6. 改变发射天线高度时，应先拆卸高频电缆，再松开支撑杆上的螺丝，调节到合适高度后重新拧紧螺丝，安装好电缆。

六、实验报告要求

1. 按照标准实验报告的格式和内容完成实验报告；
2. 完成数据运算及整理，并绘制曲线；
3. 对实验中的现象进行分析。

实验四　利用手机工程模式开展电磁兼容实验

一、预习内容

1. 什么是手机的工程模式？
2. 建筑物内不同位置对电磁波的屏蔽作用如何？
3. 手机处于不同极化方向时对接收信号强度有什么影响？
4. 手机工作时会对哪些电气设备产生电磁干扰？

二、实验目的

1. 掌握用手机的工程模式测量信号场强的方法；
2. 了解普通民用建筑对电磁波的屏蔽效能；
3. 了解手机天线极化对接收信号强度的影响；
4. 了解电磁干扰与距离的关系。

三、实验原理

1. 手机的工程模式

一般手机都有工程模式状态,打开工程模式可以利用手机检测基站各种指标参数,如检测移动电话所处位置的场强、距离基站距离、手机所占频道号码以及目前所使用的临时号码等信息。通过互联网可以查找各种型号手机开启工程模式的命令,如:

苹果手机:拨号键盘输入 * 3001#12345# *,然后按拨号键;

三星手机: * # * #4636# * # *;

华为手机:进入设置→关于手机→状态信息→网络,可以看到信号强度信息。

手机工程模式下显示的接收信号强度,与手机信号条显示相比,具有更多等级的信号电平指示,因此,可以用于建筑物屏蔽、极化隔离等电磁兼容性实验。

2. 建筑物的屏蔽作用

在建筑物内或电梯中,手机有时会接收不到信号或信号很弱,这是建筑物对手机频段电磁波的屏蔽作用造成的。随着城市规模的不断扩大,以钢筋混凝土高楼为主的建筑群林立。无线通信信号在传播过程中遇到建筑物墙体,发生反射、透射和绕射等现象,信号被墙体反射衰减和吸收衰减,就形成了一定的屏蔽作用,导致在室内通信质量大为降低,一些没有窗户的角落甚至收不到信号。单栋建筑物对通信频段电磁波的衰减约为 15~20 dB,一道墙的衰减为 5~10 dB,建筑物内由于反射波和直射波叠加,会出现明显的波峰和波谷。随着 Wi-Fi 和 4G 技术的广泛应用,智能终端接收到的信号较差或者无信号,使得通信信号质量不能满足人们需求的问题日益突出。这进一步说明,建筑物空间结构设计和墙体材料电磁参数设计对通信信号在室内的分布特性将产生很大影响。

四、实验内容及步骤

这里介绍建筑物对手机信号的屏蔽实验。具体实验步骤如下。

(1)将手机进入工程模式,找到相应的信号场强指示。

(2)在建筑物内外分别观察信号电平读数,每隔 10 s 读一次数,连续读 10 次,将室内和室外的数据填入表 9-4 中,观察建筑物的屏蔽效果。

表 9-4　室内外通信信号场强测量数据

	次数	1	2	3	4	5	6	7	8	9	10
室外	场强										
	平均										
室内	场强										
	平均										
屏蔽效能											

(3)分别将手机竖直放置和水平放置观察信号电平读数,每隔 10 s 读一次数,连续读 10 次,将数据填入表 9-5 中,观察极化隔离效果。

表 9-5　手机天线极化隔离测量数据

	次数	1	2	3	4	5	6	7	8	9	10
竖直	场强										
	平均										
水平	场强										
	平均										
极化隔离											

（4）用 GSM 网络的手机作为干扰源，用开启的电脑音箱作为敏感体，靠近电脑音箱拨通电话，观察发生的现象。

（5）用 GSM 手机作为干扰源，用调频（FM）收音机作为敏感体，拨通电话靠近收音机，观察发生的现象。

（6）用普通遥控器作为干扰源，用中波（MW）收音机作为敏感体，靠近收音机按下遥控器的不同按键，观察发生的现象。

（7）改变干扰源与敏感体之间的距离，重复第 5、6 步，观察发生的现象。

五、注意事项

1. 在建筑物内测量时，可以选择底层楼梯间等无窗户的位置。在建筑物外测量时，注意观察基站位于建筑物的方向，选择靠近基站方向的室外位置进行测量。

2. 针对不同频段的手机信号，为避开显著的多径信号叠加点，可以在测量位置附近 1~2 个波长范围内改变位置反复测量。

3. 测量信号场强时，因手机型号不同，观察时间需要 10~20 s，发现数字变化并稳定在一定范围再开始读数。

六、实验报告要求

1. 按照标准实验报告的格式和内容完成实验报告；
2. 完成数据运算及整理，并绘制曲线；
3. 对实验中的现象进行分析。

实验五　利用手机 Wi-Fi 开展电磁兼容实验

一、预习内容

1. 了解手机 Wi-Fi 的工作频段；
2. 了解手机热点功能及使用方法；
3. 了解 Wi-Fi 路由器功能及使用方法。

二、实验目的

1. 掌握手机 App 测量 Wi-Fi 信号场强的方法；
2. 掌握电磁波屏蔽效能的测试方法；
3. 理解天线极化对接收信号强度的影响。

三、实验原理

1. 手机 App 测量 Wi-Fi 信号场强

能够显示 Wi-Fi 信号强度的 App 很多,如:"Wi-Fi 分析仪"、"Wi-Fi 分析助手"等,下载安装后打开 App,可以利用手机检测 Wi-Fi 路由器(或另一部手机打开热点功能)的信号强度等指标参数,如检测 Wi-Fi 路由器在手机所处位置的场强、工作频率、频道编号等信息。通过互联网可以下载不同操作系统的测量 Wi-Fi 信号强度的手机 App,如:

安卓操作系统:Wi-Fi 分析仪、Wi-Fi 分析助手、测网速。

iOS 操作系统:Oka 测网速、测网速大师。

手机 App 显示的 Wi-Fi 接收信号强度,单位多为 dBmW 功率值,电平指示范围达 60 dB 以上。因此,可以用于建筑物屏蔽、极化隔离等电磁兼容性实验。

2. 电磁波的屏蔽和极化

微波炉的金属机箱,必须设计为具有一定的屏蔽效能,防止内部的电磁能量泄漏,危及人体安全;计算机机箱也必须具有一定的屏蔽效能,防止外部的电磁能量进入,干扰计算机的正常工作,同时防止内部的电磁信号泄漏。在室内使用手机 Wi-Fi,有些房间位置会出现网速很慢,一方面可能是由墙体对手机 Wi-Fi 频段电磁波的屏蔽作用造成的,另一方面可能是室内物体对电磁波的反射,形成反射波和直射波叠加,也会出现明显的波峰和波谷。

此外,在室内使用手机 Wi-Fi 时,网速还与手机的姿态有关,这是手机内的 Wi-Fi 天线和室内 Wi-Fi 路由器天线的极化方向产生的影响。如果手机和路由器双方极化一致,手机可以收到最大的信号场强,网速最快;如果双方极化正交,接收信号最弱,网速最慢。合理设置路由器天线的极化方式,有利于 Wi-Fi 信号质量处于最佳状态。

四、实验内容及步骤

1. 金属箱体对手机信号的屏蔽实验

(1)在微波炉(或其它金属箱体)内放置一部手机,打开热点。

(2)另一部手机进入 App,找到相应的热点名称,以及 Wi-Fi 信号场强指示。

(3)打开微波炉门,两部手机可以直视,距离 1 m 处,观察信号电平读数,每隔 10 s 读一次数,连续读 10 次。

(4)关闭微波炉门,手机在相同位置,观察信号电平读数,每隔 10 s 读一次数,连续读 10 次。将开门和关门的数据记录在表 9-6 中,计算微波炉的屏蔽效能。

表 9-6 金属箱体对 Wi-Fi 信号屏蔽效能测量数据

	次数	1	2	3	4	5	6	7	8	9	10
开门	场强										
	平均										
关门	场强										
	平均										
屏蔽效能											

2. 天线极化隔离实验

（1）用一个有外置天线的路由器发射 Wi-Fi 信号,手机与路由器处于固定距离(大约 3~5 m)。

（2）分别使路由器天线处于竖直和水平放置,手机处于竖直放置和水平放置,观察信号电平读数。

（3）每隔 10 s 读一次数,连续读 10 次,记录在表 9-7 中,观察极化隔离效果。

表 9-7　天线极化隔离测量数据

	次数	1	2	3	4	5	6	7	8	9	10
路由器 V、手机 H	场强										
	平均										
路由器 V、手机 V	场强										
	平均										
极化隔离											
	次数	1	2	3	4	5	6	7	8	9	10
路由器 H、手机 H	场强										
	平均										
路由器 H、手机 V	场强										
	平均										
极化隔离											

五、注意事项

1. 金属箱体的屏蔽效能测量时,可以选择微波炉、计算机机箱、金属盒等金属箱体,箱体的一面有门或盖,可以处于打开和关闭的状态。

2. 针对不同频段的 Wi-Fi 信号,为避开显著的多径信号叠加点,可以在测量位置附近 1~2 个波长范围内改变位置反复测量。

3. 测量 Wi-Fi 信号场强时,因手机型号不同,以及 App 不同,观察时间需要 10~20 s,发现数字开始变化,并稳定在一定范围再开始读数。

六、实验报告要求

1. 按照标准实验报告的格式和内容完成实验报告;
2. 完成数据运算及整理,并绘制曲线;
3. 对实验中的现象进行分析。

实验六　安全接地实验

一、预习内容

1. 电气设备的机壳如何接地?

2. 常用 220 V 电源插座的三根线分别起什么作用？

3. 防静电接地与安全接地有何区别？

二、实验目的

1. 掌握电子电气设备接地的方法；

2. 了解仪器接地的原理和方法；

3. 掌握接地电阻对接地效果的影响。

三、实验原理

1. 设备接地原理

仪器设备和系统的接地按作用不同主要分为工作接地和保护接地两类。所谓工作接地是根据仪器设备和系统运行的需要，人为地将电力系统的中性点（例如发电机和变压器的中性点）及仪器设备和系统的某一部分直接与大地进行金属性连接，或者通过特殊装置（例如消弧线圈、电阻、保护间隙等）与大地间接相连。其目的是使仪器设备和系统在正常工作时降低人体的接触电压，或事故情况下有利于快速切断故障设备等，降低人体的接触电压以及有利于快速切断故障设备等。

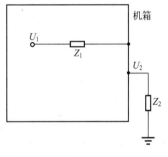

图 9-15　机箱带电原理

保护接地主要指仪器设备的绝缘程度下降时，有可能使设备的金属外壳带电，为防止这种电压危及人身安全，而人为地将仪器设备的金属外壳与大地进行金属性连接。例如使用220 V 电源的仪器设备，正常情况下，其金属外壳与内部高压部件之间存在杂散阻抗，机箱与大地之间也存在杂散阻抗，如图 9-15 所示，其中的分压关系为

$$U_2 = \frac{Z_2}{Z_1 + Z_2} U_1 \qquad (9-8)$$

为了用电安全，220 V 电源插座被设计为三线制，如图 9-16所示，除火线和零线形成回路提供电源外，增加一根地线，使用电设备的机壳接地。由于地线的阻值通常很小，即式(9-8)的 Z_2 很小，使机箱壳体分得的电压很低，避免人体触电。特殊情况下，如果设备内部的绝缘出现损坏，即 Z_1 变得很小，高压通过地线形成放电回路，线路将因电流过大导致保险断开，也可避免发生触电事故。

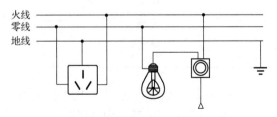

图 9-16　民用 220 V 供电原理

当电源线的导线插头通过插座接地时，由于导线本身存在电阻，插头和插座金属接触也存在电阻，两者共同构成地线回路的接地电阻，因此，一般不能看作理想接地。接地电阻越大，保

护接地效果也越差。通过增大搭接金属的接触面积、加粗接地金属导线直径,以及使用导电性更好的金属,可以减小接地电阻,保护接地效果更好。

2. 防静电接地

保护接地在保证操作人员安全的同时,还可以防止静电的积聚,从而保护电子设备。在高频电路实验、CMOS 电路焊接操作,以及手工组装的生产中,需要防止器件因静电感应而烧毁。接地对于减少在导体上产生的静电荷是非常重要的,人体是导体,并且是静电产生的主要发源地。因此,必须减少在接触敏感防静电元件或组件的人身上产生的静电荷。预防在人体上产生静电,可通过人体接地实现。在工业应用中,防静电手腕带是最常用的个人接地装置。通过手腕带上的导线连到一个公共点上进行接地,手腕带将安全且有效地排走人身体上的静电荷。当然,手腕带必须良好接触皮肤才能发挥最好的作用,导电的鞋类或脚接地可以补充手腕带的不足。

四、实验内容及步骤

实验示意图如图 9-17 所示。具体步骤如下:

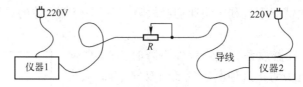

图 9-17　安全接地实验示意图

(1) 准备两根 220 V 交流电源线,断开电源线中的接地线,用这两根线连接两台有金属外壳的电气设备,如实验仪器、电脑机箱等。

(2) 再准备一台数字万用表,设置为交流 200 V 挡,一个表笔接触其中一台仪器的金属外壳,另一个表笔接触另一台仪器的金属外壳,观察万用表读数,对电源线的火线和零线进行交换,继续观察万用表读数,选取读数较大的情况开始下一步实验。

(3) 用中间接有一个电位器的导线制作模拟地线,调节模拟地线上电位器的电阻值,用万用表电阻挡测量电阻值,用模拟地线连接两台仪器的金属外壳,并用万用表交流挡测量两台仪器之间的电压差,将数据填入表 9-8 中。

表 9-8　接地电阻与仪器电压差测量数据

次数	1	2	3	4	5	6	7	8	9	10
$R(\Omega)$										
电压差										

(4) 用万用表测量人体与仪器之间的电压差,一个表笔接触仪器的金属外壳,用手的拇指和食指捏住另一个表笔的金属探头,观察并记录万用表读数。

(5) 用防静电手腕带将人体与仪器表面连接,重复第 4 步,观察并记录万用表读数。

(6) 根据记录的数据,在坐标纸上分别画出模拟地线不同电阻情况下,仪器间电压差曲线,并分析其中的规律。

五、注意事项

1. 使用接地导线连接电气设备表面时,可以选择螺钉、金属突起、金属把手、金属插座等方便接线的地方。

2. 实验过程中应注意用电安全,断开电源线中的地线时,防止火线和零线金属裸露,避免触电事故发生。

3. 为方便在电阻测量和电压测量之间转换,可以将带有电位器的导线一端换成鳄鱼夹,使之与其中一台仪器可以快速断开和连接。

六、实验报告要求

1. 按照标准实验报告的格式和内容完成实验报告;
2. 完成数据运算及整理,并绘制曲线;
3. 对实验中的现象进行分析。

参 考 文 献

[1] 陈穷．电磁兼容性工程设计手册．北京:国防工业出版社,1993
[2] 王定华,赵家升．电磁兼容原理与设计．成都:电子科技大学出版社,1995
[3] 白同云,吕德晓．电磁兼容设计．北京:北京邮电大学出版社,2001
[4] 陈淑凤．电磁兼容试验技术．北京:北京邮电大学出版社,2001
[5] 高攸刚．电磁兼容总论．北京:北京邮电大学出版社,2001
[6] 周开基,赵刚．电磁兼容性原理．哈尔滨:哈尔滨工程大学出版社,2003
[7] 区健昌．电子设备的电磁兼容性设计．北京:电子工业出版社,2003
[8] 杨继深．电磁兼容技术之产品研发与认证．北京:电子工业出版社,2004
[9] 钱振宇．3C认证中的电磁兼容测试与对策．北京:电子工业出版社,2004
[10] 杨克俊．电磁兼容原理与设计技术．北京:人民邮电出版社,2004
[11] 邹逢兴．电磁兼容技术．北京:国防工业出版社,2005
[12] 张先立,吕斌．复杂电磁环境下电磁兼容性设计．兰州:甘肃科学技术出版社,2006
[13] 刘培国,侯冬云．电磁兼容基础．北京:电子工业出版社,2008
[14] 马永健．EMC设计工程实务．北京:国防工业出版社,2008
[15] David A. Weston．电磁兼容原理与应用．王守三,杨自佑,译．北京:机械工业出版社,2006
[16] V. Prasad Kodali．工程电磁兼容原理、测试、技术工艺及计算机模型(第2版)．陈淑凤,等译．北京:人民邮电出版社,2006
[17] Clayton R. Paul．电磁兼容导论(第2版)．闻映红,等译．北京:人民邮电出版社,2007
[18] Mark I. Montrose, Edward M. Nakauchi．电磁兼容的测试方法与技术．游佰强,等译．北京:机械工业出版社,2008
[19] 徐锐敏．微波技术基础(第1版)．北京:科学出版社,2009
[20] 国家军用标准 GJB1389A-2005 系统电磁兼容性要求
[21] 国家军用标准 GJB151B-2013 军用设备和分系统电磁发射和敏感度要求与测量
[22] 国家军用标准 GJB 72A-2002 电磁干扰和兼容性术语
[23] 国家军用标准 GJB/Z 25-1991 电子设备和设施的接地、搭接和屏蔽设计指南
[24] 国家标准 GB/T 17626.2-2018 电磁兼容 试验和测量技术 静电放电抗扰度试验
[25] 国家标准 GB/T 17626.3-2016 电磁兼容 试验和测量技术 射频电磁场辐射抗扰度试验
[26] 国家标准 GB/T 17626.4-2018 电磁兼容 试验和测量技术 电快速瞬变脉冲群抗扰度试验
[27] 国家标准 GB/T 17626.5-2008 电磁兼容 试验和测量技术 浪涌(冲击)抗扰度试验
[28] 国家标准 GB/T 17626.6-2017 电磁兼容 试验和测量技术 射频场感应的传导骚扰抗扰度